建設廃棄物革命

循環経済を先取りする企業の挑戦

杉本 裕明 著

目次

はじめに

建設廃棄物と建設副産物

国土交通省によると、建設副産物とは、建設工事に伴い副次的に得られる物品であり、再生資源及び廃棄物を含むものとされる。この中には、コンクリート塊、アスファルト・コンクリート塊、建設発生木屑、建設汚泥、プラスチック屑、建設混合廃棄物などの廃棄物処理法による建設廃棄物が含まれる。また、資源有効利用促進法により再生資源と位置づけられているもののうち、建設発生土と金属屑がそのまま原材料となるものとされ、先ほどの建設廃棄物とされた品目も、原材料として利用の可能性があるものとグループ分けされている。

国交省の建設副産物実態調査結果（二〇一八年度）によると、建設廃棄物の搬出量は約七七四〇万トンあり、二〇一二年度に比べて二・四％増えた。このうち最終処分量は約二一二万トンと約二七％減った。また建設発生土の搬出量は約一億三二六三万立方メートルで、二〇一二年度より約五・八％減った。発生量を見ると約二億九〇〇〇万立方メートルにのぼる。

一方、環境省の産業廃棄物調査結果（二〇二〇年度）によると、建設業から排出された産業廃棄物は八三六四万トンで、産業廃棄物の総量三億九二一四万トンの二一・三％を占めている。建設業からの産廃量は二〇一九年に比べて約四〇〇万トン増えている。一方、再生利用率も出しており、がれき類が九六・五％、ガラス屑・コンクリート屑・陶磁器屑が七八％と高い一方、汚泥は七％と極端に低い。汚泥は下水汚泥など、建設汚泥以外の汚泥も含めたもので、排出量は一億七〇四二万トンにものぼり、産業廃棄物の四三・五%を占める。

環境省は廃棄物処理法で定めた二一品目を産業廃棄物とし、自治体の把握しているデータやアンケートなどにより、毎年推計値をはじき、国土交通省も五年に一回、業者の報告したデータを基にした推計値を出しているが、どちらも実態を正確に反映した数字とはいえない。

二つの省で品目の取り扱い方が違い、概念も違う。縦割り行政の狭間に建設廃棄物はあるといってもよい。

建設リサイクル法

建設リサイクルは、この建設副産物の再資源化（リサイクル）や他の産業廃棄物を含む再生資材を建設資材として活用することによる、建設分野での省資源・資源循環の取り組みを言う。計画・設計、施工、維持・管理、更新・解体の各段階で廃棄物の発生抑制に努め、再生資材を活用することで、資源（バージン材）の使用を最小化する。排出された廃棄物は中間処理施設で、再生資材となり、循環の環に加わり、最終処分量を最小化することを目指す。

そのために二〇〇〇年に建設リサイクル法（建設工事に係る資材の再資源化等に関する法律）が制定、二〇〇二年に施行された。分別解体と再資源化を義務づけた法律で、床面積八〇平方メートル以上の建築物の解体、五〇〇平方メートル以上の建築物の新築・増築、一億円以上の建築物の修繕・模様替え、五〇〇万円以上の土木工事が対象建築工事となり、工事受注者は分別解体等によって生じた特定建設資材廃棄物を再資源化することが義務づけられている。この特定建設資材廃棄物には、コンクリート塊、アスファルト・コンクリート塊、建設発生木屑など四品目が指定され、再生資源化等が義務づけされ、罰則もあるが、残りの品目については努力義務とされている。

これまで解体業者は法律による規定がなく、不法投棄や不適正処理の温床でもあるミンチ解体が行われていたが、この法律のもとで登録が義務づけられ、分別解体が義務づけられた。解体業は、建設業法の改正（二〇一四年）で業種区分の見直しが行われ、「解体工事業」として位置づけられることとなった。

建設リサイクル推進計画

国土交通省は、行動計画に当たる建設リサイクル推進計画を一九九七年から五年ごとに策定し、現在は「推進計画2020年」が続行中だ（2020からは一〇年の計画とし、二～三年ごとにフォローアップ）。

計画は、国土交通省、各地方の建設副産物対策連絡協議会、建設副産物リサイクル広報推進会議が実施主体となり、国土交通省の直轄工事に分け、各地方の協議会を構成する機関の建設工事を対象に推進するとしている。また自治体や民間企業もこの計画を参考に取り組みを求めている。

推進計画2020は、建設廃棄物全体の再資源化・縮減率は約九七％と高い率を維持しているとし、それを維持しながら、リサイクルの質を向上させ、リサイクルされた材料の利用方法に目を向ける必要があるとしている。

その上で、品目ごとの課題として、

【建設混合廃棄物】は、場外（建設工事現場から外）搬出量が一九九五年度の九五〇万トンから二〇一八年度の二二八万トンに減少した。工事現場での分別によって排出抑制が進んだとしながらも、

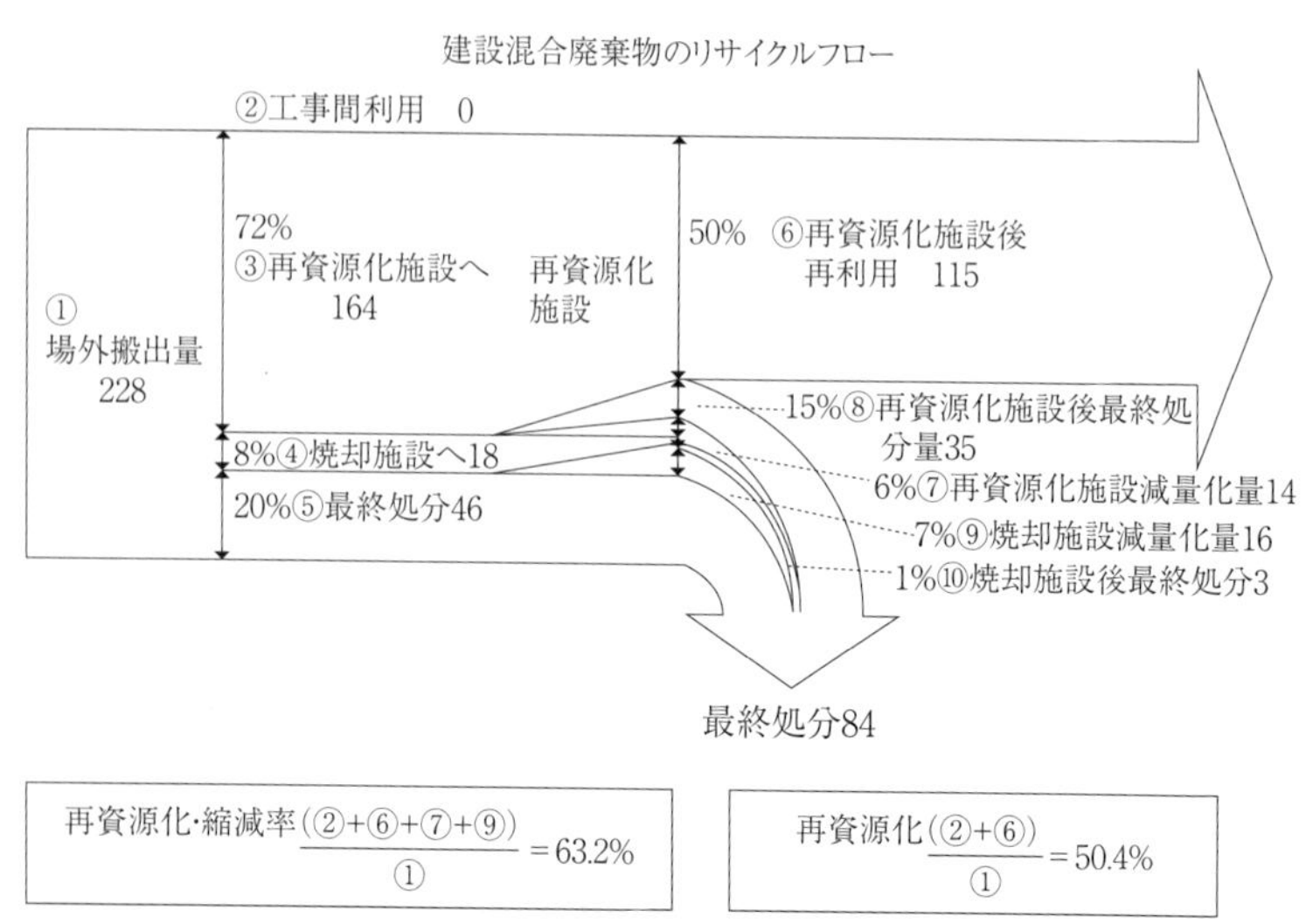

国土交通省の 2018 年度建設副産物実態調査

最終処分率は三六・八％と他の品目に比べて高く、削減のための取り組みが必要としている。

【建設発生土】は、発生量が約二億九〇〇〇万立方メートルあり、このうち工事現場で埋め戻しなど有効利用されているのは約一億六〇〇〇万立方メートル。残りの約一億三〇〇〇万立方メートルが場外に搬出されており、その内訳は、内陸部の造成、海面埋め立てなどの工事間利用が三四八四万立方メートル、建設発生土における土質改良プラントへの搬出量が三八三万立方メートル。

それ以外に国土交通省が準有効利用と称する農地の嵩上げ、砂利採取跡地の埋め立てなどが三五二三万立方メートル、内陸埋め立て地（残土処分場など）が五八七三万立方メートルとされるが、「実態は不明」としており、調査がされていないことがわかる。

国土交通省は、工事間利用、土質改良プラント、準有効利用、現場内利用の合計が、発生量

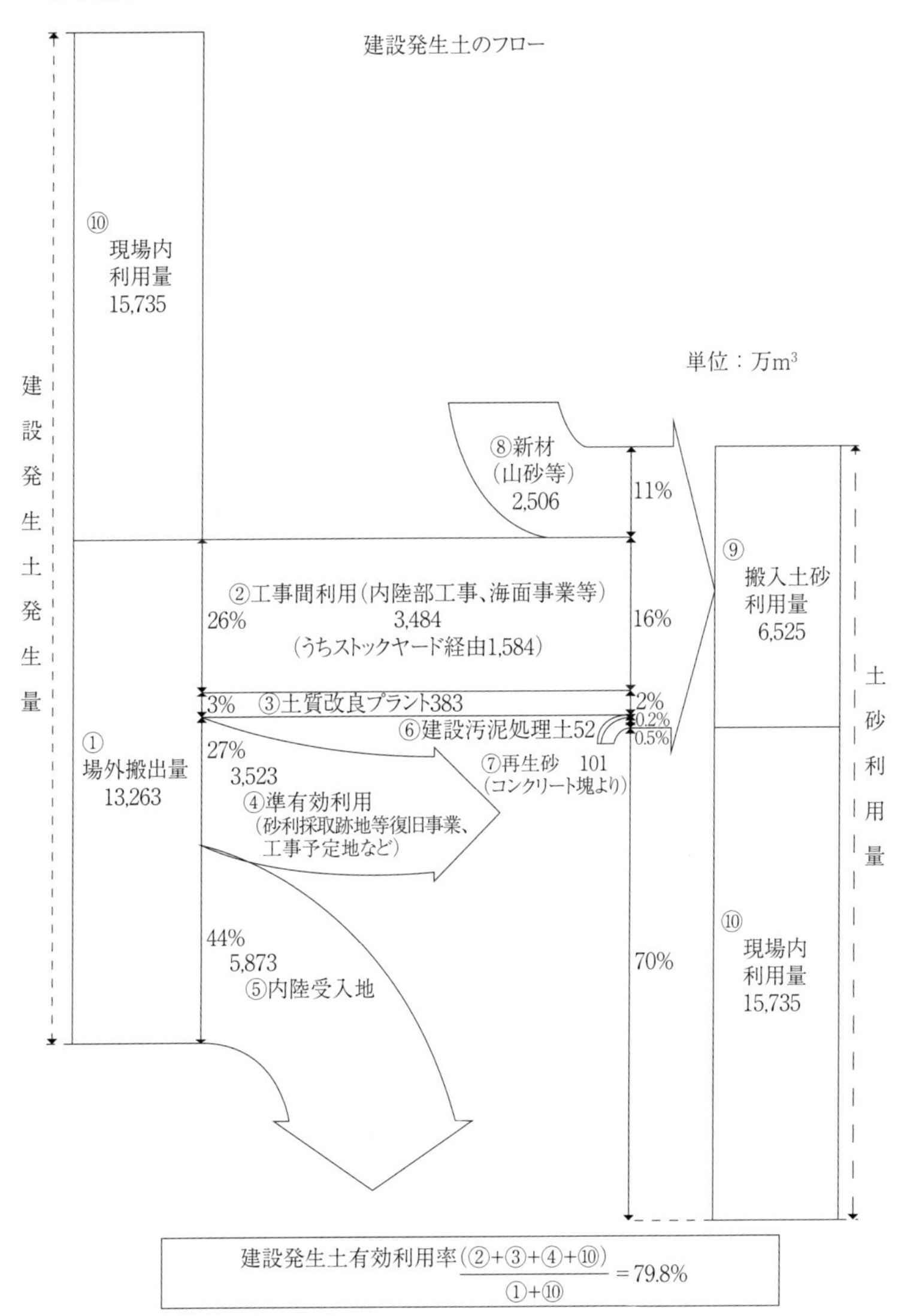

国土交通省の 2018 年度建設副産物実態調査

に占める割合を有効利用率とし、七九・八％とはじいている。ただ、建設リサイクル法が制定された当初は、「準有効利用」という概念はなく、「内陸受入地」として扱われていた。しかし、有効利用率が六〇％程度と低迷を続けたためか、二〇一四年から新たな概念が出された。七九・八％は目標値の八〇％に近い。

「内陸埋め立て地」の約六〇〇〇万立方メートルについては、「推進計画2020」でも、「残土処分場に持ち込まれた土や工事での使用が未定の土壌が含まれており、これらの土の一部が不適切に処理されている可能性が高く、今後は、適正な受け入れ地へ搬出する徹底した仕組みの構築や建設発生土のトレーサビリティー確保が課題であると考えられる」としている。また、工事現場に搬入される土のうち、二五〇六万立方メートルは山砂などの新材（バージン材）が占めている。

ちなみに、建設発生土は、地盤の強さを表すコーン指数、粒径、含水率などから一種～四種、泥土に分類され、礫と砂の第一種と第二種は、そのまま有効利用される。またシルト質の多い第三種と混ぜて使ったりしている。だが、粒径の細かいシルト質で泥水のような第四種（コーン指数二〇〇以下）や泥土は有効利用が難しい。そこで水分を抜き、生石灰やセメントで固め、「改良土」の名で残土捨場に搬出されている。

【廃プラスチック（建材）】は、排出量が二〇一七年で六二万トンあり、三割の約一八万トンが最終処分（埋め立て）されている。この数字は、排出量が二〇〇〇万トンを超える廃アスファルト・コンクリート塊の一〇万トンより多く、削減が重要な課題となっている。

【アスファルト・コンクリート塊】は、二〇六八万立方メートルの排出量のうち、再資源化施設で再生資源化されるのが二〇四五万立方メートル、工事間利用が一三万立方メートルで再資源化率は

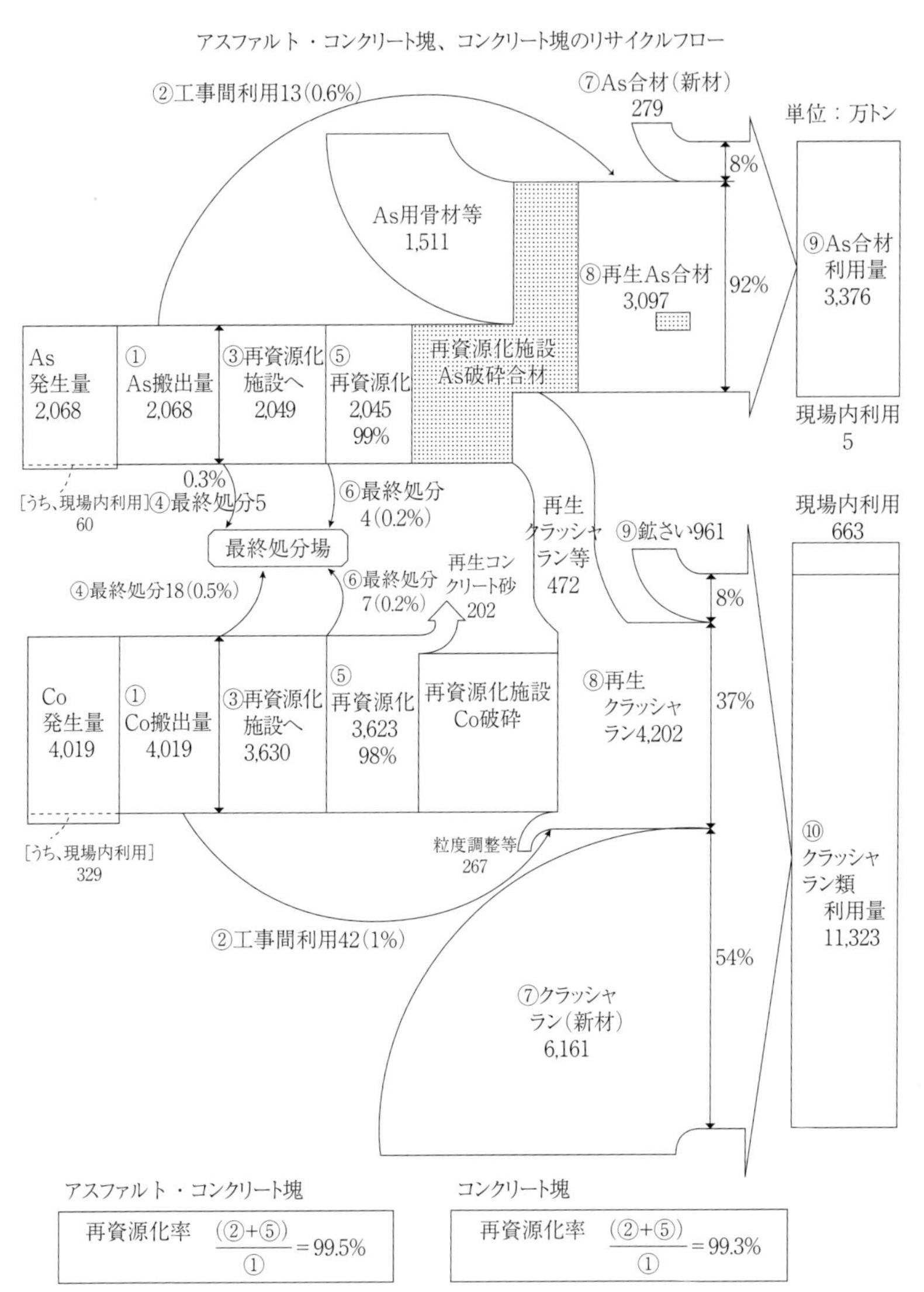

国土交通省の2018年度建設副産物実態調査

九九・五％。

【コンクリート塊】は、四〇一九万立方メートルの排出量のうち、再資源化施設で再資源化されるのが三六二三万立方メートル、工事間利用の四二万立方メートルを合わせ、再資源化率は九九・三％。その大半が、道路の路盤材などに使われる再生砕石としての利用で、コンクリートに戻すための再生コンクリートに使われる量は二〇二万立方メートルとごく一部にすぎない。

【建設汚泥】は、約六二三万トン発生（場外搬出量）し、八三・六％（再資源化施設後再利用が五一九万トン、工事間利用が二万トン）が建設汚泥再生品として再資源化され、うち五〇％は盛土材として利用できる建設汚泥処理土（改良土）、約一三％が流動化処理土、約一一％が再生砂・砂利となっている。最終処分量は三三万トン、五・四％。その利用のためには、「再生利用制度」の活用や、「有償での売却」が求められる。建設汚泥処理土（改良土）は、盛土材として建設発生土と競合している。

建設発生土は工事間利用の場合は無償で利用されており、建設汚泥処理土の有償での売却は、極めて限定的なものになると考えざるを得ない。そこで、「建設汚泥の再生利用に関するガイドライン」（二〇〇六年六月）に基づいて「自ら利用」「再生利用制度」の活用で利用促進を図るとしている。

再生利用認定制度は、廃棄物の減量化を進めるために、一定の要件に該当する再生利用に限って、環境大臣が認定することで、産業廃棄物処理業の許可や処理施設の設置許可が不要となる。また再生利用個別指定制度は、再生利用されることが確実である産業廃棄物について、利用現場などを特定した上で、関係者が再生利用にかかわる事業計画を知事に提出、指定されることで、排出現場からの収集・運搬業と処理業の許可を不要、排出者のマニフェストの発行が不要となる。

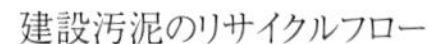

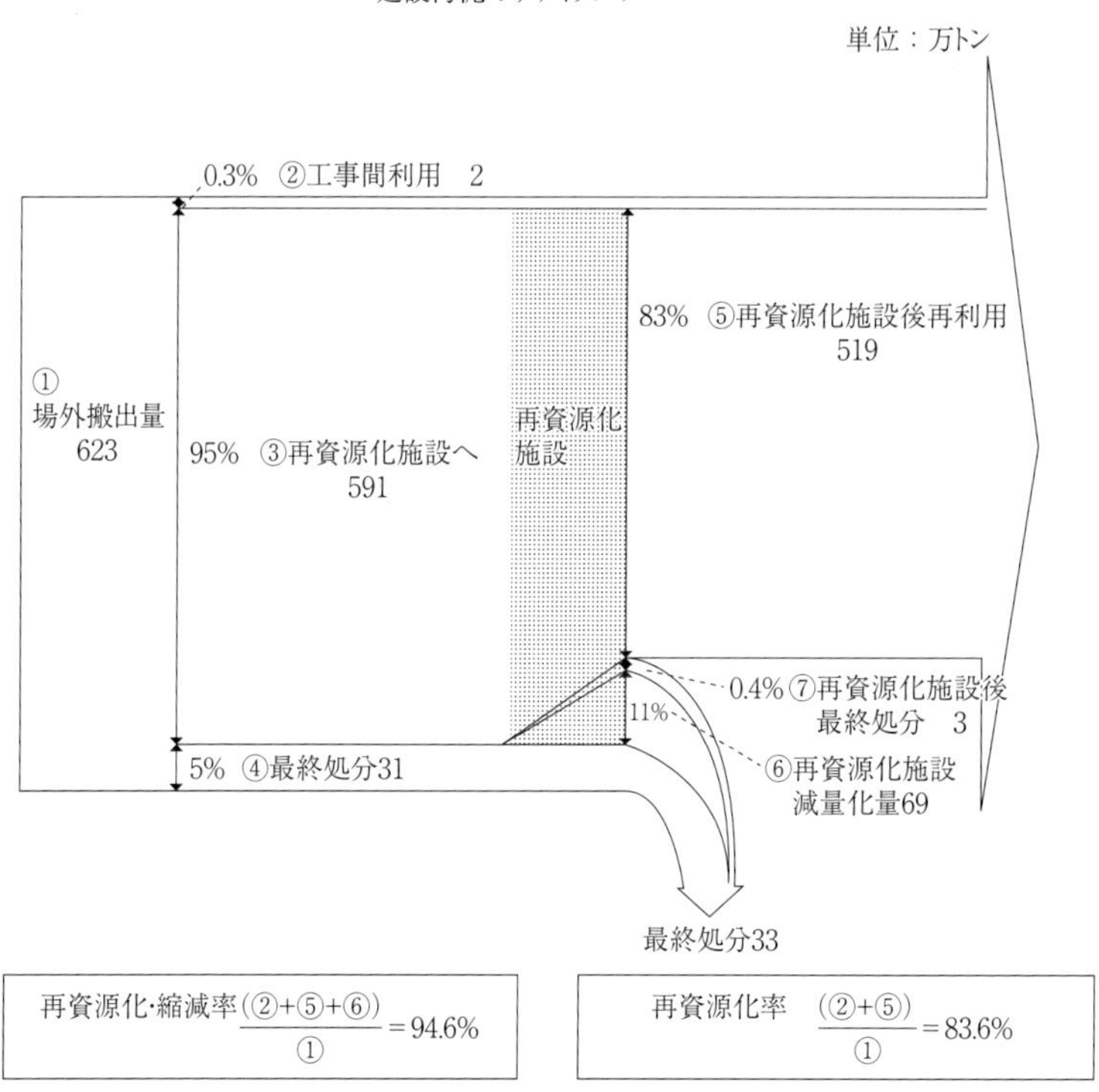

国土交通省の2018年度建設副産物実態調査

推進計画2020の目標とは

「推進計画2020」では表のような目標を設定している。これを見る限り、アスファルト・コンクリート塊、コンクリート塊はリサイクル率の実績が九九・五%、九九・三%、建設発生木材が九六・二%と、二〇二四年の達成基準値をクリア。建設汚泥は九四・六%、建設混合廃棄物は、排出率（建設廃棄物全体に占める率）は三・一%、建設発生土は七九・八%と、それぞれ達成基準値をわずかに下回る数値で、数字だけを見ると高い水準にある。

建設リサイクル推進計画2020の実績と目標

品目	指標	2018 目標値	2018 実績値	2024 達成基準値
アスファルト・コンクリート塊	再資源化率	99%以上	99.5%	99%以上
コンクリート塊	再資源化率	99%以上	99.3%	99%以上
建設発生木材	再資源化・縮減率	95%以上	96.2%	97%以上
建設汚泥	再資源化・縮減率	90%以上	94.6%	95%以上
建設混合廃棄物	排出率	3.5%以下	3.1%	3.0%以下
建設廃棄物全体	再資源化・縮減率	96%以上	97.2%	98%以上
建設発生土	有効利用率	80%以上	79.8%	80%以上

（参考値）

建設混合廃棄物	再資源化・縮減率	60%以上	63.2%	–

これをもとに計画では、▽再生資材の利用促進のため、新たな指標の検討▽グリーン調達による利用促進▽廃プラスチックの分別・リサイクルの促進のためのデータ収集と分析▽再資源化率の高い優良施設への搬出促進▽建設混合廃棄物の現場分別の徹底▽廃石膏ボードの再資源化促進▽建設発生土の有効利用促進のためマッチングシステムの利用▽建設発生土の不適切な処理を抑止するための情報の把握と共有▽建設副産物物流のモニタリングを継続する▽建設発生土のトレーサビリティシステムの試行を行うなどの項目を並べている。

第一章

熱海市土石流災害は
なぜ起きた

何が悲劇を招いたのか

静岡県熱海市を襲った激しい雨で、土石流が家屋や樹木をなぎ倒しながら海に向かった。二八人の死者を出した土砂災害は、危険な大量の盛土が原因だった。被災地に持ち込まれた残土は、建設工事現場から発生する建設発生土が主体だが、木屑、プラスチック屑などの産業廃棄物が混合され、住民から幾度となく災害の危険性が指摘されていた。二〇二一年七月三日、大雨が続き、五〇メートルの高さに積み上げた残土が、土石流となって約六万トンが滑り落ちた。

ここに持ち込まれたのは、首都圏から発生した工事現場から出た建設発生土から製造した「改良土」と言われる。

建設発生土は廃棄物ではないとされるので、規制の対象外だ。工事現場で埋め戻し材などの有効利用が進められているが、国によると、約一億四〇〇〇立方メートル発生した建設発生土のうち、約六〇〇〇万立方メートルが、内陸部に向かったあと、国土交通省は行き先がわからないとしている。熱海市のように、土地造成と偽って山林に投棄されたり、残土処分場に持ち込まれたりしていると見られている。

そのままの状態で建設資材に使われる建設発生土がある一方で、未処理だったり、石灰やセメントの処理が不完全だったりする建設汚泥や汚染土壌を建設発生土から造った製品だと偽り、「改良土」の名前をつけ、残土処分場や土捨て場で処分されることが多いといわれる。「残土」という言葉は、これらをひっくるめて使われることが多い。

熱海市に持ち込まれた「改良土」は、県の分析でカルシウムが六・八〜八・三％もあった。固化するためにセメントを混ぜたのだ。県は「現地で、盛り土を固めるように指導し、セメントを混ぜさせたのが原因で、持ち込まれたのは通常の建設発生土です」と言い張るが、当時持ち込まれていた残土を写したおびただしい写真はみな黒褐色であることや、業者が改良した残土の証明書を市に提出していることからも、当初からセメント混じりだったことを証明している。

熱海市に持ち込まれた改良土とは

県が「持ち込まれたのはセメントで固化された改良土ではない」と言うのには理由があるように思う。それは、産業廃棄物である建設汚泥にセメントを混ぜ、「改良土」と名乗り、逆有償で取り引きする違法盛土を行う業者が跡を絶たないからである。

建設汚泥は改良土にしても、売却できなければ産業廃棄物のままだ。もし、有償売却できずに盛土に利用した場合不法投棄になる。県が調べて建設汚泥だとわかると、不法投棄を長期間見逃してきた県の責任は重くなる。建設発生土から造られた「改良土」なら、いくら品質が悪く、災害を引き起こすような危ないものでも、廃棄物にあたらないので規制がかからず、県の行政責任も小さくなる。だから、先のような「現地でセメントを混ぜたから」という説明になるのかもしれない。

しかし、熱海市のケースは、それどころではなかった。持ち込まれた残土にはコンクリートがらやプラスチック屑、木屑などが大量に混じり、しかも、最近の県の盛土の成分分析によって、土壌環境基準を大幅に上回る鉛と、基準超えのフッ素が検出された。盛土は実は汚染土壌だったのである。すると、県はこんな説明をし始めた。「フッ素が高いのは固化材のせいだ」

しかし、セメントには土壌環境基準を超えるほどのフッ素は存在しない。含有量の多いのは廃石膏ボードやスラグを原料とするリサイクル型の中性固化材といわれるものである。違法行為を重ねてきた業者が、リサイクルに熱心な業者だったとは。県の説明には、首をひねらざるを得ない。

元々、業者の持ち込んだのが汚染土壌だったということではないのか。このように、建設発生土と建設汚泥、また汚染土壌は、外見からは見分けがつかない。多くの汚染土が、盛土材として使われ、表面化するのはごく一部とも言われる。先の建設発生土六〇〇〇万立方メートルの解明を、国は怠ってきた。それが、熱海市の悲劇を生んだとも言える。

悲惨な事故が起き、政府は、あわてて全国にある盛土の調査を行った。危険な盛土現場が大量に存在することがわかり、宅地造成等規制法の改正に着手、盛土規制法（宅地造成及び特定盛土等規制法）が二〇二二年五月に制定された。知事が指定した人家に近い規制区域内への持ち込みを許可制とし、基準を設けて災害の発生を防止することを狙いとしている。しかし、これで不正行為や不適切な埋め立て行為にブレーキがかかるのだろうか。疑問視する専門家や自治体関係者は多い。

まずは、悲劇を生んだ熱海市を訪ねてみたい。


「こんな危険な盛土をなぜ、認めたのか」


悲惨な災害が起きた翌月の二〇二一年八月、私は、被災地に入った。現場では復旧作業の真っ最中だった。海に近い国道135号を歩くと、危うく倒壊の難を避けた家屋の底部が泥で埋まり、住民がこびりついた泥を外にかき出していた。道路沿いに設置されたボランティアの登録所には、ボランティアが集まり、誰がどの場所で活動するのか、手順の打ち合わせをしていた。

そのすぐ側に石段があった。長い石段を登っていくと、伊豆山神社がある。

土石流は、その石段から数十メートルから一〇〇メートル離れた谷筋を、南西方向の海に向かい、

静岡県熱海市の土石流の跡。国道 42 号沿いに土嚢が積まれていた

二キロにわたって一気に走った。その石段を上っていくと、片側に住宅が立ち並んでいた。一軒家に住む八〇代の婦人が、当時を思い浮かべた。

「風と雨で怖かった。土石流がちょっとでもこちらに寄っていたら、私も自宅も泥水に流され、命はなかったと思う。ここに引っ越して何十年にもなるけれど、こんなことは一回もなかった。危険な盛土をなぜ、市は認めたのか」

その住宅の数十メートル先に、土石流の走った跡が見えた。傷跡は鋭く、深い。

大惨事を起こしたのは、業者が建設発生土から製造したとして「改良土」と呼ぶ土だった。建設発生土は産業廃棄物処理法の対象外とされ、汚泥は産業廃棄物とされている。静岡県の調査で搬入されたこの土は、シルト質で粒径が小さい。雨が降るとぬかるみになり、いわゆる「しめ

2009年11月4日、業者が投棄した残土の現場。土はまっ黒で健全な土でないことがわかる（熱海市公表資料）

固め」ができず、土砂崩れや崩落を起こしやすい。

市が撮影した業者の埋め立て現場を見ると、どれも土は真っ黒だ。静岡県のボーリング調査で持ち込まれた土には約八％のカルシウムが含まれ、通常の土ではなかった。固めるためにセメントを混ぜたもので、発生土で造成をする時に、こんなことはやらない。たぶん、建設汚泥を混ぜた産廃の不法投棄が、堂々とやられていたのだろう。

汚泥は、雨が降り、しみこむと、どろどろの状態に戻り、すべりやすい。筆者も埼玉県の農地に積まれた建設汚泥の不法投棄の現場を歩いたことがあるが、雨が降り、どろどろとなり、とても歩けない状態であった。

大学の研究者の調査で、熱海の土石流の含水率は六〇％を超え、普通の土の二倍以上含んでいたというから、どろどろの状態になっていたのだろう。長雨で地下水の水位が上がり、下部の盛土が崩れ、上方で土石流を促したことが、研究者らの調査でわかっている。

土石流の土を海岸で埋め立て利用

それからかなりたった二〇二二年春、私は再び、現地を訪ねた。復旧工事はなお、続いていた。逢初川に沿って下った土石流は、幅一二〇メートルで、建物を壊し、一緒に海に流し出してしまったが、現場には、コンクリートの基礎だけが残された住宅の跡地や、全壊を逃れたが、建物の半分をそぎ取られた建物がなお、多数残っていた。復旧工事で、建設重機が動き回り、土が詰められた黒のフレコンバッグが多数積み上がる。

静岡県の熱海土木事務所を訪ね、担当者に土石流の処理について聞いた。

「五万六〇〇〇トンのうち、一部は国土交通省が処理しますが、残りは県と市が処理を担当しています。いま、海岸の埋め立てを始めたばかりなんです」

県は熱海市の渚地区第四工区に七六〇〇立方メートル持ち込み、残りは市が他の場所で海岸埋め立てに使うという。

「盛土には大量のコンクリートがらやプラスチック屑など産業廃棄物が混じっています。それはどうするのですか」

「現場近くに借り置き場を設置し、そこで産廃と土を選別し、土を海岸の埋め立て材にしています」

選別現場の取材を申し込んだが、担当者は首を振った。「取材は認めていません。選別現場の入り口には警官が詰めていますから、無理です」

私は、車で市役所から海に向かい、選別現場の入り口まで行った。塀の向こうから建設重機の音がするが、入り口には警察官が立ち、シャットアウトである。

県と市は、土砂に一部の産廃が混じっていると説明してきたが、外部の人間に見せられないような産廃や埋め立てに使えない汚染土が大量に持ち込まれているのではないか。

選別施設から数キロ西に行くと海浜公園があり、そばが渚地区第四工区だった。トラックに積まれた黒色のフレコンバッグがクレーンで次々と下ろされ、それを作業員が積み上げる。さらにパワーショベルで埋め立て予定地に運ぶ。一台のパワーショベルが、海水に半分近く浸かりながら、フレコンバッグを並べていた。

熱海市まちづくり課によると、市は市内三カ所にある仮置き場にある土石流の土を運び出し、海岸埋め立てと護岸工事に使っているという。上流部分の一万五〇〇〇立方メートルは国土交通省が撤去し、海岸埋め立てに、下流部分の三万三〇〇〇立方メートルは県と市で埋め立てに使うという。

二〇二二年一〇月、こんなショッキングなことがわかった。県が逢初川上流地域に残された盛土周辺の土を分析したところ、土壌環境基準の三倍の鉛と基準を超えるフッ素が検出された。業者が盛土したうち五万一〇〇〇立方メートルのうち、県と国が撤去し、海岸埋め立てに使う分を除いた二万立方メートルが残されていた。

静岡県は二〇二二年五月、この二万立方メートルの撤去命令（措置命令）を前土地所有者に出した（八月に改正土砂採取条例が施行され、一ヘクタール未満の土地の盛土も県の所管となった）。業者は従う様子はなく、県が代わりに撤去する代執行が一〇月から始まった。

県はこれを汚染土として扱い、撤去に四億円、無害化処理に一〇億円の税金をかけるという。この二万立方メートルが汚染土というなら、すでに撤去した土も無害であるはずがない。先の選別作業で、汚染土をきちんと分けて処分しているのだろうか。

市の指導文書から経緯追う

熱海市は、処分した事業者らにどう対応したのか、当時の協議記録や指導文書を公表している。千枚を超える文書を基に、行政対応の推移を追った。

土地所有者の神奈川県小田原市の不動産管理会社が熱海市に「土の採取等計画書」を提出し、申請したのは二〇〇七年三月九日。計画書は、伊豆山赤井谷で、隣接地を盛土するため、九四四六平方メートルの山林を伐採するとし、盛土量を三万六二七六立方メートルとしていた。

伊豆山で実施されている（宅地）開発事業開発工事で発生する建設発生土を安全に処分するために「隣接する区域の谷筋にロックフィルダム形式の堰堤を二基築堤、盛土の押さえとする」という。ダムの設計書が添えられているが、計画書には、災害防止の方法、施設、土の運搬方法、跡地の糊面の状況などの欄がすべて空白で、申請する要件をとても満たしていなかった。

この計画書にある地図を見ると、谷筋の上流から下流まで集水暗渠のパイプの線が引かれている。これをもとに、地震が起きても「すべり」が起きないとの試算結果を示していたが、災害後の県の調査では集水暗渠も排水溝もなかった。最初から、違法前提の埋め立て計画だったということだろう。

その前の三月二一日には風致地区内の行為許可申請書が提出され、木の伐採の許可を求めていた。

この業者が提出した土の採取計画書は、静岡県の土採取等規制条例に基づいた手続きで、開発行為が一ヘクタール未満の場合は、市の所管となる。

他県の条例の大半が許可制なのに比べて、静岡県の条例は届出制とあってもともと規制力が弱かった。市は、こんな計画書であるにもかかわらず、四月九日に受理してしまった。「土砂の崩壊、流出により災害が発生するおそれがある時は、災害防止のため必要な措置を取ること。土砂の崩壊、流出で災害が発生した際は、早急に対策を講じるとともに、被災の補償を行うこと」と付帯条件を付けたが、そんなことを守るような業者ではないことは、受理してすぐに判明した。

建設発生土の持ち込みは申請書になかった

受理して二日後の四月一一日、市役所に、市の水道温泉課の職員から通報が、まちづくり課にあった。

「産廃のようなものを積んだダンプを発見した。盛土をしている。違法の可能性がある」

まちづくり課、環境課、住宅建設課の市職員が現地を見ると、開発地から搬出されたらしい茶色の土砂と別に、黒褐色の土砂があった。外から持ち込まれたらしい。その土砂を積んだダンプカーがあるが、外からの持ち込みは計画書になかった。

午後、市役所に風致地区の計画書修正のために来た当の業者に訪ねた。

市「処分しているようだが、土の搬出元はどこですか？」

業者「一日一〇台以下の条件で受け入れている。××の紹介なので搬出場所はわからない」

市「現地を確認していますか」

業者「最近現場に行っていないので、どのような土砂かわからない」

市「黒褐色の土砂です。確認して報告して下さい。なぜ、盛土をしているのか？」

業者「あの場所はすでに■（非開示）に売ってしまっている」
市「建築目的ですよね」
業者「盛溢（盛ってこぼれること）した状態で宅地造成の許可はできない。土留めをして段切りと十分な転圧が必要です」
業者「将来、（申請が受理された）埋設堰堤が築造され、大規模盛土が完成すれば土留め壁等は不要だ」
市「築堤及び盛土と当該地の計画高を教えて下さい」
業者「明確には答えられない。堰堤ができるまでの仮置きである」
市「あくまで仮置きですね」
業者「仮置きです」
計画書にない、外から怪しい土が持ち込まれているというのに、市はほとんど追及もせず、逆に「借置き」の助け船を出してやっているのである。盛土の築堤や災害対策は、そもそも計画書を収受した段階で確認せねばならないことである。受理してからこんな基本的なことを尋ねているとは、業者が甘く見るのも無理はない。

ずさんな改良土証明書を受理

翌日、盛土の施工業者が市役所にやってきた。沢の地山を掘削し、岩石をとり、それでロックフィルダムを造るという。その少し前には別の人間が市役所を訪ね、鎌倉市の■が出したものだと情報提供した。

応対した市の建築住宅課の職員はこう記す。

「■氏の見解は浚渫土の可能性が高いと思われる（貝殻らしきものが混入していたらしい）。■（鎌倉市？）から運搬費をかけて搬入すること自体に疑問がある。処分できないモノが混入されていなければいいが――。証明書の提出を待つことにする」

一週間後、■が、持ち込んだ残土の改良証明書を持ってきた。こうあった。「改良証明書　熱海、伊豆山残土　この残土は、改良を施し一般残土とみなします。残土2000立方メートル　■、■」。成分分析もない、こんなおかしな証明書はどこにもない。見るからにインチキだ。にもかかわらず、市はこれを正式の文書として受け取ってしまっている。

この黒褐色の土は、小田原市と二宮町の工事現場から持ち込まれたと、工事請負業者が証言している。工事の現場責任者は、市議会が設置した百条委員会で「産廃が混じっていて強度がない。（廃棄物処理法違反の）違法な盛土」と証言している（二〇二二年三月一八日）。

市は、業者が修正した風致地区条例での開発行為申請を許可した。安心しきった業者は、ダンプや重機を持ち込み、土を谷に流し始めた。そばを流れる逢初川は真っ茶色に濁り、海に流れ込んでいく。二週間ほどたって、市に「森林法で許可の必要な一ヘクタールを超える開発が、無許可で進められている」との通報があり、市は県に連絡した。一ヘクタールを超える森林の改変は県の管轄になるからだ。ところが、県は植栽の指導にとどめた。

業者は一二〇ヘクタールの土地を購入しており、うち二六ヘクタールの宅地造成の開発計画を市に示していた。川が汚染しないように、宅地造成で掘削した土を使い、谷間にフィルダムを二基造るというのが、業者が市に示した盛土の理由だが、この時点で宅地造成の計画は景気の低迷で、空中分解

改良証明書

熱海、伊豆山購入残土

この残土は、改良を施し一般残土とみなします。

品　名	数　量	単　位	備　考
残　土	2,000	㎥	

このような何の証明にもならないものを業者は提出し、熱海市は受理した（熱海市公表資料）

し、業者は土地の売り先を探していたから、市も県も架空の計画を鵜呑みにしていたことになる。

指導聞かない業者に頭痛める市

県が植林を指導して一年後の二〇〇九年一一月。大量の搬入と埋め立てはどんどん進み、現地は申請内容とまるで違った風景になっていた。

業者は市に提出して受理されていた風致地区内行為（伐採）の変更許可を求め、申請していた。一ヘクタールを超え、指導されて植樹した近隣で伐採したいという。

県熱海土木事務所が、この現状を憂慮し、市と県東部農林事務所の担当者を交えて総勢一七人が参加し、協議した。

東部農林事務所「違反行為があったがすでに復旧（植樹）した区域であり、（変更申請は県の対象外の一ヘクタール未満なので）法的にいうことない。ただし、相談には応じる」

土木事務所「逢初川への土砂流出を心配する。防災工事を万全に御願いしたい」

市「業者の行為は、県土砂採取条例と県風致地区条例の許可によっている。予定工期がすぎていたため、風致条例は、工期の延長を出させたが、土砂条例は出されていない。工法的なことを含めて変更を指示したが、未提出である」

土木事務所「先日の台風の時に現場に立ち入って調査した。斜面の土砂の崩落があった。濁水処理も行われず、ずさんな状態である。川も土砂で閉塞し、今後も雨が降れば同様の状態になる。風致条例で、工期を延長した時に市は止められなかったのか。土採取条例ではすでに工期が切れている」

この結果、法的手続きは「できることを行う」。土採取条例の法的手続きは、計画変更の勧告（五条）、措置命令（六条）、停止命令（七条）があるが、時間がかかりすぎるので、行政指導として工事の一時停止を求め、その間に是正措置を行わせることで意見がまとまった。

市は、土採取の申請を出すこと、防災工事を行うこと、現在施工している区域の面積を報告することを文書にし、業者に渡した。ところが、その一〇日後に業者の実質経営者が逮捕されてしまった。

一二月になって、行政三者は二日連続会議を行い、今後の対応策を話し合った。

市が作成した公文書にはこうあった。

「通知した文書の回答期限が切れているので、回答と現場の防災対策を再度求め、早急に行わなければ、土の搬入を停止させることとしたい。また現状のまま手を引かれてしまった場合の対応策として、防災対策を誰の費用負担で行うべきか考える必要がある」

産廃は、直接持ち込みと残土混入の両方だった

この業者が持ち込んでいた「改良土」には、もともと木屑、コンクリートから、プラスチック屑などの産業廃棄物が混入されており、それを見つけた熱海市や県から産廃を撤去するようたびたび指導されていた。

その一方で業者は二〇〇九年から熱海市東金の建築物を解体し、三〇〇〇立方メートルのコンクリートがらやプラスチック屑、繊維屑を、仮置き名目で宅地開発目的で購入した山林に持ち込んで積み上げた。さらに一〇〇〇立方メートルを盛土現場に移した。県治山課の職員が産廃を見つけて問いただすと、業者は「ロックフィルダムを造るのに使うんだ」。職員は、産廃を所管する東部健康福祉センターに連絡し、センターが撤去を求めることになる。

しかし、業者は応じず、産廃を埋めてしまい、撤去を求める県と、応じようとしない業者は、平行線をたどり続ける。廃棄物処理法は不法投棄に対して即撤去命令を下せるし、応じなければ措置命令を出し、業者の代わりに撤去し、その費用を業者に求める代執行の仕組みもある。罰則も重く、会社には最大三億円の罰金がある。警察に告発すれば、業者を逮捕することもできる。

にもかかわらず、県は口頭指導や指導書を手渡すだけだった。なぜか。県が公開した産廃を見つけた時の県の文書はこう書かれている。

「運転手は、『解体ごみの仮置き場と聞いている』。埋め立てたら警察に通報することもあるが、警察は摘発しても除去までしないので、まずは根気よく指導していく方がいいのではないか」

この一職員の考えは、県の方針そのものだった。

のちに熱海市から、残土に産廃が混入しているので、規制力の弱い土採取条例より、規制力の強い廃棄物処理法違反でやれないのかと迫った熱海市に、県は「特定が難しい」と消極的だった。県は一向に、先頭に立って動こうとはしなかった。先の建設廃棄物は、業者が勝手に埋めてしまい、県は毎年一、二回、業者に撤去を求める文書を送付してお茶を濁した。

県が開示した文書にはこんなものもある。

二〇二〇年六月、県の監視員は、現所有者と見られる業者が語った内容をこう記録している。

「赤井谷一帯を公園として総合的に整備する計画を持っている。市の理解は得ていないが、整備すれば観光資源としての価値も高い場所となる。造成が始まれば、廃棄物を埋め立てた箇所の撤去工事も始めたい。人の道にそむくようなことをするつもりはなく、必ず撤去作業を行うので待っていてほしい」

まるで、人を食ったような語り口である。

発出されなかった措置命令と事業停止命令

二〇一一年二月、小田原市の業者から別の業者に所有が移った。翌三月、市職員が現場で残土を搬入しているダンプを見つけた。運転手に聞くと、「空いたところに降ろせと指示を受けている。神奈川県二宮町から一二台体制で運搬している」。

残土の持ち込みを中止するよう何回となく市は指導していたが、業者はのらりくらりと、指導をかわし、残土埋め立てを続けていた。

市建設課は、県土地対策課と協議した。

市「まずは文書での任意の行政指導を行い、リアクションがない場合、条例による措置をとりたいがどうか」

県「行為の停止のみでよいのか。防災措置までを求めるかにより違ってくる」

市「当然、両方を望んでいる」

県「土採取条例の措置では効果が弱い。市が条例をつくることも効果的である」

市「条例制定は時間がかかる」

この後、市長名で、現況と経過、安全対策の報告を求め、「(それまでは)土砂の搬入の行為を中止されますよう」との要請文書を送った。

業者から返答はなく、市建設課は、業者に弁明の機会を与える通知を行い、期限内に返答のない場合、措置命令・事業停止命令を出すとした起案書を作成した。①防災措置等、安全対策の実施計画書の提出②安全対策の速やかな実施③土砂搬入中止の三点を挙げ、事業停止（土砂搬入、盛土行為）を命じていた。そして、七月に措置命令・事業停止命令を行うとしていた。起案書には、手書きで「市の案」、事業停止を記した文書には手書きで「県の案」と記入され、県も承諾していたことが類推できる。

しかし、この起案書は決裁されないままに終わった。

業者が変更届け出して懐柔

開示された市の文書には、日付を追いながらの記述がある。

五月三一日「（業者から）文書、口頭共に連絡はなし」

六月二日「条例第六条の措置命令をする予定で弁明機会の付与、措置命令の決裁を起案」

一〇日「上記が■決裁となったため、（県）本庁土地対策課■へメールし、確認をお願いした」

一三日「■来庁。■は市に連絡をしたと言っているがどうなのかと尋ねられた。連絡は何もないと伝えた。（それに対し）■に連絡してみるとのこと。一六時過ぎ、■が来庁する。■より頼まれた様子。直近2回の郵便配達で送付した文書のコピーを渡した」

二〇日市役所四階B会議室「■、■、■、■来庁。県庁、健康福祉センター（産廃）■から説明。今後の予定を問うが、五月一九日に説明したことが伝わっていない。書類も渡っていない様子である。書面の提出を求めた」

結局、六月二〇日に開いた会議で、措置命令は一次保留とし、七月八日までに提出がなかった場合に行うことになった。

七月一一日の市の文書にはこんな記載がある。

「会合を持っても現状は回復傾向にならない。■は土地が商品になれば行政を恫喝したりしてことを進めようとするが、熱海の商品すべてが商品となっていないため、のらりくらりとしているとしか思えない」

結局、市は、翌一二日に業者が提出した防災工事の工期と手法の変更届けを受理し、措置命令処分はなくなった。ただ、業者が命令に従わなかった場合、県は代執行で残土を撤去することになるが、条例は業者への罰金はわずか二〇万円（条例は二〇二二年に改正され二年以下の懲役、または一〇〇万円の罰金）と、業者のやり得で終わる。もし、県が産廃の混入した残土を産業廃棄物と認定し、廃棄物処理法で不法投棄事件と位置づけ、摘発していたら、業者には最大三億円の罰金を課すことも可能だった。

業者は、沈砂池の浚渫を始めるそぶりを見せたが、防災のためのダム（堰堤）はつくられず、現場は五〇メートルもの高さの残土捨て場となっていたのである。この土地は宅地造成を予定されていた隣地も含め、すでに別の所有者の手に移り、隣地では太陽光パネルの設置計画が進められていた。

県の第三者委員会は「組織的な対応に失敗」

県が行政の対応のどこに問題があったのかを検証するために設置した弁護士らからなる第三者委員会（委員長・青島伸雄弁護士）は、二〇二二年五月、報告書をまとめ、「組織的な対応の失敗があった」と総括した。

報告書は、三つの失敗からなる。

一つ目は「最悪の事態想定の失敗」。報告書は「盛土を造成した会社は、二〇〇七年ごろに今回の土地以外にも違法な行為を繰り返していた」とし、「この会社に適切な対応を行わないと、どのような最悪の事態が生じるかを県と熱海市がともに想定すべきだった」とした。

さらに安全性の基準の一五メートルの三倍以上も業者が積み上げ、極めて危険な状態になっていたにもかかわらず、県や市の担当者は最悪の事態＝崩落を想定していなかったとした。

二つ目は、「初動全力の失敗」。市はそもそも、あちこち空欄のあるような申請書類を受理し、初期のころから崩落が起きていたのに、崩落防止のための措置命令を出さず、県との連携もできていなかったとした。

三つ目は、「断固たる措置をとらなかった行政姿勢の失敗」。

四つ目は、「組織的な対応の失敗」。一連の経過から県と市で情報を共有し、連携し、積極的な関与をすべきだったとしている。

この報告書について、難波喬司副知事は「しっかり受け止めて、今回のような災害が二度と起こらないように、行政対応の改善を行っていきたい」。斉藤栄熱海市長は「ご指摘いただいた、市として反省すべき点、この点は真摯に受け止めなければならないと思っております。被災者のみなさまには本当に申し訳なく思っております。ただ一方で、この報告書の全体の構成を見ると、問題点があると思っております。記述の根拠となる証拠や資料に偏りがあるのではないかと、このような感じを持っております」と語った。

それから一〇日ほどたって、熱海市は、ホームページに「報告書を受けた熱海市としての問題意識」を公表した。条例の所管とされた熱海市の対応を中心に取り上げられていることから、県が所管する森林法による隣地開発許可規制行政で、行為規制のできる砂防指定地にしなかったことが適切だったかなどが検証されていないと、不満を表明した。

県と市の不協和音　「県は耳を貸さなかった」

実は、この盛土を行った区域の直下は砂防指定地になっており、関係者から、県が一帯を指定していたら、このような惨劇は起こらなかったという指摘が出ていた。

これに対し、県は七月、「砂防指定地に指定する必要性は認められないと判断したことは、現時点で評価しても行政裁量として認められる範囲内であった」と反論している。森林法で規制対象となっていたとの理由だが、森林法は一ヘクタール以上の森地開発を規制し、熱海市の件では、「一ヘクタールを超えている」と県に業者への規制を求めた市に対し、県は否定、関与を嫌った。県の第三者委員会の報告は、「県に法的な瑕疵はなかった」と書き、法的責任を遠ざけたが、結果的に、県は砂防ダム上流の砂防規制を行わず、危険な残土の搬入を黙認していたことになる。

当時、業者は一ヘクタールを超えたとする林地開発の図面を出していた。開発面積が一ヘクタールを超えると県の権限となり、許可違反として強い対応ができる。しかし、県の当時の担当者は「業者が示した図面は正式の文書ではなく、森林法に基づく申請を業者がしてこなかった」と、曖昧な答弁に終始した（熱海市議会に設置された百条委員会での県職員の発言）。

百条委員会の証人尋問では、県と市の職員も証言したが、その不協和音が明らかになった。

森林法で規制できなかったのかとの問いに、市は「市として実態が一ヘクタールを超えているように見えるので、森林法を適用したい（開発面積が一ヘクタールを超えると県の許可が必要）という考えは当初からあった」（元副市長）、「県に一ヘクタールを超えているという話を何度もした（が県は応じなかった）」（元市職員）、「（前所有者は以前）林地開発違反をしており、県は二度目の指導を避けたいと考えたのではないか」（元市幹部）、「県から『前所有者は信用できない。市で対応するように』と指示された。県の指示に疑問を持った」（別の市元幹部）と、県への不信感をぶつけた。

一方、県は、「一ヘクタールを超えているとは認識していなかった。違法という確実性がなかった」（県職員）と対立する。業者から依頼された現場責任者は、「産廃が混じっているから強度がない。違法な盛土だった」、防災工事業者は、「『伊豆山の現場は下にホテルがあるので、崩れたら大変なことになる』と県に忠告しました。『事故が起きたら人災です』『崩落まで時間の問題です』と。私の訴えをどう受け止めたのか」と、記者会見などで県に対し、怒りをぶちまけている。そもそも規制力がほとんどない土採取条例で対応させ、規制力を持つ森林法と廃棄物処理法違反の適用を見送り、自分たちの責任を逃れようとした県は、誤りを認め、大いに反省すべきではないか。

百条委員会の証人尋問で、盛土を造成した不動産管理会社の経営者は「盛土工事は別の業者がやった」、その会社から土地を買った業者は「盛土があったことを知らなかった」と、知らぬ存ぜぬを決め込んでいる。結局のところ、関連する法律や条令を駆使して危険な開発をやめさせ、元に戻させようとの意志が、県と市ともになかったということだろう。

被害者の会が刑事告訴と民事で損害賠償請求訴訟

先の業者らは、いずれも違法行為を否定し、土石流が起きたことへの責任もないとしているため、

土石流の土砂を海岸に埋め立てる事業はかなり進んだが、有害物質による汚染の心配はないのだろうか（二〇二二年一一月二一日）

「熱海市盛り土流出事故被害者の会」の遺族や被災者七〇人は二〇二一年九月、前所有者と現所有者に対し、約三二億円の損害賠償請求訴訟を静岡地裁沼津支部に起こした。また被害者の会の遺族や被災者ら一一三人は二〇二二年九月、「行政の対応に過失があった」として、県と市に約六四億円の損害賠償を求めて提訴した。

一二月に第一回口頭弁論があり、原告は、「市は危険性を認識しながら撤去するなどの措置をとらず、当日に避難指示もなかった。県は森林法の適用を見送り、市に措置命令を指示しなかった」と批判した。これに対し、市と県は請求の棄却を求め前面対決となった。

被害者らはさらに、前所有者を業務上過失致死容疑、現所有者を重過失致死容疑で熱海署に刑事告訴し、両者を殺人容疑でも刑事告訴している。それを受け、静岡県警が立件に向けて捜査を進めている。

□第一章の扉の写真説明（上から）・熱海市の土石流の跡地は、一年以上たってもこんなありさまだ（二〇二二年一一月）・熱海市の海岸では、土石流の土砂を埋め立てる作業が続いていた。後に残土から濃度の高いヒ素が検出されたが、大丈夫なのか（二〇二二年五月）・二〇〇九年一一月時点での盛り土と称する残土投棄現場（熱海市公表資料）。

第二章

地方を狙い
さまよい歩く残土

大量の残土が、首都圏と近畿圏から三重県に

首都圏から大量の残土が三重県内の集落に持ち込まれ、巨大な山が築かれていることが、毎日新聞で報道され、その後国会でも問題になるきっかけとなったのは二〇一八年のことだった。地方を残土捨て場にする建設発生土と建設汚泥の不健全な処理が社会問題となった。三重県や県内の紀北町、伊賀市で、条例制定を求め続けていた市民団体の運動や世論を後押しする形となり、県をはじめ、土砂の持ち込みを規制する条例の制定を後押しした。首都圏や近畿圏で発生した行き場のない建設発生土や建設汚泥が、条例のない地方の空白地帯を狙って動き回る。

私は、三重県紀北町を訪ねた。三重県の南端に近い尾鷲市の尾鷲港岸壁に、海上保安庁の巡視船が停泊している。そこから約一〇〇メートル先の岸壁に残土の山があった。

住民によると、数日前まで砂利運搬に使うガット船から、バケットクレーンで岸壁に残土をおろし、パワーショベルでダンプカーに積み替え、どこかに運んでいるという。

岸壁の真っ黒な残土を見た。道路に転がっている残土の破片にさわると硬い。砂からなる品質の良い茶色の発生土と違い、ドロドロの土に石灰かセメントを混ぜて硬くしたものだ。いわゆる「改良土」と思われる。

三重県では、残土埋め立ての規制条例が最近、相次いで制定された。三重県（二〇二〇年四月施行）、伊賀市（二〇一八年七月施行）、紀北町（二〇一九年七月施行）、尾鷲市（二〇二〇年四月施行）などで誕生している。県条例は三〇〇〇平方メートル以上または一メートル以上の高さの盛土のための残土持ち込み、伊賀市は一〇〇〇平方メートル以上、尾鷲市と紀北町は一〇〇〇平方メートル以上、三〇〇〇平方メートル未満の規模の土地への残土搬入と埋め立てを対象としている。三重県と

尾鷲市の条例が許可制なのに比べ、紀北町と伊賀市は届け出制で規制力が弱い。
これらの条例はいずれも自治体が率先して条例化しようとして成立したわけではなかった。いずれも他地域からの持ち込みに、環境汚染や自然、生活環境の悪化、土砂崩れなど災害の危険性から、市民団体や議員などが条例化を求め、さらに首都圏や近畿圏からの大量の搬入が毎日新聞で大きく報道され、せっぱ詰まった結果だった。

市民団体が条例化を求める

三重県土砂等の埋立て等の規則に関する条例の制定には、NPO法人廃棄物問題ネットワーク三重や廃棄物と残土問題に詳しい村田正人弁護士らの活動が大きく貢献している。村田弁護士は「近畿圏や首都圏から条例がなかったり、規制の緩い三重県に持ち込まれてきた。三重県に限らず、業者は、農地を復元してやるとか、荒れた土地を元に戻すとか地主に言って、大量の残土を持ち込んで、後でトラブルを起こすことが多い」と話す。

三重県の大気・水環境課は、「三重県の三〇〇〇平方メートル以上の開発行為は、県内で発生し、県内に盛土する例はあるが、県外からの持ち込みはない」と話すが、一〇〇〇平方メートル以上の残土埋め立ては、尾鷲市で相変わらず続いている。二〇二二年春時点で一四件（うち一二件は埋め立て終了）ある。大規模な土捨て場には持ち込むのは難しくなったが、規模を小さくして条例から逃れ、残土持ち込みが続いているというわけだ。

一方、紀北町の環境管理課は「条例施行後一〇〇〇平方メートル以上の届け出はない。それ未満の持ち込みも一件にとどまっていて、抑止効果が表れている」。県尾鷲建設事務所は「港での持ち込みの際、一〇〇〇平方メートル以下についても業者に搬入先を聴き、市と町に伝えている」と話す。

しかし、同建設事務所に対し、私が尾鷲港（尾鷲市）・名倉港（紀北町）への残土の荷揚げ実績について情報公開条例を使って開示請求したところ、積み出し港と積みおろし港、積み下ろした量は開示されたものの、業者名や、出荷元の事業所、船名などはすべて黒塗りされていた。建設事務所は、どこに残土を持っていくのか確認していないから、残土の動きはわからないままだ。

二〇一八年一一月の毎日新聞の報道だと、一年間に二つの港に二六万トン陸揚げされていたとしている。そこで、私も情報公開制度を使い、二つの港について二〇一九年一月から二〇二一年一二月までの三年間に陸揚げされた残土のデータ開示を県に求めた。計約四〇万トンの残土が両港に荷揚げされていたことがわかった。地理的に、ほぼ全量が尾鷲市と紀北町内で盛土されたと見られる。いずれも船一隻に積み込まれた残土は一〇〇〇〜二〇〇〇トンで、県の条例制定後は減る傾向にあった。

残土問題訴えて町会議員選挙で当選

神奈川県や千葉県、大阪府などの県外から大量の残土が持ち込まれていると、紀北町の住民たちで大騒ぎになったのは六年ほど前である。その火付け役になったのが町会議員の柴田洋己さんだった。

東京の設計事務所に勤めていた柴田さんは、二〇〇三年に定年と同時に郷里の紀北町に妻と共に戻った。豊かな自然に囲まれ、平穏な暮らしを続けていた。紀北町は熊野古道が通る。柴田さんは海山熊野古道の会の会員として、町を訪れた観光客などに説明することも多く、自然と文化の豊かさを実感していた。ところが、そんな生活を脅かすようなできごとが、ひそかに進行していた。

二〇一三年、老人会の集まりに出席した柴田さんは、帰りに知人の車に乗せてもらうことになった。

帰り道に、知人が立ち寄った先が、森林の一角だった。見ると、巨大な残土の山がそびえていた。真っ黒な土が谷間を埋め尽くしている。知人が指さした。

「柴田さん、これは東京の建設工事現場から出た建設残土なんだよ」

「そんなばかな」

柴田さんは、東京時代に知り合った国会議員の事務所に連絡した。秘書が警視庁に問い合わせてくれることになった。

しばらくして、秘書から電話があった。「柴田さん、首都圏から大量の残土が持ち込まれている。放っておくと、取り返しのつかないことになるよ」。規制のない三重県が狙われ、船で運んでいるのだという。それを機に、町内と隣の尾鷲市の残土の現場を調べ始めた。

柴田さんは、県の出先機関や町役場に残土について聞いてみた。しかし、担当者はまともに答えようとしなかった。「町会議員にならないとだめだ」

柴田さんは、二〇一八年、町会議員選挙に立候補し、残土問題を訴え、見事当選することになる。議会で残土問題を繰り返し取り上げ、町への持ち込みを規制するため、残土条例の必要性を訴えた。

情報公開制度をつかって実態を把握

議員になっても情報は簡単には集まらない。そこで利用したのが、県の情報公開条例だった。

バルク船で、尾鷲港や紀北町の名倉港に運ばれてくるが、港を管理するのは尾鷲市にある三重県の出先機関だった。尾鷲港では、バースの一区画を業者に貸し出し、賃料をとっていた。そこで県の港に揚陸される残土の量、搬出先、かかわった業者名などについて、三重県に開示請求した。

開示された文書を見ると、黒塗りは相当の量にのぼっていたが、いつ、どこにあった土を持ち込んでいたのか、概要を把握することができた。

柴田さんが、尾鷲港と名倉港の荷揚げ実績書を見せてくれた。荷揚げされた残土の約七～八割が「改良土」、残りが「残土」と記載されている。「残土」とは建設現場から出た土のことで、国土交通省は「建設発生土」と呼んでいる。一方、「改良土」は、どろどろの状態の品質の悪い建設発生土にセメントや生石灰を混ぜて含水率を調整するなど適正に処理・加工した製品だ。

柴田さんが言う。

「建設発生土の残土もリサイクルされた改良土も、いずれも本来は、建設現場の埋め戻し材や宅地造成などに再利用されるべきもの。ところが、ここに持ち込まれて山や平地に捨てられている。紀北町は土捨て場にされているんです。こんなことではと、千葉市など先行自治体の条例を参考に条例案をつくり、町に提案、制定を働きかけました。二〇一八年一一月に毎日新聞がこの実態を報道してくれ、三重県同様、町でも条例制定の気運が高まりました」

柴田さんに開示された県の文書を見ると、七一〇件中七割以上が「改良土」と書かれていた。それ以外は「発生土」と書かれている。セメントを混ぜて含水率を調整した改良土のもとは、建設発生土か産廃汚泥のどちらかだ。

柴田さんは、議員になってから県に対して開示請求を繰り返しているが、そのたびに黒塗りの部分が増えているという。最初のころは、改良土がどこで発生したのか排出元の自治体や搬入にかかわった業者名が開示されていたが、まもなく黒塗りに変わった。

県に尋ねると、職員から「開示した後、名前の出た業者から、『開示されたことによって営業に支障が出た』とクレームが寄せられたので、黒塗りにした」と言われたという。

町内に残土の山が八カ所

柴田さんの案内で、現地を見た。首都圏と近畿地方から持ち込まれたところが町内に八カ所あった。最も巨大な残土の山は、町の中心部から東に約三キロ行った名倉地域の森林。下から見ると、高さ五〇メートルはゆうにある。谷のてっぺんから谷底にかけて、残土が階段状に積み上げられ、表面を薄茶色の土で覆土してあるが、大半の土は、熱海市の盛土のように黒褐色である。

柴田さんが言った。「残土処理を引き受けた業者は、紀北町の長島港で船からダンプカーに積み替えてここまで運ぶ。頂上から谷底めがけて残土を落としていくんです。ダンプカーの数を数えたら、一日に八〇〇台あった日もありました。ここに持ち込んだ業者はその後倒産し、現在は中国系とも言われる別の業者に所有権が移りました」

ここに太陽光パネルを敷き詰める計画で、頂上部分に中国製のパネル施設が並べてあった。谷間の下流には鉄道の橋、川、集落がある。数年前に残土が川に流出し、町が撤去したこともあった。

頂上から下を見ると、断崖絶壁を滑り落ちそうな恐怖にとらわれる。この場所を、建設汚泥のリサイクルに取り組む業者が、お忍びで視察した。残土埋め立ての実態を知ろうと思ったのだ。

業者は、私にこう言った。「上から見て、谷底に落ちそうで怖かった。こんな積み方して大丈夫なのか。排水溝もなにもなく、よく県が許可したもんだと思った。大雨になったが、崩落する可能性があるから、早く対策をとるべきだ」

柴田さんと二人で、残土の山の頂上のそばに立った。

第九号様式（第八条第二項）

土砂等発生元証明書

提出済 2 7. 9 排出元企画

月　日

特定事業者名

様

発生元事業者
住　所
事業者名
代表者

担当者
電話番号

次のとおり搬出する土砂等が次の工事現場から発生し、又は採取された土砂等であることを証明します。
なお、これらの土砂等は、廃棄物の処理及び清掃に関する法律（昭和 45 年法律第 137 号）第２条第１項に規定する廃棄物ではありません。

工事名	
工事施工場所	神奈川県横浜市
発注者	
工事施工期間	令和 2年 2月 25日 ～ 令和 3年 2月 28日
当該工事に係る土砂等発生総量	４，６４７㎥（うち搬出契約量 ４，６４７㎥）
今回の証明に係る土砂等の量	４，６４７㎥（５，０００㎥以内）
発生土砂等の地質分析（濃度）結果証明書の有無	㊒・無 別紙のとおり
発生土砂等の区分	第三種建設発生土
発生土砂等運搬契約者名	住所　氏名 住所　氏名 住所　氏名 住所　氏名
発生土砂等埋立事業者名	（一時たい積特定事業場）住所 氏名 （埋立て等の事業場）住所 氏名

注　発生土砂等の区分の欄には、建設業に属する事業を行う者の再生資源の利用に関する判断の基準となるべき事項を定める省令別表第１に規定する区分を記載すること。

第　号
02.7.-6
尾倉建設事務所

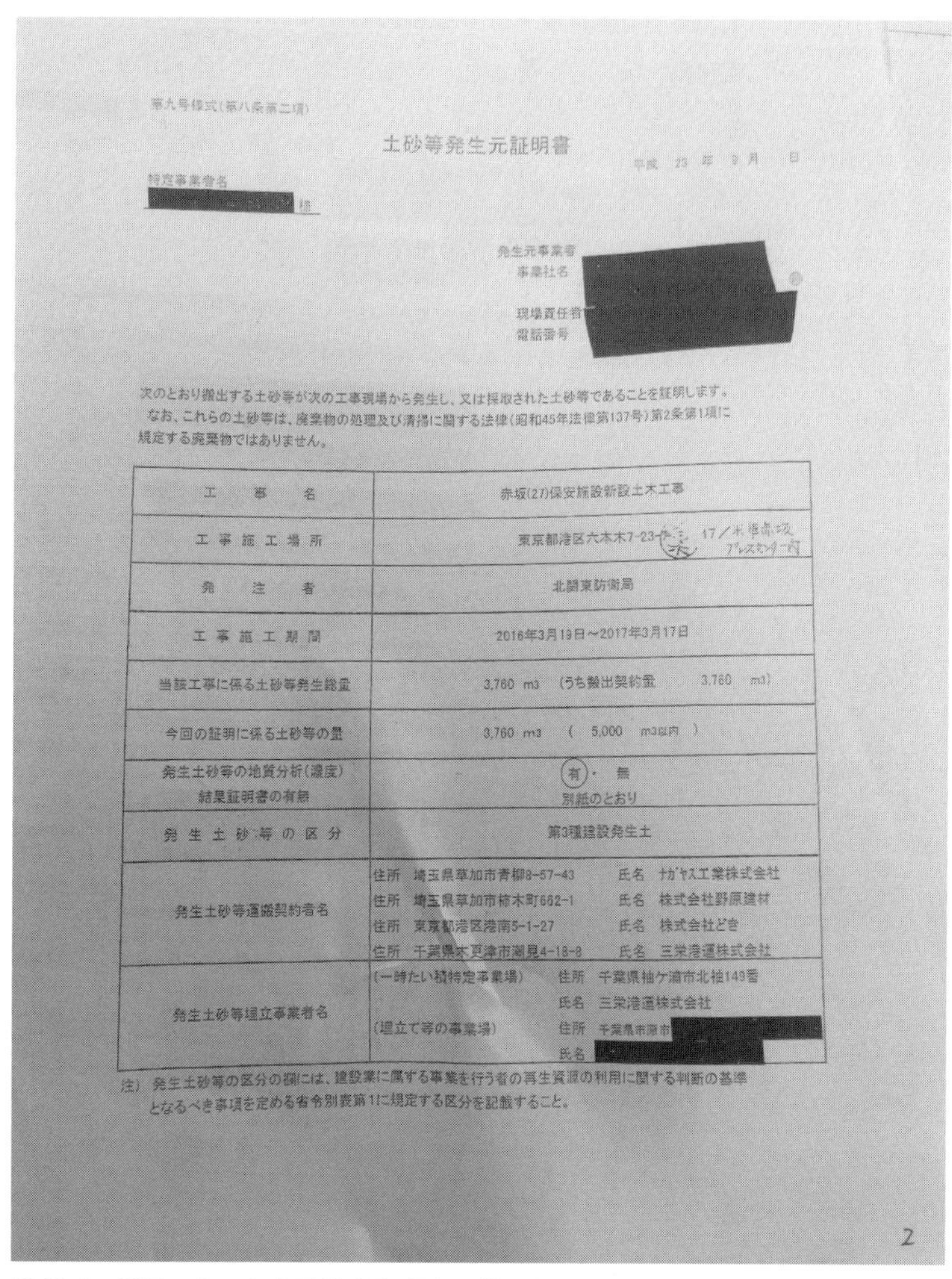

第九号様式（第八条第二項）

土砂等発生元証明書

平成 28 年 9 月 日

特定事業者名
[黒塗り] 様

発生元事業者
事業社名 [黒塗り]

現場責任者 [黒塗り]
電話番号 [黒塗り]

次のとおり搬出する土砂等が次の工事現場から発生し、又は採取された土砂等であることを証明します。
なお、これらの土砂等は、廃棄物の処理及び清掃に関する法律（昭和45年法律第137号）第2条第1項に規定する廃棄物ではありません。

工　事　名	赤坂(27)保安施設新設土木工事
工事施工場所	東京都港区六本木7-23-17／米軍赤坂プレスセンター内
発　注　者	北関東防衛局
工事施工期間	2016年3月19日～2017年3月17日
当該工事に係る土砂等発生総量	3,760 m3 （うち搬出契約量 3,760 m3）
今回の証明に係る土砂等の量	3,760 m3 （ 5,000 m3以内 ）
発生土砂等の地質分析（濃度）結果証明書の有無	㊒・無 別紙のとおり
発生土砂等の区分	第3種建設発生土
発生土砂等運搬契約者名	住所 埼玉県草加市青柳8-57-43　氏名 ナガヤス工業株式会社 住所 埼玉県草加市柿木町662-1　氏名 株式会社野原建材 住所 東京都港区港南5-1-27　氏名 株式会社どき 住所 千葉県木更津市潮見4-18-8　氏名 三栄港運株式会社
発生土砂等埋立事業者名	（一時たい積特定事業場）　住所 千葉県袖ケ浦市北袖143番 氏名 三栄港運株式会社 （埋立て等の事業場）　住所 千葉県市原市[黒塗り] 氏名 [黒塗り]

注）発生土砂等の区分の欄には、建設業に属する事業を行う者の再生資源の利用に関する判断の基準となるべき事項を定める省令別表第1に規定する区分を記載すること。

2

業者が三重県に出した土砂発生証明書　柴田洋己さんが三重県に開示請求し、入手した業者が提出した土砂等発生元証明書。当初は黒塗りが少なかった（左）が、後のもの（右）は業者名等が全て黒塗りされている敷地境界の際から、下を見下ろすと、ジェットコースターか、崖から直下をみたような感じだ。

「いつ崩落が起きても不思議じゃない」

柴田さんと私は顔を見合わせた。

名倉の残土の山から二キロ北西に走ると、太陽光パネルが、きらきらと太陽光を反射していた。谷間を残土で埋め、その後に太陽光パネルが設置されている。階段状に整地されているが、地面はやはり黒褐色の残土で、近づいてみると、陶器やタイル、プラスチックの破片がむき出しで見える。産廃混じりの残土の山なのだ。

災害の危険性ある残土の山に太陽光パネル

そこからさらに西に二キロ行くと、伊勢自動車道の脇に、高さ約二〇メートルの丘があった。残土を台形状に積み上げ、上部に太陽光パネルが設置されている。ここは、段差も排水溝もなく、法面の一部がすでに崩れていた。住民の一人が言った。「いつ崩れるかと不安ですが、規制がないから業者はやりたい放談なんです」

柴田さんによると、最近土砂崩れが起き、土砂が農業用水に流れ込んだ。ここでもれんがや陶器などの産業廃棄物がかなり混じっていた。

持ち込んだ業者が港を管理する県に出した「港湾施設使用状況届」の写しを柴田さんが保管していた。大阪の岸和田港から計一三万トンがここに搬入され、業者に委託したのは滋賀県の業者だった。成分分析表もあり、基準を超える有害物質はなかった。これも他の残土同様、「改良土」と明記されていた。

滋賀県の業者が持ち込み、紀北町の業者が積み上げた残土捨て場。一部が崩れ始めている（紀北町二〇二二年一月）

委託を受け、ここに積み上げた会社の経営者は当時、銃刀法違反で刑務所に服役中だったが、バルク船で紀北町の港まで運び、トラックに積み替えて、あっというまに黒褐色の残土の山となった。登記簿謄本を取ると、この残土の山の所有権はさきほどの会社から別の不動産管理会社に移っていた。

受け入れた業者の会社も、服役中の経営者に代わって社長を務めていた人物は、経営苦から自殺し、会社は解散したという。

ちなみにのちに土地の謄本を取ると、残土の山は、愛知県にある不動産会社に所有権が移っていた。紀北町内にある元の会社の経営者の自宅を確認すると、解散したはずの会社の看板が壁にかかり、四台の監視カメラが周囲にレンズを向けている。

町役場から国道42号を三キロ南西に進むと、残土の山があった。雑草に覆われ、残土の山とはすぐにはわからない。柴田さんが言った。

「雨で残土が流出しました。それで、中に陶器や鉄筋、シートなどの建設廃棄物がかなり含まれていたことがわかったのです」

草をわけ、ちょっと土を掘り返してみた。木屑と陶器屑、プラスチック屑の破片がすぐに顔を出した。残土といっても、ここも含め、みな大量の産廃が混じっている。

最近、持ち込まれたという条例の対象外である一〇〇〇平方メートル未満の残土捨場を見た。水田が広がり、その一部に浅い沼があった。その際が残土捨て場だ。面積は、これまでみたところと比較すべくもないが、盛土の上には太陽光パネルが置かれている。

地面に目を落とすと、建物を解体した後の鉄材やがれきがむき出しだ。町に聞くと、「条例を制定したためか、条例の対象となる一〇〇〇平方メートル以上の届け出はなくなり、条例の対象外の一〇〇〇未満の持ち込みは、ここ一件だけです」

残土問題にくわしい畑明郎元大阪市立大学教授（環境化学、環境政策）は、二〇一九〜二〇二〇年にかけて現地を調査し、排水や近くの河川の水質を分析している。尾鷲市の残土の山の排水から、環境基準の二〇倍のヒ素が検出され、pHは一一・八と強アルカリ性を示した。他の場所からは基準を超える数値は検出されなかったが、電気伝導度は軒並み高かった。畑さんは「山土（やまつち）など自然界の土ではないということ。化学工場跡地などから持ち込まれた土かもしれない」と語る。

条例で残土搬入は止まるか

柴田さんは関東地方を中心に、残土条例を制定している自治体を訪ねた。条例といっても、内容にかなりの差があり、どれがいいのか、自分の目で確かめるしかないと思ったからだ。

千葉県君津市、印西市、茨城県牛久市は県外からの搬入を禁止し、事業面積は、君津市と印西市が五〇〇平方メートル以上、牛久市は下限なしとし、持ち込みを厳しく規制していた。印西市、牛久市、茨城県、下妻市では、産廃の疑いのある「改良土」の搬入を禁止していた。

紀北町に条例はできたが、柴田さんは満足していない。

「条例は許可制でない、規制力の弱い届け出制だし、県外からの搬入を禁止していない。議会で、私たち四人の議員が、町の残土条例案に対し、県外からの搬入禁止を盛り込むよう修正案を出したが、否決された。一定の基準を満たせば残土の山を築くことは可能だ。もっと規制力を備えた町条例に改正するとともに、国は強力な規制法を制定してほしい」。

総務省が最近行った調査では、不適切な埋め立て事案一二〇件のうち、条例に違反した無許可の埋め立てが半数。残土の撤去は一件しかなく、条例で解決できないことは明らかになった。

発生土の工事間利用（工事現場から出た土を別の工事に利用する）は一割足らずで、公共工事での工事間利用率を見ると、国交省地方整備局は八〇％あるのに、都道府県は二八％、市町村に至っては、たった七％だった。民間工事では調べた五五件のうち発注者から搬出先が指定されているのは二件で三・六％。処分費が契約上明確でなく、計上されていない可能性があるとしている。

総務省は、国土交通省などに対し、残土の搬出、その後の状況を工事発注者が確認できる仕組みをつくることと、その情報を条例制定の自治体がわかるよう公にするよう勧告した。しかし、これだけでは、住民に情報が開示されない状態が続くことになる。

「こんな値段でやれないはず」と首をかしげる優良業者

この実態に被害を受けているのは、地元住民だけではなかった。まじめに土の有効利用とリサイクルに取り組む業者である。

建設汚泥のリサイクルで高い技術力と実績を誇る西日本のある業者に聞いた。

「どこでどんな性質の発生土が発生し、どこに持ち込んだか、品質も含めて管理すれば、こんなことは起きない。しかし、民間工事ではコストが優先されている。残土処分を安く引き受ける業者が多数いるから、コストが吸収されてしまう。こんなことやっていると、本来のリサイクルが進まない」

三重県に残土を運ぶ業者に、畑さんが、残土処分が経営的にペイするのか尋ねたことがある。業者は「トン二〇〇〇円で受けている。三重県から東京に物資を運び、その帰りの船便に残土を積んで運ぶから、空で帰るより効率的だ。埋め立ての費用までそのお金でまかなえる」と答えたという。

しかし、そんなことが可能なのか。

関東地方で汚染土壌の処理をしている優良業者は、その話を一笑に付し、こう言った。

「そんな馬鹿な話、ありえません。船賃だけで二〇〇〇円を超えます。普通の建設発生土なら値段がつかないから、運賃が出ません。工事現場からトラックで運び、船に積み替え、さらに陸揚げして埋め立ての費用はいったい、どこから出てくるのか。考えられるのが、処理料金の高い汚染土壌です。それなら十分にペイするし、処理料金を安くして受けることができる。でも、それは違法です。実は、業界ではこんなことがまかり通っているようです」

私は、三重県庁を訪ね、土砂採取条例を担当する大気・水環境課の担当者に残土写真を見せた。

「危険な残土の山が幾つもある。ほとんどが産廃混じりで、およそまともな残土処理ではない。早急調査すべきです」。担当者は、メモしただけで、その後、県が調査に入ることはなかった。

静岡県熱海市の盛土も、三重県紀北町でみた残土捨て場も、国土交通省が「行き先を把握していない」という内陸向けの六〇〇〇万立方メートルの建設発生土や、産廃の建設汚泥とみられる。一方で、国交省が、準有効利用と見なしている砂利採取場跡地や農地の埋め立て利用はどう行われているのか。

三重県伊賀市の優良農地に残土搬入

三重県伊賀市には、産業廃棄物の最終処分場や処理施設が集中する。特に管理型最終処分場と大型の焼却炉など処理施設をワンセットで擁する三重中央開発は、日本最大手の産廃業者、大栄環境グループ（神戸市）に属する。私も施設を見学、取材したことがあるが、多種多様な施設がそなわり、日本有数の規模と処理能力に目を見張ったことがある。

その取材の際、伊賀市の住民から、「その近くの農地に巨大な残土の山ができている」と聞かされた。そこで日を改め、現地を訪ねた。といっても、残土の山がどこにあるのかわからない。そこで残土問題に取り組んできたNPO廃棄物問題ネットワーク三重の伊藤和行さんと地元の市会議員に案内してもらった。ネットワーク三重は三重県に対し、残土条例の制定を求めて運動を続け、最初は「他の法令があるので、必要ない」と言っていた知事を翻意させ、条例を制定させた。

車で国道３６８号を南に進むと約四キロ先の十字路角のローソンがある。その角から細い道を約五〇〇メートル進むと、右に砂利採取業のプラントが見える。

このプラントを横目に細道を進み、農道の伊賀コリドールロードに入った。周囲に広大な畑が広がる。この伊賀市猪田地区は、農業振興地域となっている。

ビニールハウスの向こうに巨大な残土の山があるのがわかる。仮置き場のようだ（三重県伊賀市）

坂道を上り、高台に出た。車を降りて、畑に続く道を歩いた。眼下には、ビニールハウスが並んでいる。

その先に目をやると、巨大な残土の山が目に飛び込んできた。三段重ねで、高さ約二〇メートル、長さ一〇〇メートルはゆうにある。幅を約七〇メートルと見積ると、一四万立方メートル。三重県紀北町で見た排水溝も段差もない一部が崩れた残土捨て場とほぼ同じ大きさとなる。

遠くからだが、土が真っ黒なのがわかる。頂上ではパワーショベルが作業をしていた。市議の話では、国から借金して営農したが、返済できずに土地を手放した農家も多いというから、耕作放棄地なのか。それにしては、手前のビニールハウスが気になる。ここの地名は伊賀市与野で、時々トラックが敷地に入っていく。「関係者以外の立ち入りは禁止します」という看板があり、会社名が消されている。

「ここでビニールハウスを営んでいる農家は

迷惑しているでしょうね」。私は、農家が被害にあっているのではないかと心配した。しかし、大いなる間違いであることがあとからわかる。

残土搬入を条例の対象外としていた県

私は三重県庁の土砂規制条例を担当する大気・水環境課の松本剛・土砂対策監を訪ねた。

「伊賀市で巨大な残土の山を見てきました」と報告し、土砂条例は、残土持ち込みは許可制になっているので、埋め立てをしている業者を教えてほしいというが、言葉を濁すだけでらちがあかない。

そこで、それなら情報公開条例に基づき、開示請求すると、通告した。

渋々、松本対策監が差し出したのが、A4の二枚の県の報道発表資料だった。二〇二二年五月二五日付けで「三重県土砂等の埋立て等の規制に関する条例に基づく許可の適用除外の取り扱いの誤りについて」としてこう書かれていた。

「伊賀市内において、農地の復元を目的とした民間事業者が行う埋立て工事に関し、本来、「三重県土砂等の埋立て等の規制に関する条例」第九条に基づく許可を得る必要があるところ、誤って、第九条第三号（国、地方公共団体その他規則で定める者が行う土砂等の埋立て等）に規定する許可の適用除外と判断していました。

1　工事の概要（1）場所：伊賀市内（2）目的：農地の復元（3）埋立て開始時期：条例施行前（4）面積：約一六ヘクタール。

2　経緯　埋め立て工事は、条例施行（二〇二〇年四月）前から工事が行われており、令和二（二〇二〇）年一二月二二日までに、条例の許可申請を行う必要がありました。令和二年六月、県伊賀農林事務所が事業者から相談を受けたことから、同事務所から環境生活部大気・水環境課に条例第九条第三号（適用除外のこと）に該当するかの協議があり、令和二年九月に適用除外としました。令和四年三月に、外部から許可を得ずに工事を行っているとの通報があり、再度その解釈を確認したところ、判断を誤っていることが判明しました。（中略）

5　今後の対応　事業者に対し、条例に基づく対応を求めていきます」

適用除外の対象とは公共事業のことだ。条例第九条は「土砂等の埋立て等を行おうとする者は、埋立て等区域ごとに、あらかじめ知事の許可を受けなければならない。ただし、次に掲げる土砂等の埋立て等については、この限りでない」とし、「国、地方公共団体その他規則で定める者が行う土砂等の埋立て等」とし、施行規則には「土地改良区」「土地区画整理組合」「日本下水道事業団」「土地開発公社」などを列挙している。厳格に定めており、今回のような解釈が入る余地はない。

松本対策監は「条例担当の土砂対策監（松本氏の前任者）がなぜその判断をしたのかわからない。課長は一切タッチしていない。伊賀農林事務所と出先の環境室、本庁の同課が三回協議して決めた」と答えた。だが、この説明が虚偽だったことは後に開示請求によって判明する。私は「私が見た残土の山でしょう」と詰め、県はその事実を認めたが、業者名は「業者に迷惑がかかる」と黙した。

ビニールハウス経営の会社が「農地復元」目的で残土搬入

そこで伊賀市にある伊賀農林事務所を訪ねた。冨沢代志子農政室長と加藤吉彦地域農政課長代理の説明によると、二〇二〇年六月、社長ら数人が農林事務所を訪問し、当時の地域農政課長に「土砂条例の許可の対象になるのか、それとも適用除外になるのか」と尋ねたという。課長の隣でメモ取りをしていたという加藤さんは「営農の話をし、その中で出てきた話だった」と言う。

相談を受けた課長は、それを同じ合同事務所内にある環境室（土砂条例の担当）に話をし、次に本庁の大気・水環境課の土砂対策監（松本氏の前任者）を交えて、三カ月間、何回か協議した結果、大気・水環境課が、適用除外にすると判断し、出先の環境室を通じて農林事務所に伝え、事務所は業者に適用除外を電話で伝えたという。ここも業者名は教えられないと拒まれた。

しかし、この農地復元事業は一〇〇％民間工事であり、公共工事でないことは明らかだった。相談を受けたら、公共事業しか認められていないと言えばいい。業者を特別扱いしたのだろう。

親しい県職員が、県が適用除外した会社がA社であり、私たちが見た埋め立て現場が、県の発表した場所で、ビニールハウスを運営していると教えてくれた。会社の登記簿によると、二〇一四年年八月に設立され、農産物の生産、農作業の受託などが目的。一六ヘクタールの農地を一七年一二月に農家から購入していた。農家は、農協への返済に困窮したのだろう。債権回収会社に抵当権をつけられ、借金苦から手放したようだ。

開示文書は語る

なぜ、県は、適用除外したのか、その経緯をたどる（■は開示文書で黒塗り）。

A社の代表と、コンサルタントを名乗る■■らが伊賀農林事務所を訪ねてきたのは二〇二〇年六月四日。事務所の報告書は、「農地復元工事（残土埋め立てのこと）の進捗状況の報告に来訪された」で始まるが、その報告が終わると土砂条例に話題が移った。

開示された文書によると、相手側からこんな話が出た。

「条例の施行にあたり、伊賀地域防災総合事務所環境室に許可の適用除外について■■から問い合わせている。三月一九日にリストアップすると（県の出先の）環境室から連絡があったが、通常の営利事業による土砂の搬入ではないことから、農地復元に係わる指導、調整をしている農林事務所が関係する権限者を集めて会議をしてほしい」

適用除外の要請を受けた農林事務所は、環境室と相談した。文書にこう書かれている。「行政の関与による形状の復元で土砂の埋め立てをしたいというのではない場合は、適用除外にできる可能性もある。そこで指導している行政機関が、説明資料による大気・水環境課水環境班に相談することもできると環境室から提案があったことから、環境生活部に状況説明を行いたい」

それから一〇日ほどたって、県庁八階の環境生活部で、大気・水環境課の土砂対策監、伊賀農林事務所の課長ら、伊賀環境室の課長ら六人が協議した。大気・水環境課がまとめた文書にはこうある。

「協議結果、指導事項等・事業概要について不明な点が多く事業主体、責任の所在はどこになるのか、事業進捗を管理する主体はどこになるのか等、土砂の安全性確保の観点から整理、確認を行うことで了承を得ました。・土砂条例の取り扱いについては確認した事項を書面で交わすことで了承を得ました。今後の方針・土砂条例の取り扱いについては伊賀農林事務所の整理を確認し判断いたしたい。備考・当該農地は友伸鉱業が無許可で土砂等の採取を行っている」

「条例の対象外とする」に「意見なし」

その後の三者による協議記録は存在しない。九月になって農林事務所は対応方針をまとめ、環境室に送付した。意見を求められた環境室は、本庁の大気・水環境課にそれを送付し、環境室として「意見なし」としたと書いていた。

農林事務所がまとめた対応方針は、A社の農地復元工事は、農林事務所が同社の提出した施行計画通りにするよう指導しており、伊賀建設事務所も砂防指定地内の行為を許可していることから、適用除外に該当するとしていた。この文書は、大気・水環境課に送付されたが、事前に対応方針案は同課に送られ、根回しがあったようだ。文書を受けた同課ではこの文書を回覧し、最後に大気・水環境課長が「印」を押した。

大気・水環境課の期限内の返答はなく、適用除外が決定された。県職員の証言や開示文書から、A社は農業を行う組織で、実際には近くにあるB社のプラントから残土が持ち込まれていた。プラントに外から搬入されたり、プラントで選別後に販売が難しかったりした残土だという。

農林事務所に出した計画書によると、三年間で七〇万トン、県の建設事務所に出した計画書では八〇万トンの残土を数メートルから一二メートル積み、元の農地に戻す計画で、災害防止のために広大な沈砂池を設置、植林も行うという。私たちが見た残土の山は、埋め立てのための仮置き場だったのかもしれない。本来は、外から残土を持ち込む場合には、県の土砂条例の許可が必要で、許可を得るには、住民説明会を開かねばならない。業者に報告義務がある土砂条例が適用されないために、この残土がどこからきたのか、搬入量も性状もわからず、県はこの業者名も場所も明らかにしていない。

砂利採取業者の違法掘削を見過ごした三重県

A社が手に入れた土地はもともといわくつきの土地だった。伊賀市にあった友伸鉱業という砂利採取業者が、無許可で土砂を採取していたのである。

経緯は複雑だ。友伸鉱業は、もともと現在のB社のプラントの持ち主で、そこで砂利採取業を行い、後にB社にプラントを譲っている。友伸鉱業は、別の農地で地主と契約し、土砂の採取をしていた。しかし、採取が終わっても跡地の埋め戻しを行わなかったため、地主や伊賀市から連絡を受けた三重県伊賀農林事務所が、二〇〇九年八月に初めて指導に乗りだした。埋め戻しを求める文書を業者に渡したものの、同社は履行せず、農林事務所もそのままにしていた。

翌一〇年八月、地元住民から、崩落の危険性があるなどとの苦情を受けて、事務所は行政指導を再会した。事務所が記録したそのやりとりを見る限り、業者は、費用のかかる埋め戻しを避けようとし、県は、口頭での指導で原状回復させようとし、強い態度にでることはなかった。

例えばこんなやりとりが記録に残る。

県「現在、崩落しそうなところはあるか？　市民から連絡があった」

業者「一〇年以上、この状態である。崩れるならとっくに崩れているはず」

県「対策をとってもらいたい」

業者「公共事業がないから、埋め戻す土がない」

県は掘削したことによる崩落の防止やため池の水抜きなどの措置、農地の復元（埋め戻し）、改善計画書の提出などを求め、毎月一回、事務所の職員が現地確認し、業者を指導するようになった。

しかし、職員の復命書を見ると、「現地確認したが、前回確認時からほとんど進んでいない様子」（二〇一〇年一〇月一三日）、「前回確認時より、埋め戻しされた土量は増えていた」（二〇一一年一月）など一進一退である。

県の指導を受け、業者は少しずつ埋め戻しを行うが、「二年間にトラック三〇〇台」「二カ月で三〇〇トン」という業者の話を聞くだけで、同社の元々の採取量と埋め戻し量が明らかにならない。県事務所はこんなことを言っている。「あと、どれだけの埋め戻しの土の確保が必要か、いつまでに完了する予定なのか、書面を出してもらいたい」。業者任せでは、業者の思うつぼだ。

県が測量しないため、正確な数字わからず

指導は二〇〇九年から二〇一五年まで約八〇件あるが、口頭注意が大半で、そのうち友伸鉱業は二〇一二年に精算されてしまった。二〇一四年になると、同社からこの埋め戻しの事業を引き継いだという業者が現れた。しばらくは「農地復元」の名目で残土の搬入が行われたが、この業者への指導は二〇一五年七月でぷっつり途絶えた。なぜなら、この業者が同月に倒産したからだった。

友伸鉱業もこの業者もいなくなり、県事務所は、埋め戻しを断念、放置した。

一方、友伸鉱業の経営者は、後にA社が手に入れる農地で、無許可で土砂の掘削・採取を続けていた。友伸鉱業が無許可で土の採取をしていると、伊賀市と伊賀市農業委員会から、農林事務所に通報があったのは二〇一五年一月。翌月、事務所は、二つの掘削箇所を確認した。

農林事務所の記録によると、掘削の跡地の穴は、一カ所が五〇〇〇立方メートル、もう一カ所は五万立方メートル以上と記され、五〇〇〇立方メートルの農地で、友伸鉱業の名前が書かれたパワーショベルの写真が貼り付けられている。

友伸鉱業の経営者は、五〇〇〇立方メートルの穴については、掘削している現場を県職員らに押さえられたために、自分が掘削したことを認め、埋め戻しに応じたようである。しかし、もう一カ所に

ついては、農林事務所の記録には何も書かれていない。農林事務所がその農地を撮った写真を見ると、巨大な残土の山が写っている。

不思議なのは、この二カ所について、農林事務所が確認・指導した記録はこの二月の一回のみで、それ以降の公文書が存在しないことだ。これは、業者への指導も掘削した跡地の調査もせず、放置したことを意味する。

翌二〇一六年一〇月、A社が、伊賀市と伊賀農業委員会を訪ねてきた。この農地を活用し、植物を栽培したいと事業計画書を提出してきた。農地法の許可が出され、一一月にA社は一六ヘクタールの農地を手にし、農地復元計画と復元後の農地利用計画が記載された農地是正報告書が、県農林事務所に提出された。そして二年後の一八年六月から残土の搬入が始まった。

県に提出された計画書は、農地一五・四ヘクタールのうち農地（畑）六・六ヘクタール、農道一ヘクタール、緑地三・一ヘクタール、洪水調整地二・三ヘクタールとし、沈砂地もつくる。断面図を見ると、五～一二メートル積みあげ、第一～三期工事の搬入土は八〇万六四九八立方メートルとしている。

公文書を見る限り、該当する農地の掘削跡は、約五万五〇〇〇立方メートルで、A社の復元計画にある七〇万立方メートルとの落差が甚だしい。農林事務所にそのことについて尋ねたが、調査をしていないのでわからないとの返答だった。

「農地復元」の提案は、救いの神？

この件では、無許可で違法に大量の土を採取し、採取後の穴の埋め戻しをしない業者に、県は行政処分はおろか、刑事事件として告発することもなく、一〇年以上にわたる業者の違法行為は業者のやり得に終わった。県は口頭での指導ですませ、自ら実態調査することもなく、ずるずると傷口を広げていったように思える。そんなところにA社が現れ、農地回復を申し出た。不正行為を傍観し、解決責任を放棄した三重県は、A社とB社の登場を救世主が現れたように受け取ったのではないか。土砂条例の適用除外という禁じ手を使ったことにより、両社に恩恵をもたらした。

「まるで、できレースのようだ」とある地方議員は漏らす。B社は謄本を見る限り、A社と直接の関係はないが、友伸鉱業のプラントを引き継いでおり、事情をよく知る位置にいた。B社は関西で、汚染土壌ビジネスを手掛ける大手だが、膨大な量の残土持ち込み先を確保できたことになる。

残土問題にくわしい三重合同法律事務所の村田正人弁護士は「違法ではないといっても、行政が後始末に困っている産廃の不法投棄現場や砂利採取の跡地などのトラブル案件を見つけては、修復名目で膨大な残土を持ち込むのは、残土ビジネスの典型例だ」と話す。

二〇二二年五月、三重県が記者発表した日から、A社は残土の搬入を停止し、県土砂条例の許可を得るための手続きに入った。伊賀農林事務所は「農地復元計画を県も受理し、営農指導を行いながら、進めてもらっている。土砂条例の対象となっても復元工事はそのまま続く」と話している。

□第二章の扉の写真説明（上から）・三重県尾鷲市の尾鷲港で、船から土を下ろしている。港を管理している県は行き先を開示していない・紀北町名倉のパワー産業による残土捨て場。急峻で、極めて危険な状態だが、同社は倒産。県は放置している。

第三章

建設廃棄物、残土の
法制化の展開と課題

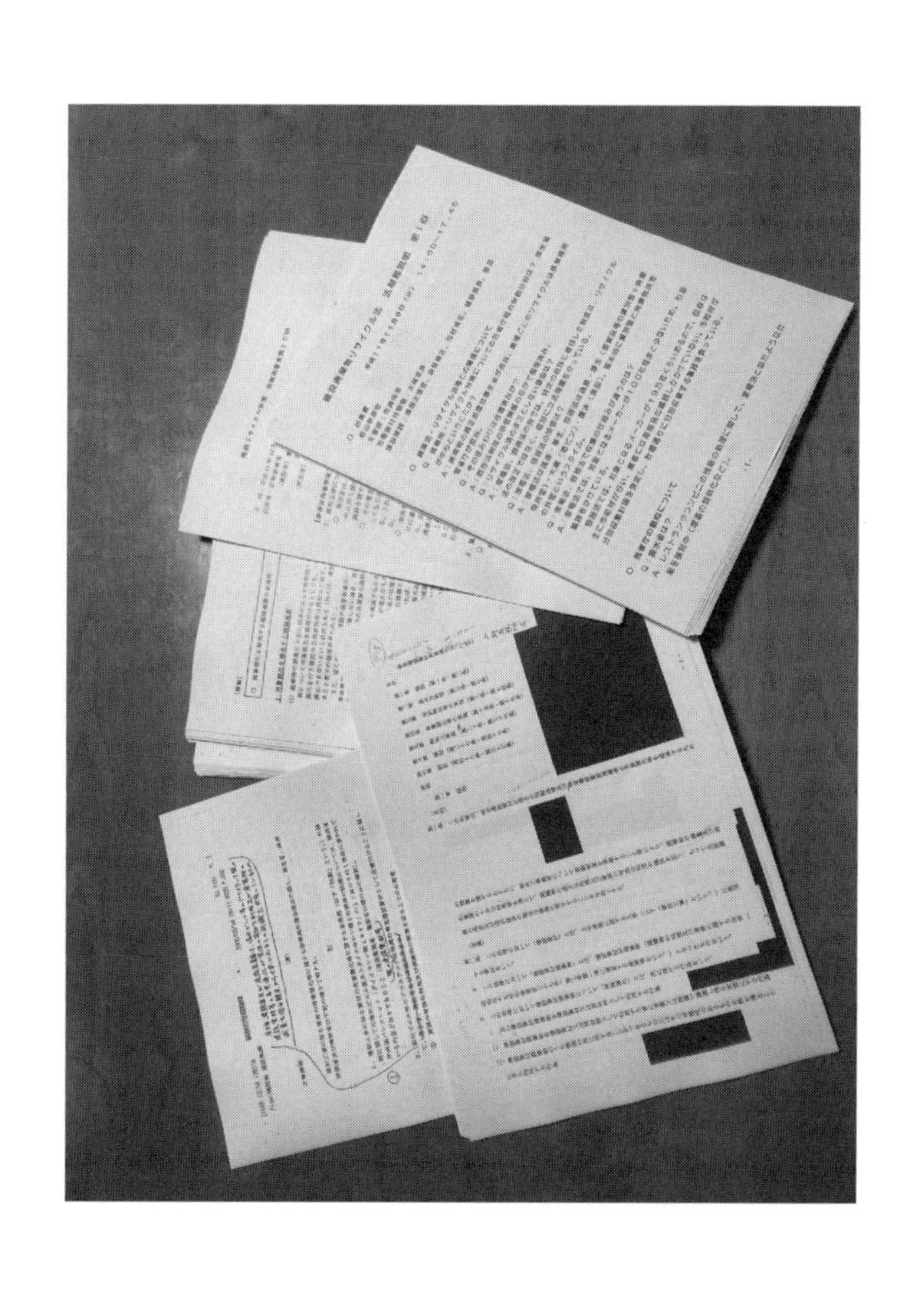

「宅地造成及び特定盛土等規制法」（盛土規制法）が制定された。

二〇二二年五月、「宅地造成及び特定盛土等規制法」（盛土規制法）が国会で成立、公布された。

前年の七月に静岡県熱海市で起きた土石流事故で死者・行方不明者二八人を出したことから、国土交通省が宅地造成等規制法を抜本改正した。知事が指定した区域への残土の搬入を許可制にし、統一的な規準を設け、罰則を強化し、危険な盛土を防止するのが狙いだ。

残土埋め立ての規制を自治体任せにしていた国が、統一的な基準をつくり規制強化に乗り出したことで一歩前進といえるが、住民の生活環境を脅かし、自然環境を痛める残土埋め立てをどこまで抑止できるのか、専門家や自治体関係者からは疑問の声も聞かれる。

二〇二三年五月施行予定の同法の制定過程と課題を追ってみよう。

熱海市の土石流災害で、国の検討会が発足

熱海市で起きた土石流により二八人の死者・行方不明者を出すと、「宅地造成等規制法では対応できない」。「自治体の条例に頼るだけだった」と、国への批判が高まった。

官邸が動いた。菅義偉首相は、コロナ対応で批判を受け、一〇月に退陣するが、決断は早かった。内閣府を中心に、「盛土災害防止関係府省連絡会議」（内閣官房副長官補）と「盛土災害防止に関する検討会」（座長・中井検裕東京工業大学教授）が発足、調査と制度の見直しが始まった。

連絡会議は、全国の盛土の総点検を都道府県に依頼した結果を二〇二二年三月にまとめた。総点検の対象箇所は三万六三五四あり、目視などで三万六三一〇カ所が確認された。このうち許可・届出等の手続きがとられていないのが七二八カ所、手続きの内容と現地の状況が違っているのが五一五カ所、

必要な災害防止措置が確認できなかった盛土が五一六カ所、廃棄物の投棄などが確認された盛土が一四二カ所あった。

元々、盛土を扱っていたのは国交省所管の宅地造成等規制法だった。一九六一年の梅雨前線豪雨により、死者三〇二人・行方不明者五五人、負傷者一三二〇人の被害をもたらし、中でも宅地造成地での土石流や崖崩れの被害が顕著だった。その年、宅地造成等規制法が制定された。宅地造成工事について規制の必要のある場合は、知事が「宅地造成工事規制区域」に指定できるようにし、技術的基準を決めて工事を許可制にした。

その後、二〇〇六年に起きた兵庫県南部地震と新潟中越地震で、既存の造成された宅地で被害が発生すると、法改正され、知事が、危険性のある既存の宅地造成地を「造成宅地防災区域」に指定、宅地の所有者らに必要な勧告や命令ができるようにした。甚大な被害が起きては法律を制定、改正を繰り返してきたのである。

しかし、同法では広大な国土をカバーできず、残土処分の不適切な行為や違法行為はなかなかなくならなかった。宅地等造成規制法は、罰則も最高で一年以下の懲役または五〇万円以下と軽く、これでは業者のやり得である。

全国の自治体が、残土の他地域からの搬入を許可制にしたり届け出制にしたり、搬出元と搬入先を報告させたりする残土条例の制定は、一九九〇年代から活発になり、いまでは四〇〇以上の自治体が制定している。地方自治法で、条例の罰則の上限が懲役二年罰金一〇〇万円に制限されているため、重い罰則をかけられないが、それでも条例を制定した自治体では、無秩序な残土の搬入が減り、限定的ではあるが、抑止効果はあった。

環境省は法制化見送り、土壌汚染対策法を制定

環境省が、かつてこの問題に手をつけようとしたことがあった。二〇〇二年時点で三五七の市町村が残土関連の条例を制定していたが、統一的な法整備を求める声をあげていた。それを受け、環境省の中央環境審議会で検討された。

しかし、二〇〇二年に環境省に提出された意見具申は「建設発生土の九割が公共事業に伴い生ずるものであることから、発注者である公共主体が適正な利用や処分を明確にする取り組みが必要」とし、官民の発注者による指定処分と工事間利用の促進を求めるにとどまり、法制化は見送られた。

実は、環境庁が環境省に昇格するまで廃棄物部局があった厚生省の時代から、建設発生土を廃棄物処理法の規制対象に加えたいと考える厚生官僚と、廃棄物と見なされたくない建設省（現国交省）との間で確執が続いていた。廃棄物扱いし、規制の対象とすると、コストがかかり利用が進まなくなるというのが国交省の考え方だ。環境省は適正処理を重視し、利用は二の次である。

一方で、土地改変に伴う汚染土壌の扱いは、環境省が土壌汚染対策法で規制している。もともと農用地については農用地土壌汚染防止法が一九七〇年に制定されていた。四大公害病の一つ、イタイイタイ病の発生による。富山県の神通川流域が神岡鉱山の廃水に含まれていたカドミウムで汚染され、汚染されたコメを食べた住民が発症した。同法で地域指定し、農地の客土、水源転換がされている。

市街地対象にした土壌汚染対策法

他方、市街地については、東京都で一九七三年に化学工場が捨てた鉱滓による六価クロム公害が大きな事件となったが、産業界の抵抗が強く、法制化が見送られてきた。しかし、八〇年代の化学物質

による地下水汚染問題がクローズアップされて水質規制が強化された後、九〇年代に土壌汚染防止の法制化の機運が高まり、二〇〇二年に「土壌汚染対策法」が制定された。

法律は、土壌に含まれる鉛などの特定有害物質（二五項目）による健康被害の防止が目的で、使用が停止された有害物質を扱っていた工場や事業場の汚染調査を義務づけたり、汚染土壌を搬出する際の都道府県への届け出などを規定していた。

ただ、搬出する汚染土壌の処理が明確でなかったため、二〇〇九年の改正で、▽搬出土壌にマニフェスト（管理票）の義務づけ▽汚染土壌の処理業の許可制の導入（収集・運搬業者は対象外）などが盛り込まれた。この法改正によって、汚染土壌の処理業への参入が相次ぎ、ここに汚染土壌の浄化ビジネスが誕生したのである。

だが、「土」の世界には、廃棄物処理法による産業廃棄物としての建設汚泥と、土壌汚染対策法で規制される汚染土壌と、無規制の建設発生土という三つのカテゴリーがあり、それが複雑に絡み合い、残土問題を複雑にしているともいえる。例えば、▽汚染土壌を建設発生土に混ぜることで汚染濃度を基準以下にし、盛土などに使う▽建設汚泥を建設発生土に混ぜてセメントを混ぜて、建設発生土から造った「改良土」と偽って処分するといった行為が指摘されている。「外見からはわからずやっかい」（環境省職員）なのだ。

盛土規制法に話を戻す。

盛土規制法で対象エリアが広がった

国の検討会は四回の審議をへて二〇二一年一二月に提言をまとめた。

危険な盛土箇所に関する対策としては、「盛土の総点検等で確認された災害危険性の高い盛土については安全性を確保するための対策を早急に実施することが必要」とし、「不法盛土造成等の行為者・土地所有者等に対し、法令等に基づく行政指導や行政処分を躊躇なく行い、厳正に対応すべき」「危険性の高い盛土か否かを確認する」などとしていた。

そして危険な盛土等の発生を防止する仕組みとして新たな法制度を創設、規制を強化すべきとしていた。具体的には、土地の利用区分にかかわらず、人家等に被害を及ぼし得る盛土行為を許可制にする。十分な安全基準を設定し、施行時の報告や検査を行う。土地所有者の安全な状態を維持する責務を明確化し、原因行為者にも安全対策を求めることができるようにする。厳格な罰則を設けることなどを求めていた。これをもとに国交省は、盛土等規制法の抜本改正に着手することになる。

委員会は、このほかにも、建設発生土の搬出先を明確化、有効利用を進める、廃棄物混じりの盛土の発生防止のために電子マニフェストの利用を促進することなどをあげていた。

ただ、この提言は、国土交通省が作成した報告書がベースになっていた。検討会では国交省が報告書を提出、それを議論する形で進んだ。これには異論も出た。櫻井敬子学習院大学教授は、報告書を評価しながらも、「国交省色が非常に強い。ほかの省庁がもう少しコミットしやすいようにした方がいい。内閣府、内閣官房のコミットがちゃんと担保されるような仕組みにした方がいい」と述べた。

規制区域指定した許可制と罰則の強化

盛土規制法は、宅地・農地・森林など土地の用途にかかわらず、危険な盛土などを全国一律の基準で規制するとしている。具体的には、都道府県知事が、市街地や集落、その周辺など、人家が存在し、被害を及ぼしうるエリア（森林、農地含む）を「宅地造成等工事規制区域」に指定し、盛土などを許可対象にする▽市街地や集落から離れているが、地形等の条件から人家等に危害を及ぼしうるエリアを「特定盛土等規制区域」に知事が指定し、許可制にするというものだ。

災害防止のための必要な許可基準を設定し、施行状況の定期報告、施工中の中間検査、工事完了後の完了検査を行い、災害防止に必要な時には土地の所有者だけでなく過去に盛土をした事業者にも是正措置等の命令ができるようにするとしている。罰則も最大で懲役三年以下・罰金一〇〇〇万円以下、法人にも重課措置として三億円以下と、廃棄物処理法並みにした。

国交省の担当者は「これまでの宅地造成区域だけでなく、土砂流出などで人家に被害を与える危険性のある森林や農地、平地部を広く指定できるし、罰則も廃棄物処理法と同等に重くした」と語る。

しかし、規制区域の設定は都道府県に任され、どこまでのエリアをカバーするのか不明▽災害が人家に及ぶ可能性のあるところが指定の条件で、自然や生活環境への影響が考慮されていない▽残土の発生元から埋め立て地にいたるまでの報告義務づけと開示の仕組みがない▽土地所有者の責任が訓示規定にとどまり、排出元の責任も規定されていないなどの課題が残る。

国交省の担当者は「移動の把握は、トレーサビリティの確保を検討したい」と言うが、排出事業者に義務づけされ、罰則もある産廃のマニフェスト（管理票）と大きな相違がある。

国交省の公共工事は有効利用が進むが

国土交通省が音頭をとって、首都圏では、公共事業から出た発生土の工事間利用を進めるために、（株）建設資源広域利用センター（ＵＣＲ）がつくられ、首都圏の都県や政令指定都市、都市再生機構、東日本高速道路などでつくる利用調整会議で、残土の受入地を調整している。地域内で出た残土は地域内で処理することを原則とし、河川の堤防工事、砂利採取や砕石場の跡地の穴埋めなどに使われ、トレーサビリティも確保されている。

UCRのパンフレットには「受入工事（現場）は残土処分地ではありません。必要量しか受け入れません。土質条件を満足する土しか受け入れません」とある。受け入れ可能な発生土は第一種と第二種が大半で、品質の悪い第四種などは受け入れ量が少ない。土質検査を行い、現場で立ち会い確認しているところも多い。

二〇〇六年、国土交通省は「リサイクル原則化ルール」を策定し、「発生土は原則として五〇キロの範囲内の工事現場へ搬出する」とした。同省の公共工事はこの原則のもとに高い利用率を示しているが、他省庁や自治体に強いるものではない。防衛施設庁の東京・六本木での工事現場から大量の残土が三重県紀北町に搬入され、残土の山が築かれていたことからも、限界がある。

総務省が実態調査していた

総務省は二〇二一年一二月に建設残土対策に関する実態調査の結果報告書をまとめた。残土条例を制定している一二道府県と二九市町村を対象に調べたところ、不適切な埋め立て事案は一二〇件あり、うち土砂流出などの被害が起きているのが四五件、恐れのあるのが三四件と計七割に及んでいた。廃棄物の混入件数は二三件、砒素などの汚染土壌の混入も八件あった。

一二〇件のうち条例対象の七七件を見ると、無許可の埋め立てが五八件、許可区域を超える埋め立てなどの条例違反が一八件、土壌基準違反が一件。無許可の五八件の内訳は、山林が六五・五％、田畑が三二・八％、宅地が六・九％で、一二件は田、山林、宅地、雑種地が混じり、場所によって法令が違うため自治体の対応を複雑にしているとしていた。

土砂流出のあった一四件を見ると、条例や法令にもとづく行政指導だけが八件もあり、三年以上経過しているものが八件と六割以上が長期化していた。命令、勧告、罰金などを科した二〇件のうち、違法状態が是正されたのは森林法で復旧命令した二件だけで、措置命令をかけても業者が対応しないため是正されずにいた。いずれも条例では解決できないことを示しており、盛り土規制法で、こうした悪徳業者の行為をどこまで取り締まれるのかがカギとなる。

報告書は、利用状況も調べている。調査対象の国交省の六地方整備局国道事務所と一二の都道府県の出先機関、三五の市町村のうち、場外に搬出する際に搬出先を指定しているのは、地方整備局一〇〇％、都道府県八二・一％に対し、市町村は五五・四％と低かった。民間工事で搬出先を指定しているのは、五五件のうち二件と、ほとんど行われていなかった。また、工事間利用は、国交省地方整備局は八〇・八％だが、都道府県は二八・六％、市町村は六・九％。民間では四八件のうち八件の一六・六％と低かった。

九〇年代、建設リサイクルの機運高まる

次に建設リサイクル法の制定過程を追いたい。

建設リサイクル法が二〇〇〇年に施行されて二〇年以上たつが、廃棄物処理法が数年に一回の頻度で改正されているのに対し、ほとんど手を加えられない状態でいる。所管する国交省は、法律で国や関係業者に義務づけする規制的な手法でなく、行政指導を行い、関係業界の自主的取り組みを促しな

がらリサイクルを進めているようだ。国交省の「建設リサイクル推進計画」は、一九九七年に策定されてから現在の「推進計画２０２０」に至るまで五年に一回改定されている。

また、リサイクルが義務づけされている特定建設資材の四品目は高いリサイクル率を誇るが、義務づけのない建設汚泥、建設混合廃棄物、石膏ボートなどは低水準にとどまっている。

建設リサイクル法と推進計画の見直し論議は、これまで数回、国土交通省の審議会で行われてきた。問題点が摘出され、提言を受けて報告書がまとめられ、それに基づき、政府が法律を改正したり施策に反映したりするという仕組みだ。しかし、それは十分に機能しているのだろうか。

通産省所管の「再生資源の利用促進法」（リサイクル法）が一九九一年に制定された。建設業が特定業種に指定され、「指定副産物」に土砂、コンクリート塊、アスファルト・コンクリートの塊、木材が定められた。建設業者は、積極的な再生資源の利用の促進を図ること、工事を請け負った事業者は、一定規模以上の工事について再生資源利用計画と再生資源促進計画を作成し、保存することが求められた。

同法の施行に伴い、建設省は一九九三年に「建設副産物処理推進要綱」を作成し、各地方建設局に通知した。建設発生土と建設廃棄物の適正処理を目的とし、▽副産物は不法投棄等のないよう適正に措置▽工事発注者は副産物の発生抑制、再資源化の促進、適正処分に留意した処理方法を明示、必要な費用を計上▽施工者は施行計画書の作成に際し、再生資源利用促進計画を作成しなければならない、などとしていた。

リサイクル進めるための行動計画を策定

この要綱に続き、九四年四月には「建設副産物対策行動計画―リサイクルプラン21」が策定、目標値が示された。建設省と建設八団体廃棄物対策連絡会は「建設リサイクル推進懇談会」に検討を依頼し、九六年一一月に提言「建設リサイクルについて」がまとめられた。

提言は、建設産業を「ゼロ・エミッション」産業システムの中核として、環境創造産業への転換を掲げ、そのために「施策の再構築」として、▽発生抑制（計画、設計段階の取り組み、建築物の長寿命化）▽再利用の促進（公共事業の再生資源の積極的利用拡大、リサイクル目標の設定、リサイクル施設の立地支援、公的支援、公共工事自らが再資源化施設整備）▽適正処理の推進（自主的取り組みの強化、優良廃棄物処理業者の選定、評価、支援で処理業界の近代化に寄与）を挙げた。

この提言の背景には、「リサイクルプラン21」でリサイクル率八〇％の目標を掲げながら、現状は五八％と低く、産廃不法投棄の九割を建設廃棄物が占めていることがあった。さらに九一年に「リサイクル原則化ルール」の利用基準をつくりながら、建設発生土の公共工事の利用率は、一九九〇年度の三六％から九五年度には逆に二九％に下がっていた。

一九九〇年度と九五年度を比べると、コンクリート塊のリサイクル率は五五％から六〇％に上がったが、建設発生木材は四五％から四二％に低下し、混合廃棄物は三一％から一一％に悪化していた。

そこで建設省は「リサイクルプラン21」を見直し、九七年一〇月に「建設リサイクル推進計画'97」を策定した。目標値の一部を下げ、二〇〇〇年の目標値をアスファルト・コンクリート塊九〇％、コンクリート塊八〇％とした。推進計画は、建設省の行動計画といえるもので、現在は「推進計画２０２０」のもとで取り組まれている。

しかし、計画ができたものの、不法投棄はしばらくの間増え続けた。環境省によると、不法投棄件数は九五年度の六七九件から九八年には一一九七件、二〇〇一年度も一一五〇件と二つのピークを迎え、明確に減少に転じたのは二〇〇〇年代末である。ちなみに二〇一八年度は一五・七万トン、一五五件。内訳は、排出事業者が四八・七％、不明が二五・八％、無許可業者が一一・六％、許可業者が三・九％。不法投棄産廃のうちがれき類が四六・五％、混合廃棄物が二六・五％、木屑が七・一％。建設廃棄物が八〇％を占めるという構造に変化はない。

個別契約とマニフェスト義務化求めた処理業者

この不法投棄を苦々しく思っていたのが、まじめな処理業者たちだった。排出事業者の「安ければよい」という態度は、競争激化によるダンピング競争となり、「悪価が良価を駆逐する」状況が生まれていた。処理業者の立場は弱く、適正処理が行えるような対価を払ってほしいとの不満と訴えが渦巻いていた。月刊『いんだすと』（一九九五年一二月号）は、座談会「建設廃棄物処理の今後のあり方」を掲載している。

三本守・タケエイ社長「処理業者がそれ（マニフェスト）を使う義務を負うんだと（法律で）位置づければ（よい）。大量の再生品をどう販売ルートに乗せるか。この販売ルートの確立を図らないと、造ったりしても、またそれが山積みされて、最終的には廃棄物になってしまう。建設省を中心にして公共工事、民間工事においてもリサイクル品を使うための一つの施策を持って義務化を図っていく。その制度を持ってやっていかなければいけないと思います」

杵谷攻・大栄環境専務取締役「（建設汚泥の再生品の）基準をはっきりして、誰にでもわかる基準にしなければいけない。排出元に返せる基準にして、そこで使えるから安全というルールを作っていかないと、『出したところは使えない、よそで使いなさい』となってくると、非常に問題がある」

議論は、処理施設の設置を制限している建築基準法五一条への不満に及んだ。都市計画区域内では廃棄物処理施設の設置が認められず、但し書きによる許可と言っても、自治体は、近くに学校や病院などがないこと、周辺住民の同意をとることを求めていた。立地から建設、稼働までに長い歳月を要し、処理業者は大変な苦労を強いられ、現在に至っている。この座談会で指摘されたうち、マニフェストは、厚生省による一九九七年の廃棄物処理法の改正で、すべての産業廃棄物の義務づけに拡大、実行された。建廃のマニフェスト発行は建設団体が行い、現在に至っている。

廃棄物処理業界が自主基準を策定

私は、現在代表取締役会長の三本守さんに当時の状況を聞いた。三本さんが連合会の建設廃棄物部会長に就任したのは一九九六年。不法投棄が大きな社会問題となり、建設廃棄物の処理業者たちが団結してことにあたらねばならなくなり、連合会会長の鈴木勇吉さんは、そのまとめ役を三本さんに託し、部会長に任命した。

三本さんが振り返る。「不法投棄が横行し、処理業界の社会的地位も低かった時代です。健全な業界に体質改善しないと何事も始まらない。ところが議論を始めると、いろんなことで対立しました。私は規制強化によって業界が健全化すると主張しましたが、そんなことをしたら会社がなりたたないという意見が出て何度も話し合いました」

一九九八年五月、「建設廃棄物の現状と課題、そして解決に向けて」と題する報告書がまとまった。

「（不法投棄は）徹底した取り締まり体制が必要」。「責任を負うべき排出事業者を法律で明確に定義づけるべき」「（住民同意をとるには）処理施設の信頼性の向上を図る意外にない。法律の基準強化と並行して業界として自主基準の設定など自主的な努力をすべき」「自らの処理の内容とコストの明朗化を図り、広く開示すべき。水質データ等の情報開示を行うべき」といった提言が並んでいる。

三本さんは全国を講演して回った。九八年八月、建設廃棄物部会は「建設廃棄物処理の自主基準」を策定した。三本さんはその思いを込め報告書にこう書いた。「何ら法的な拘束力を持つものではありません。しかし、活用することで、産業廃棄物処理業者のみならず、排出事業者の環境管理に貢献するとともに、生活環境の保全および公衆衛生の向上を図ることにもつながります」

法制化に向けた解体・リサイクル制度研究会の提言

一方、建設省は、リサイクル元年と呼ばれる二〇〇〇年をターゲットに法制化を目指していた。九八年一月に解体・リサイクル制度研究会（委員長・坂本功東京大学教授）が設置され、五回の審議ののち報告書がまとめられた。あるべきリサイクルシステム構築のために必要な施策として、次のような提言をしていた。

▽建築解体廃棄物の発生抑制とリサイクル促進のため、長寿命化技術の開発等と長期使用（設計手法の確立、住宅の性能表示）▽人の健康に対する安全性、解体容易性、リサイクル・処理困難性評価制度の創設（設計・建築段階で基準を反映した設計の実施と評価の仕組みづくり）▽施主による適正なコスト負担責務の明確化、解体工事契約と廃棄物処理契約の明確化▽分別解体と再生資源化施設への持ち込みの義務づけ▽建材資材メーカーによる自主的な回収・再資源化システムの構築▽解体工事

業者登録制度と資格者制度の創設▽再生資材の品質基準の策定・規格化、公共事業の利用▽再生資材の利用目標を定めたガイドライン策定と再生資材利用業者への税制上の優遇措置▽再生資材利用用途の開発――。

そして、「法的な対応も検討する。そのため当面は、特にリサイクルが遅れ、不法投棄等が問題となっている建築物の解体工事を対象とすべきである」と結んだ。この報告書は、必要な施策をほぼ網羅し、現在も実行されていない項目も多い。これをたたき台にした再検証の場が必要かもしれない。

公明党が議員立法目指した循環法

二〇〇〇年春の通常国会を控え、環境関連法の焦点となったのは、循環型社会形成推進基本法案だった。これは、当時野党だった公明党が「循環経済・廃棄物法」を議員立法で法制化しようと動いたのがきっかけだった。当時環境庁は、「省庁再編で二〇〇一年に厚生省から廃棄物部門を吸収し、省に昇格することが決まっており、法制化は環境省になってから検討したい」(遠藤保雄水質保全局長)と先送りしていた。

だが、一九九九年に公明党が走り出すと、環境庁の一部官僚が裏で公明党の法案づくりを支えた。公明党は、自民党、自由党(後に民主党に合流)との連立政権に向かう途上にあり、自民党が無視できない存在だった。自民党も環境部会中心に検討を始め、九九年一〇月連立政権が成立すると、「二〇〇〇年を循環型社会元年」とし、基本法制定で合意、三党のプロジェクトチーム(PT)が発足した。しかし、その裏で自民党は、環境庁に対し、内閣が提出する閣法の検討を指示していた。

PTは、議員立法を主張する田端正広衆議院議員(公明党)と、内閣提出の閣法を唱える山本公一衆議院議員（自民党）との溝がなかなか埋まらない。裏で環境官僚の支援を得て公明党が作成した法案は、現在の循環法と違い、自然循環や自然エネルギーも加え、策定した推進計画を第三者機関が評価することで、関係各省に縛りをかけようとしていた。一方、環境省は、環境基本法をベースに、「循環資源」という概念を入れ、「生産者責任」を条文に盛り込もうとし、それに反対する通産省と協議していた。

田端さんは私にこう語っている。「環境を旗印にする公明党はダイオキシン類対策特別措置法を議員立法でつくった。新法は、単なる理念法でなく、関係する各法律に改正を迫る実効性たせるべきだ。対象分野も幅広くし、循環型社会にふさわしい内容にした」

建設省局長は「次期通常国会に提案したい」

建設省が建設リサイクル法案を国会に提案する四カ月ほど前の一九九九年一一月二五日、自民党の「循環型社会構築に関する関係部会長会議」が開かれていた。循環法案をめぐり、自民党と公明党との綱引きが続いていた。私が入手した議事録にこんなやりとりがある。

小杉隆衆議院議員「公明党が主導し、選挙戦を有利に進めたい意図が見え見え。これではいけない。自民党が急ピッチで主体的に対応する必要がある」

遠藤・環境庁水質保全局長「大臣のご指示で法の制定に向け具体的な検討に入ったところ。環境庁中心で進めたい」

小林興起商工部会長「全体的な観点から理念法としての循環型社会法が必要だという時期に来ている。理念法にとどめ、ふわっとしたものとしておいて、個別法で対策を進めていくべきと考える」

山本公一環境部会長「PTではあまり間口を広げすぎるのはどうかと申し上げている。公明党に振り回されているが、こちらのペースに持ち込みたい」

この関係部会長会議には建設部会の議員と、建設省の幹部も同席していた。

佐田玄一郎建設部会長「産業廃棄物は建設廃棄物の排出量が多く、これをどうするかが課題だ。土木系は七割、アスファルト・コンクリートは六割以上がリサイクルできている。一方、建築ボードはリサイクルが難しく四割程度。これについてもきちんとやりたい」

風岡典之・建設省建設経済局長は、『建設リサイクル推進計画'97』などの施策を紹介した上で、「建設廃棄物のリサイクルについては、次の通常国会を目指して法制化したいと考えています」と明言した。順調に法案づくりが進んでいたのである。

循環法は、公明党の要求を一部取り入れる形で、環境庁が内閣提出法案（閣法）として国会に提出した。二〇〇〇年春の国会は、リサイクル元年と呼ばれるように、農水省の食品リサイクル法案、通産省の再生資源有効利用法を改正した資源有効利用促進法案、環境庁の循環型社会形成推進基本法案とグリーン調達法案と目白押しだった。私の知人の官僚は、「一九七〇年の国会が公害関連一四本の法案を通した『公害国会』と呼ばれるなら、今国会は『リサイクル国会』だ」と言った。

法案づくりで、内閣法制局の審査を受ける

法案づくりの過程では、建設省は、内閣法制局の審査を受けていた。微に入り細に入る審査で、審査する法制局の参事官は法律の専門屋だ。

審査は一九九九年一一月から始まり、翌年二月まで計一九回開催された。第一回の審査会議では、

法律案の骨子と題する一枚ペラの用紙が出された。すでに解体・建設工事を行う元請け（解体業者、建設業者）にコンクリート塊、アスファルト・コンクリート塊、建設発生木材の三品目を指定し、分別、再資源化・減量化の義務づけ、解体業者の登録制が骨子である。

こんなふうにやりとりが始まった。

法制局参事官「（通産省所管の）リサイクル法（再生資源利用促進法、現資源有効利用促進法）の改正にしない理由は？」

建設省「（先に制定された）家電リサイクル法、容器包装リサイクル法の例では、特定の品目に着目した制度は、個別に立法措置をしている」

参事官「再資源化義務の内容は何か？」

建設省「再資源化施設への持ち込みを考えている。ただ、施設の処理能力との関係から対象は絞られる。木材は施設立地が十分とはいえない。コンクリートやアスファルトは施設分布という点で全国的に立地し、処理能力も十分対応できる規模」

参事官「持ち込む義務があるなら、リサイクル施設側に引き取り義務はないのか？」

建設省「所管の厚生省と相談する。リサイクル業者の場合、手厚い保護をしないと引き取り義務を果たせないかもしれない」

参事官「適正に解体する業者がそれなりの額を請求してきたら、安くミンチ解体する業者に流れないのか？」

建設省「発注者にあらかじめ計画を知事に届け出てもらうことを考えている」

参事官「善良な人はいいが、ミンチ解体に流れる人をチェックできるのか。解体金額が高額なので、適正な代金がいくらかは大きな問題。決められるのか」

建設省「建設業者は、ちゃんとお金がもらえるならば分別すると言っており、適正なコスト負担は重要」

参事官「再資源化商品（リサイクル製品）の利用促進策の内容は？」

建設省「一般的な責務規定のほか、数値目標など具体的な指標を基本方針で定めたい。規制は難しいので、リサイクルは公共部門が引っ張るしかない」

こうして始まった審査だが、元請け自らによる再資源化が難しい場合に、再資源化を支援する指定法人の設立と、元請けが再資源化・減量化のために適正な代金を発注者に請求できる規定を置くことに、法制局は「不要」とし、条文が消えた。

一方、法制局参事官は、なぜ、三品目だけリサイクルの義務をかけ、他の廃棄物に義務をかけないのかと、疑問をぶつけた。「三品目以外については、他省庁や法令との調整が必要ではないか」（参事官、第四回一二月三日）。

一二月七日に建設省は、法制局に指摘された事項に回答する資料を提出した。例えば、三品目にリサイクルを義務づけた理由についてこう記す。

「本法案は、元請けに再資源化を義務づける点で、廃棄物処理法の義務の上乗せになっており、過大なものにならないことが必要と考えている」、「（三品目は）建設廃棄物の七〜八割を占め、環境保全に大きく寄与する。再資源化の前提となる分別が容易で、再資源化施設の義務履行が十分可能。コスト面で、そのまま最終処分するより安価かそれほど変わらない。再生資材の需要が十分にあり、または十分な規模になることが期待される」

ミンチ解体をやめるメリットとして、「ミンチ解体し、その後混合廃棄物の処理施設で分別すると、現在の技術水準では再資源化率が七五％から五〇％に低下する。現場で分別する方が効率的で全体の処理コストも低く済む。混合廃棄物の処理施設の数は十分ではなく、地域的偏在がみられる」。業界ヒアリングなどで出した費用として、ミンチ解体から選別・破砕処理すると一四六万円。分別機械解体から混廃を選別・破砕すると一三七万円としていた。

また、参事官から、「処理業者に引き取り義務を課すかどうか」と尋ねられると、「家電リサイクル法でも義務づけをしていない」「再資源化を行わなかった元請けなどには勧告・命令できる」「処理業者に再資源化の義務の履行を確保する必要はない」と答えた。

また、解体工事の費用について、「適正な費用が払われるか」との問いには、「解体工事費、処理費について内訳を明らかにし、適正な費用負担について責務規定を設ける」ことでクリアできるとし、「請負金額の決定については基本的に当事者間の自由意志に委ねられるべきものである。このため（この費用を）制度的に明示し担保するような枠組みとはしない。発注者や元請業者に優先的地位の乱用がある場合には、建設業法に基づき、行政が関与し適正化を図ることになる」と回答した。

しかし、現実はそううまくは動かない。建設リサイクル法の施行後、解体業者らから不満が噴出することになる。

一二月一五日、初めて「特定建設資材再資源化法案」が提示された。後に「建設工事における資材の再資源化等に関する法律」に変えられたが、この法律名を見るだけでも、建設省が、三品目に焦点を当てていたことがわかる。

これを読んだ法制局第二部長の指摘は厳しかった。「本案のような出しっぱなしの基本方針では、法制上定める意味がない。基本方針に従って、知事が実施方針をつくるという仕組みがあるのであれば、（特定建設資材を再資源化したものを利用する業者にリサイクル法に基づき義務づけた）四〇条は削除」と指摘した。建設省は、当初案になかった基本方針にもとづき都道府県知事が指針をつくるという条文を新たに入れ、四〇条を削除した。

さらに第二部長の指摘が続く。「再資源化により得られたものの利用促進の具体的施策にはどのようなものがあるのか。基本方針を定めるだけならば、自作自演にすぎない。（国の責務の条文について）努めなければならないことと同じならば、民間発注者の責務と同じになる。相場観としては、努力義務よりもっと義務を国には課すべきではないか」。こちらの方は、建設省の説明が通ったようで、そのままとなった。

建設省が出した説明文書には、特定建設資材の品目指定についてこんなことを書いている。「現在は、三品目を想定しているが、将来的に、技術的・経済的に可能になった場合は、汚泥、プラスチックを指定することを考えている」。このころは、かなり前向きの姿勢で検討されていたことがわかる。

各省協議は、省庁の領域を守るため？

こうして法制局の審査が終わると、翌年二月末から関係省庁との協議が始まった。条文について質問し、建設省が文書で答え、それが終わると、与野党に説明が行われる。自民党は、建設部会、政調審議会、総務会にかけて審査する。それが通ると、閣議決定の上、国会に上程される。

建設リサイクル法をめぐる関係省庁協議では、もっぱら基本方針を定めた第三条が焦点となった。法案は、基本方針の策定にかかわるのは建設省のほかに厚生省、環境庁が含まれていたが、農水省の名前はなかった。農水省が質問書を投げた。

「（基本方針策定の）主務大臣に農林水産大臣を加えられたい。本法案は、建設資材（廃棄物）の再資源化を促進することを内容としている。農林水産大臣は林産物（木材）について生産、加工、流通等を所掌し、再資源化について所掌している。また、第四一条の規定による主務大臣による都道府県への協力要請は、同じく農林水産大臣が主務大臣となることが適当である」（三月二日）

建設省は同日、「応じられない」と返答した。

「理由　基本方針は、『建設工事に係わる資源の有効な利用の確保及び廃棄物の適正な処理を図るため』に、定めるものであり、『建設業の発達』を所管する建設大臣が主務大臣となっている。第四一条は、発注者の立場が強い建設業独特の産業特性に鑑み、建設工事に係わる資源の有効な利用を所管している建設大臣のみであると考える」（三月二日）

農水省は納得せず、翌日、再度意見書を投げると、同日夜、建設省が「応じられない」と回答した。結局この問題は建設省が折れた。三月一〇日付で修正された法案には、農水省のほか通産省と運輸省も主務大臣に加えられていた。通産、運輸両省からも同様に迫られ、建設省が妥協したのである。

環境庁も質問書で、基本方針策定の主務大臣ではあったが、「再資源化されたものの利用促進のための方策の策定」から外されており、主務大臣に加えるよう求めた。何回かのやりとりのあと、建設省が妥協した。ただ、基本方針の策定に他の省庁がかかわったところで、大きな権限が得られるわけではない。

環境庁のＯＢはこんな苦い経験を語る。「通産省の一九九〇年の再生資源利用促進法制定をめぐって、環境省が要求して基本方針の主務官庁に加えてもらった。しかし、基本方針の策定で任されたの

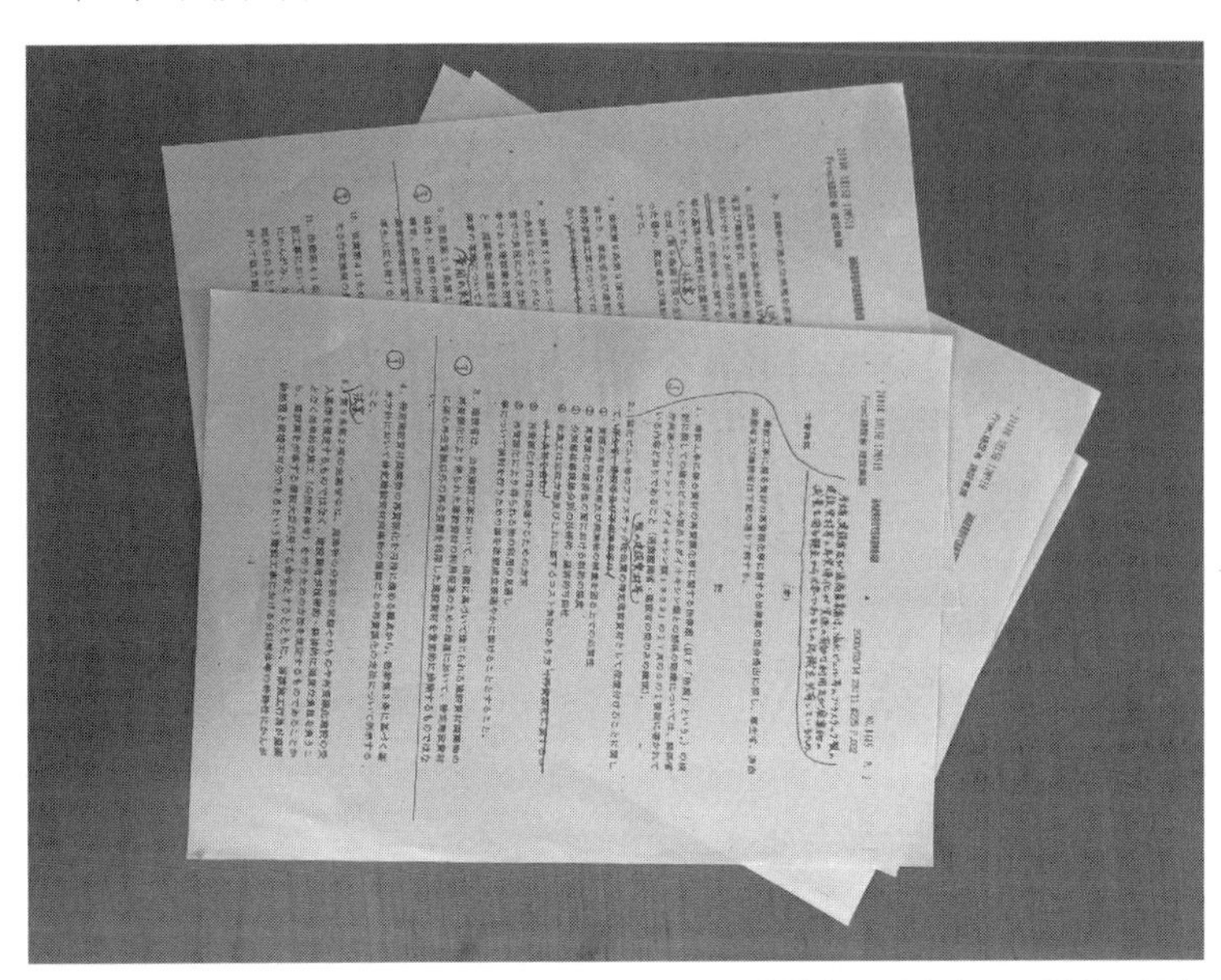

建設リサイクル法案をめぐり、通産省がつくった建設省・厚生省との覚書の原案。書き加えられて正式の覚書となった

は、国民への広報と周知徹底といったごく限られた項目だった」

一方、リサイクル法を所管している通産省は、質問書に一五六項目書き込んだ。ありとあらゆることを書いたようで、中には「工作物の定義をご教示いただきたい」「建設資材と、通産省設置法にある土木建築材料と異なるならば、具体的にご教示いただきたい」といった、ほとんど意味のない質問も多い。

通産省は、塩化ビニル、プラスチック、ガラス、石膏ボード、アルミサッシ、システムキッチンが、なぜ、法案の対象になっていないのかと聞いた。建設省は「（法案にないことは）法令協議の対象外である。再資源化施設が全国に十分立地されていないため」と返答した。

数多くの質問があるが、結局のところ、基本方針の主務官庁に加わることと、リサイクル法を所管する通産省の領域を侵させないことが目的だったようだ。最後は、通産省と建設省、厚生省と結ぶ「覚書案」を送りつけた。そこには、三省が「塩化ビニル等のプラスチック製の建設資材等を法案の特定建設資材として位置づけることに関して、検討を行うための場を法案成立後速やかに設ける」「(法案にある建設大臣が行う再資源化の協力要請は)建設資材の一般的な利用促進のための措置を規定するものではない」などとしていた。

こうした省庁の協議記録を読むと、リサイクルを一層進めようとの熱意はあまり感じられない。むしろ、自分の領域の侵食を防ぎ、また、少しでも隙あらば自分の領域を増やしたいという卑俗さを感じされられるのである。

国会に提案、審議始まる

国会では、循環法案の審議が与党と野党がそれぞれ参考人を呼び、活発に論議されたのに対し、建設リサイクル法案と食品リサイクル法案は両院で各一日のみと短時間の審議となった。二〇〇〇年四月に開かれた衆議院の委員会は、欠席が多かった。野党議員から「定足数は足りておりますか」と皮肉られ、委員長が「出席するように、今、いっせいに電話をかけていただきます」と言って、慌てて議員らを呼び出し、開催した委員会だが、無事可決され、本会議での可決の後、参議院に回された。

五月二五日の参議院環境委員会では、食品リサイクル法案と建設リサイクル法案との同時審議だった。食品リサイクル法案のあと、建設リサイクル法案に移った。

トップバッターの田村公平議員(自民党)が、真っ先に投げかけたのが不法投棄問題で、建設リサイクル法で登録を義務づける解体工事業者が不法投棄していると指摘し、業者を批判した。それに対し、建設省の風岡典之建設経済局長は、登録制にし、分別解体を義務づける意義を説いた。

さらに田村議員は、コンクリートからの八割がリサイクルされているという国の数字を疑問視した。田村議員「アスファルトはほとんど再利用ができておりますが、コンクリートを破砕して、クラッシュして骨材とかに使う、これはコストがすごく高い。建設省は再生資源を活用しなさいと言っておりますけれども、公共事業においてですら、請け負った業者はコストが高い。だから天然物、自然の骨材を使っている。建設省の指導と業者さんは違うことをやっております」

風岡局長「建設省の直轄事業で極力再生資源を使っていく方針を、平成三（一九九一）年から打ち出しております。一定の距離の中で再生資源が得られる場合には、経済性にかかわらず、その資源を積極的に使っていこうというのが当時の考え方でした。当時は再生資源が新材よりも若干コストは高かったが、その後積極的に公共事業で再生資材を使うことにより、新材（天然資材）よりも安いケースもあらわれております。積極的にリサイクル製品を使うことは再生品の価格を引き下げる効果もあり、価格的にも有利になっている状況は確実に見られてきています」

「僕はそういう認識はもっておりません」

田村議員「僕はそういう現場の認識は持っておりません。去年開通した四国で一番長い五〇〇〇メーターの新寒風山トンネルの起工式と落成式に出ましたが、近場に再生資源があるのに使わないで、愛媛の西条側から天然物を使った。コストが安いから。そういう現実がある。企業体を組んで請け負っているスーパーゼネコンですら、その程度の認識なんです。だから安くするためには使わなきゃ安くならない。民間でどう資源の再利用を図るのか」

風岡局長「公共セクターと民間の場合と考え方に若干違いがあるというのはご指摘のとおり。循環型社会、リサイクルを実現しなければならないことを基本方針等でうたい、国民も含めての取り組みを期待するところです。法律の四十一条『利用の協力要請』の規定では、主務大臣が関係行政機関に、都道府県が一般の発注者、民間の発注者に、再資源化で得られた建設資材の利用について必要な協力を要請できます」

局長は、田村議員の質問をかわしたが、現在もなお、解決されない重要な指摘である。

次は、特定建築資材の指定品目だった。

高野博師議員（公明党）「特定建設資材を（三品目に）限定するんですが、ガラスとか陶器とかプラスチックとか金属とかいろいろある。これも対象に入れるべきではないか」

風岡局長「この三品目で建設廃棄物全体の約八割をカバーしますが、色々なものが落ちているのは事実。三品目を指定した基本的な考え方は、再資源化が資源の有効な利用あるいは廃棄物の減量を図る上で必要かどうか、再資源化を進めることが経済的に成り立つかどうかの二点で指定しました。その他のものは、リサイクル施設が十分でないとか、再資源化の技術が確立していないとかがある。技術開発とか、再資源化施設の整備の促進とかを進め、新たなものもその都度判断をしていきたい」

岩佐恵美議員（共産党）「不法投棄された建設廃棄物は、木屑はもちろん紙屑、ビニール、電線、断熱材、畳、壁がぐちゃぐちゃにまざっている。分別、再資源化の義務づけが三種類だけで、建設混合廃棄物の不法投棄がなくなるのか」

風岡局長「当面は義務化しませんけれども、それ以外の品目もできるだけ現場で分別していただくという基本的な考え方を基本方針で明記し、その考え方がとられるよう努めていきたい」

当時一〇〇〇万トン排出されていた建設混廃棄物のリサイクル率は一一％。石膏ボード、建設汚泥、プラスチック屑も低かった。温暖化をもたらすフロンの回収、発がん性のあるアスベスト建材――。岩佐議員の質問は続いたが、今後の検討課題とされ、現在に至っている。

全会一致で可決

最後に岡崎トミ子議員（民主党）が、各会派の共同提案として附帯決議案を提出した。「循環型社会の実現に向けて、環境省のリーダーシップの下、関係省庁間の十分な連携を図り、廃棄物・リサイクル関係諸法の有機的かつ整合的な運用を行うとともに、諸外国の先進事例も踏まえつつ、望ましい法体系のあり方につき検討すること」に始まり、「基本方針では発生抑制を第一とする処理の優先順位を明示する」「再生資材の品質基準の策定と規格化の推進を図る」「公共事業で再生資材を積極的に努める」「建設資材の化学物質対策の強化を図る」など九項目あった。附帯決議案は全会一致で決議され、法案に全員が賛成した。

中山正暉大臣が感謝の言葉を述べ、こう結んだ。「ただいまの附帯決議において提起されました廃棄物・リサイクル関係諸法の有機的かつ整合的な運用、建設業者等に対する本法制定の趣旨の周知徹底等の課題につきましては、その趣旨を十分に尊重してまいる所存でございます」

すでに衆議院の委員会は通過しており、同法は公布、二年後の二〇〇二年五月に全面施行された。

細田教授の五つの課題

建設リサイクル法が施行されて五年たった二〇〇七年一月、社会資本整備審議会と交通政策審議会の合同の建設リサイクル推進施策検討小委員会（委員長・嘉門雅史京都大学教授）が開かれた。法律の施行後、五年ごとに見直すことになっていた。

国交省の担当者が従来の取り組みを説明し、委員らが意見を述べる形で議論が進んだ。

慶應義塾大学の細田衛士教授（環境経済学）が、問題点を的確に指摘した。

「五点、申し上げます。第一点が、もう少しトレーサビリティーを高めて、何がどういうところに流れていくのか、大宗をつかまないと、対応ができない。第二点目は、量的な問題と質的な問題を区別して考える必要がある。量的な問題としては、建設発生土は有効利用率でなく、リサイクル率にすると極めて低い率になり、この建設発生土は一体どこに行ってしまっているのか。質の問題としては、アスベスト等々の有害物質をどう管理するのか。リサイクル自体の質をどう考えるか。建設混合廃棄物はどのような形でリサイクルされているのか。現実は、東京都のスーパーエコタウンのすばらしい建設混合廃棄物の中間処分施設に、あまり物は行かずに、ほかのところに流れているわけです。これは経済原則で、価格が違えば、安い処理単価のところに流れていく。フローがわからないから、どうなっているかわかりませんというのが、実態だと思います」

声のよく通る細田教授の指摘はなお続く。

「三点目は、景気の変動に頑強なシステムをつくる必要があると思います。好況時にはリサイクルプラントに集荷できません。プラごみは中国に流れていっちゃい、残った廃プラも非常に質の悪い廃プラになってしまう。どうするか今のうちに考えておくべきだろうと思います。第四点目は、法制度と市場経済の接点がうまくいっていない。第五点目は、建築基準法五一条問題。リサイクルプラント、廃棄物処理プラントは、五一条によると、何と火葬場と同じなんです。国土交通省にいくら変えてくれと言っても、頑として変えない。循環法で、なるべく資源として回しましょう、拡大生産者責任となっている。足を止めて、飛びなさいと背中を押しているわけです」

建設業界の声は

ゼネコンなど建設業界を代表する日本建設業団体連合会の建設副産物専門部会委員の米谷秀子さんが、建設現場の声を届けた。

「一つが有害物という視点、もう一つが個別分別品に対する視点です。確実に有害物を除去していく前提がないことには、リサイクルの障害となる。思いつくのは解体工事で発生するアスベスト。適切に処置するには、何といっても事前調査が重要です。いまだ十分にやられているとは言いがたい。建設発生土の問題もございます。汚染土壌になってまいります。土壌汚染対策法が制定・施行されていますが、極めて限定的なケースしか対象にしていない。現場間利用が進められている土に対して、汚染という観点でのチェック機能がなく、今後問題になるのではないかと懸念しております」

「建設混合廃棄物を減らそうというかけ声が、ずっと以前から強くあります。分別して建設混合廃棄物と別に出せばいいという状況になって、建設混合廃棄物ではなくなったからデータから除外されてしまう現状があります。そのために、生産者、メーカーの責任の強化が大きな項目としてあるのではないか。拡大生産者責任という観点から、理想からいえば、メーカーの引き取り義務化も視野に入れて検討いただけないか」

全国建設業協会環境委員の高戸章さんは、コンクリート塊のリサイクルへの懸念を語った。

「将来、解体建物が激増し、再生砕石が大量に出ます。マーケットがなく、あふれ返る可能性があります。再生コンクリートに使うことで消化はできるかと思いますが、ＪＩＳ、品質・技術基準が確立されていない。コスト的な問題も非常に大きい。技術開発とマーケットの開拓が非常に重要。建設汚泥は、建設発生土に等しい品質にするにはかなりのコストがかかる。品質の技術基準を行政で確立し、マーケットが広がるように努力していただきたい。廃石膏ボード、廃プラスチック等の仕上げ材について、特定建設資材廃棄物の品目に加えることも考慮すべきかと思われます」

しかし、議論は、法の見直しに結びついていかない。

一一月の小委員会では、大塚直早稲田大学教授（環境法）が、国交省が出してきた中間報告案にこんな感想を述べた。「ルールを明確化してあとは市場に任せるというのが、最近の我が国が目指している方向です。手法とか国で検討することは非常にいいと思いますが、手法だけ決めれば、あとそれでうまくいくのかと気になります。『国は』と書いても、直ちに何かをやることにはならないんじゃないか。結局、ある種の行政指導をされていくのかなという感じもするんです」

「法律が守られていない」と解体工事業団体

全国解体業工事業団体連合会の出野政雄専務理事は、不満をぶつけた。

「一〇年前に建設省でつくった建築解体廃棄物リサイクルプログラムに解体工事業界のことが書いてある。当時から解体は問題になっており、私ども業界は、これに従って努力してきました。ところが、その内容は今回の中間報告の中身とほとんど同じなんですね。学生のレポートと言ってはおしかりを受けますが、現場に即した、具体的な審議をぜひお願いをしたい。建設リサイクル法の一三条には施工者は発注者ときちんと契約を結びなさい、解体工事費用もきちんと明示しなさいという規定がありります。元請、下請の契約にも適用がありますが、実行されている形跡はないという状況です」

これに、住宅生産団体連合会・産業廃棄物分科会委員の村上泰司さんが反論した。

「確かに解体工事が解体工事の請負契約書を使ってなされていない方もいらっしゃるでしょうね。私が作成した解体工事請負契約書もございますし、住宅生産団体連合会では推奨しています。当然別発注をしている場合もあり、すべてが分離発注されてないわけではございません。僕が常々言っているのは、解体工事を行う方、自らが元請業者になっていただきたい。なれる状態になっていただきたいと。排出事業者足りえるように資質を高めていただきたいと」

この日は、小委員会のあと、国交省の小委員会と環境省の中央環境審議会の建設リサイクル専門委員会の合同会合があった。建設リサイクル法は、建設省が国会に法案を提案したとき、廃棄物処理法を所管する厚生省と共同で提案した経緯があったから、当然のことであった。当時の厚生省の廃棄物部局は環境省に移っていた。

初会合のこの日、挨拶した国交省の建設流通政策審議官と環境省の廃棄物・リサイクル対策部長は、同法制定時の担当者だったことを披露し、仲の良さをアピールした。

しかし、実際には、そんな関係ではなかった。環境省は「建設汚泥は建設資材の中で排出量が突出して多く、再資源化率が低い」（官僚）と法改正を視野に入れていた。不法投棄と不適正処理に悩む自治体は、建設汚泥と廃石膏ボードを特定建設資材に指定し、排出者にリサイクルの義務づけを求めていた。廃棄物処理業界も解体工事業界もほぼ同様の要望である。しかし、国交省は、特定建設資材の品目を増やすことには消極的だった。

石膏ボードめぐり処理業者と住宅建築団体が対立

二〇〇八年二月の合同会合。建設汚泥と石膏ボードは、両省提出の「今後の検討課題」にも入っていた。連合会理事の三本守さんは石膏ボードを取り上げた。

「ぜひとも特定建設資材の指定をお願い申し上げます。『今後の検討課題』の中に、新築系の端材に限って特定建設資材にという考えもありますし、廃石膏ボードは、有益なリサイクル技術が確立されていないと書いてあります。だからこそ、解体、改修の廃石膏ボードをリサイクルに向けた誘導策として指定する必要があると言えます。一年半前に、安定型処分が全面禁止になって、現在に至っていながらいまだに混合廃棄物の中に含まれて、他の特定建設資材にも影響を及ぼしております」

村上さんが反論した。

「廃石膏ボードは、リサイクル用途が非常に少なくて、現に一〇%を切るか、前後する程度のリサイクルしかできていないものを特定建設資材に指定するのはちょっと意味が違う。より一層の再資源化を進める用途開発とか、技術開発をやらなければならないというのは、おっしゃるとおりだと思いますが、処理できる技術が一部にはあるが、日本全国にそれがあるとは言いがたい。限定された地域に限定された数しかないので、ちょっと意見が違う」

環境省は、建設汚泥と石膏ボードを指定できないかと、国交省と相談していたが、交渉の余地はほとんどなかった。元環境官僚が振り返る。「幾つかの懸案事項があったが、汚泥問題もその一つだった。環境省として法改正に向けて打診したが返答は『難しい』だった。環境汚染や不適正処理を大きな問題ととらえる環境省と比べ、国交省は様々な分野を所管し、建設リサイクル法のプライオリティは低かった。法改正を迫るには、相手を納得させる裏付けとなる『玉』が必要だがそれがなかった」

三月の第四回の合同会合で、環境省の産業廃棄物課長が、この二つの扱いを説明した。指定は建設省の所管だが、環境省が損な役回りを押しつけられていた。

「特定建設資材の追加の問題でございます。議論の中で廃石膏ボード、建設汚泥が挙がっております。これについては、再資源化による寄与の大きさと技術面、コスト面等の課題を勘案し検討する必要があります。廃石膏ボードは、リサイクルが進んでいる新築系に限って品目追加してはどうかというご意見がある一方で、リサイクル体制、技術開発が未確立であること等の課題を踏まえて検討すべきというご意見もあります。建設汚泥は、再資源化等を法で規定できないかというご意見の一方で、建設リサイクル法の枠外ではないか、リサイクルの受け皿、コスト競争力、環境安全性の担保などが課題という指摘があります。四品目以上に直ちに追加できる状況にはないことから、進捗状況を見ながら検討をする必要があるということ。建設汚泥、建設発生土につきましては、総合的な有効利用方策についてより一層の検討・推進が必要ではないか」

「これでは、世の中うまく回らない」

二〇一八年七月の第六回合同会合が最後となった。

三本さんが、石膏ボードが指定されないことに失意を表した。「今回、先送りになったことによって廃石膏ボードリサイクル施設の整備は、私たちは三年以内に期待を持って進めていくつもりでいたんですが、多分五年以上延びるはずです。非常に残念に思っております」

それを京都市の松本重雄・循環型社会推進部長が引き継いだ。

「京都市は埋め立て処分地を一つ持ち、近畿圏の他の自治体が受け入れていない状況の中、唯一受け入れているところです。このままでは廃石膏ボードで埋め立て処分地が埋まってしまうのではないかと危惧します。石膏ボードの受け入れは、今後、制限していく形での取り組みが必要だと考えています。早急な取り組みが必要だという観点をもう少し明確に強い表現にしていただくこと、石膏ボードの認識も、『将来の特定建設資材への追加』ではなく『早期の特定建設資材への追加』を念頭に置いて、関係者が早期に取り組むというような強い表現にしていただきたい」

これに対し、村上さんが反論した。

「新築系石膏ボードも解体系の石膏ボードも、リサイクル率が非常に低い。解体系についてはまだ二%。特定建設資材にしたから不法投棄がなくなるとか、変な処分がなくなるという保証は、私はないと思います。逆に建設資材にすることによって、それがまた不法投棄とか不適正処理の原因になってくる可能性も含まれている。非常に微妙な問題だと考えております」

環境省の課長が、その議論を引き取った。

「石膏ボードは、環境省と国交省でも色々議論しました。委員も色々な意見があることも踏まえて、今の表現がそれを集約するぎりぎり適切なところかなと思って、このようにしている次第です」

出野委員が、最後に言った。

「解体業界も非常に苦労しております。法律上、管理型に埋めろということになって、探すわけですが、非常に少ない。『持っていくところがない』と泣きつくと、行政の方は『探せ』とおっしゃる。『数十キロ先にあるから持っていけ』。持っていくと金がかかる。『金がかかるなら発注者にもらえばいいじゃないか』。払ってくれといってもくれないと言うと、『くれないなら、そんな仕事引き受けなければいいじゃないか』。『引き受けなきゃ飯が食えません』。『飯食えないなら仕事をやめちまえ』。こういう行政なんですね。『法律は法律なんだから守れ』と言うだけではなくて、業者がちゃんと仕事をできるような手だてを何か考えていただかないと、それは悪い方に流れていかないとも限らない。全部業者に押しつけて、業者が悪いことをするととっ捕まえるということだけでは、世の中うまく回らないのではないか」

しかし、こうして合同会合がまとめた報告書には、法改正につながる記述はなく、建設汚泥と石膏ボードは先送りされた。

再資源化率は高率を誇る

それでも報告書は、国交省の行動計画である「建設リサイクル推進計画２００８」に生かされた。

例えば、建設汚泥は、「国は、再生品の品質基準について検討すべき」「民間工事由来の建設汚泥処理土（改良土のこと）の活用に当たって課題を整理し、工事間利用に関するルールについて検討すべき」「建設発生土の利用方策の検討・推進と総合的に取り組むべき」。石膏ボードは、「リサイクルを推進するための仕組みについて検討すべき」としていた。

また、建設発生土は、「砂利採取跡地等の自然修復を図るための仕組みについて検討すべき」「公共工事の発注者は、民間の改良土を活用できないか検討すべき」。再生資材の利用は、「利用用途に応じた品質基準とその確認手法について検討すべき」「可能な限り建設資材等の再使用の実績や品質基準について検討し、可能な限り建設資材等の再利用を促進すべき」としていた。そして、それに対する取り組みを記述していた。

二〇一九年に策定された「推進計画2020」によると、再資源化率は高い実績を示している。建設廃棄物全体での再資源化・縮減率は九七・二％と高く、二〇二四年の目標値の九八％をほぼ達成してしまっている。アスファルト・コンクリート塊は九九・五％（目標値は九九％）、コンクリート塊が九九・三％（同）、建設発生木材は九六・二％（九七％）、建設汚泥は縮減を含み九四・六％（九五％）、建設混合廃棄物の排出率は三・一％（三・〇％）。建設発生土の有効利用率も七九・八％（九八％）。参考値としてあげる建設混合廃棄物の再資源化・縮減率の六三・二％が低いだけで、あとはみな、極めて好成績である。

また、課題となっている品目について、どう進めるかを記述している。

建設汚泥は「工事間利用する場合は、建設発生土は無償で利用するので、建設汚泥処理土の有償での売却は極めて限定的なものになると考えざるを得ない。よって再生利用制度を活用した利用促進を図る」。

石膏ボードは「廃石膏ボードの現場分別を徹底し再生施設の利用促進を図るとともに、リサイクルの取り組みの実施状況を把握する」。

建設発生土は「官民有効マッチングシステムの利用。民間企業含めた受発注者への参画を一層働きかける」「搬出先を発注者が指定する指定制度の拡大に努め、建設発生土受入地の登録制度の試行に努める」。

再生資材の利用は「利用状況を表す新たな指標について導入検討を行う」「関係者に対して、再生資材の品質基準や保証方法の確立を働きかける」「再資源化施設の再資源化・縮減率を把握し、関係者間で情報共有し、優良と考えられる再資源化施設への搬出を推進する」。

様々な取り組みが列挙されているが、一方で、処理業界からは「コンクリートを破砕した再生砕石が構内に積み上がっている」「建設汚泥から造った改良土が売れない」「石膏ボードの持って行き先に苦労している」といった声が上がる。

推進計画は、再資源化率に示される「量」にとどまらず、「質」を重視することがうたわれている。「質」というのは、どのような製品が造られ、どんな使い方がされているかが重要になる。しかし、利用の実績については把握されていないのが実情だ。

「量」から「質」重視の時代に

建設廃棄物は、マニフェスト（管理票）によって排出先から処理・処分先まで追いかけられるが、再生資源に利用する場合には、中間処理の段階でマニフェストは終了するので、実際にリサイクルされているかどうかはわからない。もちろん自治体への報告書で処分先を明記することになっているが、食品廃棄物の横流し事件では、主犯の会社、ダイコーの偽装報告を、愛知県は鵜呑みにしていたから、チェック機能があるとはいえない。にもかかわらず、国は、再資源化施設に廃棄物が持ち込まれた段階でリサイクルされたと見なし、リサイクル率に算入している。

一方、廃棄物処理法では、再生資源になっても、実際に使用する現場に搬入されるまでは廃棄物のままとされ、リサイクル製品を造っただけでは廃棄物から「卒業」できない。先の合同会合で、佐藤泉弁護士が、せっかく再生資源やリサイクル製品にしても販売され、使われなければ意味がないと、環境省に「卒業基準の緩和」を求めたのもこのことを意味している。

もし、「質」に取り組むなら、国交省と環境省が共同して、再資源化とリサイクルを進める上で、現行の制度や仕組みにどのような障害や問題があるのかを調べ、課題を解決するための仕組みづくりに取りくむべきではないだろうか。

気がかりなのが、政府に法制化や法改正に向ける関心が薄れているように見えることだ。建設リサイクル法の見直し論議は、二〇〇七年には国土交通省の審議会と環境省の審議会が合同で行われたが、それを最後に環境省の関与はなくなり、国交省の審議会単独となった。法の見直し論議は二〇一七年が最後となり、五年ごとの見直し論議がされる二〇二二年に開かれることはなかった。

しかも、二〇一九年からは、関係団体の委員はすべてオブザーバー扱いとなり、大学教授ら識者だけで委員会が構成されるようになった。意見の相違はあっても、現場の声を届け、議論し、合意形成を目指すというのが、審議会本来の姿ではなかろうか。

また、それまでは小委員会の意見を提言にまとめ、パブリックコメントののち、国交省がそれをもとに推進計画を策定するという流れだったのが、小委員会が直接、国交省の提案した推進計画案を審議し、パブリックコメントののち、正式の推進計画にするという、一種の簡略化が行われた。

建設業界の意見は

工事を担う建設業界を代表し、日本建設業連合会はどう見ているのか。二〇二二年三月、建設副産物部会長だった米谷秀子さんは、私にこう語った。

「再生品の利用を進めることはもちろん必要なことだと思います。よく勘違いして議論されることが多いのですが、工事は発注者が決めるものだという前提があります。工事を受注した建設会社が独断でこれはいいからと勝手に使うことはできないし、また権限もありません。発生土と汚泥について、建設業界ももちろん、工事間利用を進めるなど利用に取り組んでいます」

米谷さんによると、日建連が協力し、二〇一五年に民間の建築工事に建設汚泥改良土を利用促進するため、東京都がモデル事業を行ったことがあった。日建連の建設副産物部会委員の会社でモデル現場を選定し、建設廃棄物協同組合が協力し、汚泥の中間処理会社三社が現場に無償で改良土を提供し、工事現場で改良土を埋め戻し用の資材として利用した。資材としての性能評価、品質基準・品質管理手法の確立などが目的で、港区、江東区の解体工事、八王子市の新築工事など六カ所を選んだ。

現場ごとに土質試験（篩試験・CBR試験）を行い、一定の面積ごとに都の土木材料仕様書の品質を満たし、土壌汚染対策法の土壌環境基準をクリアしているか確かめ、大半がクリアしていた。運搬費用の運搬単価は一立方メートル当たり一〇二五～三四一一円と、三倍の開きがあった。

使われた改良土は評価が高かった

使用後、ほとんどの現場から「異物がなく、品質が均一で使いやすい」との感想が寄せられ、半分が「締固めが容易」。埋め戻しの後の地盤改良が不要となり、コスト、工期の面でもメリットがあった。ただ、すべての現場で改良土を使った経験がなく、「改良土の製品認定等第三者による評価・認定が必要」との回答があったという。

米谷さんは「発生土と汚泥は同じ建設工事現場から出るのに区分が明快でなく、片方は廃棄物でなく、もう片方は産業廃棄物。さらに汚染土壌は土壌汚染対策法とばらばらです。全体を適正に管理することが難しく、法の狭間に抜け道を見つけ不適正処理や不法投棄に走る業者はなくなりません。そのため、国には、廃棄物の二次処理先の実名を含めた情報公開を求めてきました。自社が受けた廃棄物を処理し、それがどこに行っているのかを知ることができれば、安心して品質のいいものを送り出す業者を選ぼうとするでしょう。廃棄物処理業者のデータは、国が責任をもってわかりやすく利用しやすい形に加工し、ホームページで公表してほしい」と語る。

行き先を知る仕組みを求める日建連の要望について、電子マニフェストを管理・運営する日本産業廃棄物処理振興センターは、処理業者が法律に基づいて記載する帳簿の記載事実を電子マニフェストに反映させたいと、環境省に提案している。帳簿には、再生材の行き先も明記されており、電子マニフェストに行き先が記入されれば、いまのように不明朗な処分を防止できる。しかし、紙マニフェストを発行している全国産業資源循環連合会が消極的で、実現には至っていない。

また、日建連は、建設汚泥の名称が「品質に問題がなくても発注者や近隣住民から使用を敬遠されることが多い」として、東京都が採用している「建設泥土」への名称変更や、電子マニフェストと紙マニフェストの一元管理を求めている。

大塚早大教授が、建設リサイクル法の課題を指摘

国交省の小委員会の委員で、かつて建設リサイクル法のもとになった提言をまとめた検討会委員でもあった大塚直早稲田大学教授は、建設リサイクル法について、「今後、昭和四〇年代以降に急増した建築物が更新期を迎えることから、建設廃棄物の排出量は増える可能性は高い。法の改正はなされず、抜本的な対策がとられるには至っていない」とし、次のような課題をあげている。

「廃棄物の発生抑制の観点は、この法律にはあまり見られない。ハウスメーカー引き取りのほか、

解体に賦課金を課すなどの方法も検討されるべきであろう。生産者としての建設業者に関しては、環境に配慮した製品づくりをなしうる立場にある者の責任は極めて弱い。建設工事の契約時に元請業者は発注者に対し、分別解体等、再資源化等及び適正処理等の内容及び費用の内訳を明示するよう義務づけることが考えられる」

「データの信憑性の問題がある。国交省から出されている数値は事業者から出されたものをそのまま用いている例がある。再資源化については、リサイクル率は上がっているが、利用されているのかという問題がある。利用率について目標を立てることや、再生資材の品質基準の策定や規格化も必要である。建設廃棄物に関する情報を一元化し、建設汚泥について将来的には国の基準とすべきであろう。廃石膏ボードは、特定建設資材とされていないが、将来、できるだけ早く対応する必要があろう」（『環境法第4版』大塚直、有斐閣、二〇二〇年）。

指摘は、すぐに実現できることと時間のかかることが混じっているが、傾聴に値する。特に「（実際に）利用されているのか」という疑問は、業界関係者の多くが抱く疑問である。国は、実態調査を行い、マニフェストに利用先の記入を義務づけるとともに、建設発生土についても縦割り行政を排し、マニフェストと互換性のある同等のトレーサビリティシステムを法律で義務づけるべきではないか。

□第三章の扉の説明・建設リサイクル法案作成時の建設省と内閣法制局の審査記録と関係省庁協議の内部文書。

第四章

混合廃棄物の
高精度選別に賭ける
高俊興業

高度選別でリサイクル率は九一％

東京大田区城南島にスーパーエコタウンがある。車で環七通りを走り、品川区から大田区へ。さらに中央卸売市場大田市場を左手に見ながら城南大橋を渡ると、城南島に出る。

東京都のスーパーエコタウンは城南島と中央防波堤内埋立地に展開されるリサイクル団地だが、城南島の一角に高俊興業（本社・東京都）が誇る建設廃棄物の選別・リサイクル工場、「東京臨海エコ・プラント」がある。リサイクル業の一〇社が進出するが、高俊興業はその第一号で認定、進出した。

城南島には建設廃棄物の選別施設や食品廃棄物のバイオガス化施設などの工場が並ぶが、「東京臨海エコ・プラント」は、燃やして埋めるだけの処理・処分のやり方を排し、素材ごとに細かく分けることで、素材の純度が高まり、価値が生まれ、リサイクル製品や材料として利用できる。そんな高橋俊美会長の熱い思いが詰まったエコ・プラントだ。

高橋さんが語る。

「建設廃棄物を扱っているうちに、選別こそ命だと思うようになった。細かく選別するほど再資源化物が増え、燃やしたり埋め立てたりする量が減る」

私は、東京臨海エコ・プラントを訪ねると、工場長自ら案内してくれた。エコタウンに進出した企業のうち、先頭を切って二〇〇四年一二月に供用を開始したという。

工場の特徴は何といっても混合廃棄物の高度で精緻（せいち）な選別工程である。高橋さんはこれを「高精度選別再資源化システム」（略称・高精度選別）と呼んでいる。

手選別ラインで異物を取り除き、木屑、鉄・非鉄、紙屑など九品目を回収、残った混合物を破砕し、振動風力選別機、ジャンピングスクリーン、比重差選別機などで八品目に選別していく。これらの設備機器は中央操作室で集中管理している。

工場長が言った。「混合廃棄物のリサイクル率は九一％を誇り、国が調べた業界の平均値の五八％とは格段の差があります。高精度選別機械で何段階も選別して達成しています。これによって本来は埋め立てや焼却に回っていた廃棄物を減らし、再資源化物を増やすことにつながります。いまはリサイクル率九六％を目指しています」

このスーパーエコタウンには、タケエイ東京リサイクルセンターもある。こちらも建設廃棄物の選別事業を行っている。当初、ゼネコン一一社とタケエイなどの廃棄物処理業者ら二五社が出資し、リサイクル・ピアの名称でスタートしたが、その後タケエイの単独となった。

リサイクル率九一％の秘密

「東京臨海エコ・プラント」の処理能力は、年八三万五二〇〇トン。年間約三〇〇日稼働しているので、一日当たり約六五〇〇トンとなる。廃棄物処理法には選別という業種認定がなく、施設で認められた破砕施設は、廃プラスチック類、木屑、廃コンクリートなどに分かれ、混合廃棄物処理能力は一日（二四時間）一四七〇トン、廃プラスチックが同二一六トン、木屑が二四〇トン、圧縮梱包（こんぽう）施設等が八五八トンとなっている。

工場は、様々な素材からなる建廃を高度な選別機を組み合わせ、人の手も加わり、精緻な選別工程からなっていた。高橋会長は、それを高精度選別と呼ぶ。通常の中間処理施設を見ると、パワーショベルと人手を使って粗選別をし、ベルトコンベヤーに数人が張り付き、手選別し、そのラインに破砕機と風力選別機がある程度だ。建屋の中で行われているのはまだいいが、屋外で作業をしている処理施設も多い。こうした施設で、業者が「リサイクル率が八〇％以上あります」と説明を受けても素直に受け取れない思いをしたこともあった。

しかし、この東京臨海エコ・プラントを見て、そんな疑問が吹き飛んだ。

ヤードにはひっきりなしに建廃を積んだダンプカーが入ってくる。建設廃棄物を積んだトラックは、工場入り口にあるトラックスケールで計量し、重量と積み荷のチェックを受ける。そこから誘導されて工場の中に入る。ダンピングヤードといわれる場所に、誘導員の指示を受けながら、品目ごとに積み荷を降ろす。社員は運転手からマニフェストを受け取り、記載された廃棄物かどうかを確認し、危険物が含まれていないか、点検する。見つかればすぐにそれを取り除く。

ダンピングヤードでは次のような品目ごとに分ける。

「回収物として有価物・単品物・破砕不適物」（非塩ビ系廃プラ、塩ビ系廃プラ、塩ビ管、発泡スチロール、大型鉄屑、大型非鉄、ステンレス、木屑、段ボール、電線、廃畳、スプレー缶・バッテリー・消化器・ガスボンベ・塗料缶等の不適物）、「混合廃棄物処理ライン」、「非塩ビ系廃プラスチック類処理ライン」、「塩ビ系廃プラスチック類処理ライン」、「コンクリートから処理ライン」、「廃石膏ボード処理ライン」、「木屑、紙屑、繊維屑処理ライン」、「蛍光ランプ類処理ライン」の八つあり、「非塩ビ系廃プラ」から「蛍光ランプ類」まで六品目は、品目ごとに専用破砕処理機で処理し、ストックヤードに溜められる。

破砕機は、高速回転式破砕機（衝撃剪断（せんだん）効果で破砕）と、油圧式二軸剪断破砕機（大型の可燃物を破砕）に分かれるが、品目ごとに適合した破砕機を使い、搬出物の精度を上げている。

屋内のストックヤードで選別スタート

この工場のすごいところは、多くを占める混合廃棄物の処理の工程である。

処理ラインは複雑で、流れはフロー図を見ながら説明するしかない。まず、混合廃棄物は受け入れコンベヤーから供給コンベヤーに移動し、スクリーンを通したあと、手選別ライン（ベルトコンベヤーの脇で社員が分ける）で、七品目（廃プラ、塩ビ、段ボール、木屑、非鉄・鉄、電線、不適物）と磁力選別機で取り除いた鉄を取り除く。

コンベヤーを通過した混合廃棄物は、破砕機（ハンマークラッシャー）にかけた後、粗選別機、風力選別機、数種類の磁力選別機を通過し、可燃物はアルミ選別機でアルミと可燃物に分ける。不燃物は、トロンメルを通過し、再び磁力選別機、不燃物精選機をへて、再生砕石（粒径が大きい）と再生砂（粒径が小さい）に分ける。

機械選別後の再生砕石には比重の似通った異物が一〇～一五％混入しているために、色彩選別機を使い、ガラス・レンガ・タイル、硬質プラなどの異物を高精度で回収される。再生砂の一部は、再生砕石を回収した後の混合物から選別したものなので、異物が二〇～三〇％混入している。そこで色彩選別機と近赤外線材質選別機によって木屑、石膏屑、塩ビを除去する。

こうして精度を高めた再生砂と再生砕石が回収できる。また、労働環境や周辺環境に配慮し、一時間に五八万立方メートルの集塵能力のあるバグフィルターを設置し、集めた粉塵は再生砂にし、再資源化している。このような工程を経た再生砂や再生砕石は、建設リサイクル資材やセメント工場の原料などに使われる。

そしてヤードに保管されたもののうち、非塩ビ系廃プラはＲＰＦの原料やセメント燃料、塩ビ系廃プラは発電・熱利用燃料に。塩ビ管は専門業者に渡し、塩ビ管に再生される。可燃物（廃プラ・木屑・紙屑の混合体）はセメント原燃料やＲＰＦの原料、発電・熱利用の燃料に。木屑のチップ材はチップ工場に。チップ以外の木屑はセメント工場に。段ボール・紙屑は製紙原料にといった具合だ。最後に残ったものは最終処分場で処分される。

複雑な選別作業を繰り返し、再生資源に生まれ変わらせる工場は、「現代の錬金術」と呼んでもいいぐらいだが、高橋さんは謙遜して言う。「いや、有価で販売されるものがまだまだ少ない。こうした選別後の再生品などが有価で販売され、需要が増えないと、循環型社会とはいえません」

それにしても、どうしてこのような全国の先頭を走る選別工場を造ったのか。高橋さんの生い立ちから考えてみたい。

六価クロム事件で廃棄物処理法改正

一九六〇年代は、日本の廃棄物処理の歴史から見て、怒濤の時代だった。高度成長の波に乗って産業活動が旺盛となり、工場や事業所から排出される産業廃棄物の量はうなぎのぼりになった。

それを何とかしようと、廃棄物の処理及び清掃に関する法律（廃棄物処理法）が一九七〇年に制定され、翌年の七一年に施行された。工場・事業所の事業活動から出る廃棄物を産業廃棄物とし、家庭や商店などから排出される一般廃棄物と分類された。建設廃棄物は、産業廃棄物の中でも大きな比重を占めていた。排出量が多ければ、処理の仕事を手がける人も多くなる。

廃棄物処理法が施行された七一年、美濃部亮吉東京都知事は「ごみ戦争」を宣言した。東京都江東区では、埋め立て処分地に向け、悪臭を放ちながら他区の生ごみを積んで流入する大量のごみ収集車に、住民の怒りのマグマが煮えたぎっていた。都の進める杉並区内での清掃工場の建設が住民の反対で立ち往生するのを「杉並区のエゴ」と見た江東区の区長や区議会議員らは、杉並区からの家庭ごみの搬入を阻止する行動に出た。ここに至り、初めてごみ問題が都政の最重要課題となった。最初に喫緊のテーマになったのは、家庭ごみの処理問題だった。

だが、産業廃棄物の課題がまもなく急浮上した。

同じ東京都で起きた六価クロム公害問題である。都内の化学工場が、産廃の六価クロム鉱滓（こうさい）を大量に埋めていたことがわかった。江東区、江戸川区を中心とした埋め立て量は一〇〇カ所、三八万トンにのぼった。この六価クロム事件は住民団体が告発して火がつき、東京都が江東区の工場跡地に集め、無害化処理して埋設し、跡地を公園にした。

一方、この事件は、廃棄物処理法の限界を白日のもとにさらけ出した。排出者の化学会社が産廃の鉱滓の処理を無許可の業者に委託したり、委託を受けた業者が他の業者に再委託することによって、どこに運んだか追跡できなかったりした。また、委託された業者が不法投棄して罰を受けても、その責任は化学会社に及ばなかった。これでは、安全で適正な処理は夢物語だ。

国会で野党の鋭い追及を受けた厚生省は、一九七六年に廃棄物処理法を改正し、再委託を禁止し、自治体が事業者に撤去などの措置命令を出せるようにするなど、規制強化された。

この動きに驚いたのが、産業廃棄物処理業者たちだった。改正法は、従来は「事業者は、その産業廃棄物を自ら運搬し、若しくは処分し、又は産業廃棄物の処理を業として行うことのできる者に運搬させ、若しくは処分させねばならない」（第一二条）とあったのが、排出者責任を重視するあまり、「事業者は、その産業廃棄物を自ら処理しなければならない」（第一〇条）と、産業廃棄物処理業者の名前と役割が消されてしまったのである。実は、現在の産業資源循環連合会の組織づくりは、業者らがその改正に危機感を持ったのがきっかけだった。

一九七七年に改正法は施行され、さらにこの年、最終処分場の構造基準が決まった。素掘りの安定型処分場、遮水シートを敷いた管理型処分場、コンクリートで囲った遮断型処分場の三つになり、それぞれ持ち込む廃棄物が決められた。ここにきて、ようやく廃棄物処理の基礎になるものがそろったのである。

そのころは、続々と産業廃棄物処理業への参入が続き、小さな会社があちこちで産声を上げていた。

アパートで産声上げた「高俊興業」

その翌年の一九七八年春。中野区にある古ぼけた木造アパート二階のドアに、小さな木製の看板が掲げられた。それをまぶしげに、満足そうに眺めている若い夫婦の姿があった。高橋俊美さん、二七歳。とみ子さん、三〇歳。高橋さんは長身ですらっとし、目が大きく、鼻が高い。とみ子さんは小柄で、笑顔がすてきな、しっかりものの姉さん女房だ。

二人の視線の先にある看板には、「有限会社高俊興業」と書かれていた。高橋さんは営業と従業員の管理、さらに自らトラックを運転もする。とみ子さんは、電話番と配車係、経理事務が担当だ。幼稚園に通う五歳の長男、潤(めぐむ)さんと三歳の次男、茂秋さんとの四人が暮らす四畳半と六畳の住居が事務所を兼ねていた。

産業廃棄物の収集・運搬会社を立ち上げたのである。

高橋さんは、開業に合わせて、都から産廃の収集・運搬業の許可を得た。

そして、高橋の名字の高と、俊美の俊をとって「高俊興業」と名付けた。新聞に「運転手募集」の広告を入れた。さっそく五人から電話があった。

「かあちゃん、まずいな」と高橋さんがとみ子さんに言った。欲しいのは一人だったからだ。社員募集の仕方を知らずに広告を出した高橋さんは、「五人とも来たらどうしよう」と心配になった。

だが、肝心の面接日に誰も来なかった。ほっとした高橋さんは、再度募集広告を出した。今度は「先着順」と入れた。

電話が鳴った。高橋さんが話しかけた。

「本当に明日来るか？　来てくれるなら他の人は断る」。受話器から声がした。「行きます」

廃棄物処理業界の夢を語る高橋俊美さん

こうして運転手が決まった。この社員とは別に、人の紹介で二人を入れていた。社長の高橋さんと事務のとみ子さん、運転手三人の、合わせて五人でのスタートだった。保有するトラックはまだ三台にすぎなかった。

高校卒業し、アルミ製造工場に就職

青森県五所川原市で田畑とりんご園を営む農家に生まれた高橋さんは、六人兄弟の末っ子。五所川原農林高校を卒業した一九六九年春、上野行きの夜行列車に乗った。持参したのは夜具と、父の茂作さんが渡した一万円。配属先は昭和電工千葉工場のアルミの製造現場だった。その工場には巨大な溶解槽があり、そこが高橋さんの配置場所だった。

鉄の棒で撹拌（かくはん）するが、室内は摂氏五〇度の高熱地獄。作業は一五分が限度である。高橋さんは、先輩の仕事を見ながら、交代して仕事に取り組むが、溶解槽から高温の液体が飛び跳ねる。手袋や作業服につくと、溶け出し、穴があく。「痛い！」。慌てて手袋を脱いだ。

津軽弁は周りの人に通じなかった。しかも先輩たちの会話は早口で、よく聞き取れない。初任給の一万三〇〇〇円は、翌月の支給日前にはなくなっていた。

「仕事はきついし、やけどはするし。どうしたもんか」。悩んでいたところ、係長が声をかけてくれた。

「お前は何にも知らない。おれが教えてやるよ」

京都大学の大学院を出たその技術者は、週に三回、勤務後に集会室で化学の参考書を片手に講義してくれた。高橋さんは、元素や化学式を必死で覚えた。

でも、工場は二年でやめることになった。仕事には慣れたが、同じことを繰り返す単調な生活が、どうしても高橋さんにはなじめなかった。疲れて寮に戻り、一人、ふとんに潜り込むと、ふと疑問がわいてきた。「自分にはもっと違う世界があるんじゃないか」

高橋さんから『やめたいんです』と告げられた係長は、こう諭した。

「太陽の下で仕事をしないといけないよ」

次に見つけた就職先は都内の不動産販売会社だった。

慣れない背広を着て、毎日、靴の底をすり減らし家庭を回った。でも、一件も契約が取れない。固定給が安いので、給料日の三日前にはいつも蓄えが底をついた。

高橋さんが振り返る。「高田馬場の木造アパートでね。あんパン一個を三つに分けて、『これは今日、これは明日』と。昼は水道水で飢えを癒やしたんだ」

「この人を一生大切に」との決意

そんなころ、とみ子さんとめぐりあった。製薬会社の電話交換手で、福島県出身。同じ東北出身だ。すぐにうち解けた。仕事の苦労や失敗を語る高橋さんを、いつも笑顔で聞いてくれた。

こんなことがあった。いつものように給料日の三日前に、財布が空になっていた。高橋さんは、とみ子さんからお金を借りて、一緒に定食屋に入った。サンマ定食とビール一本を注文し、コップに注いだ。ビールを飲み干し、そして彼女の顔を見た。

なぜか、途端に涙があふれ出した。彼女に迷惑をかけてばかりで、とっくにあきれて去ってしまってもおかしくないのに、ずっと支えてくれている。

高橋さんは心に誓った。

「このお礼は、どんなことをしてもしなければならない。一生かけて」

まもなく中野区のアパートでの新婚生活が始まった。高橋さんは、不安定な不動産販売会社をやめると、建築土木会社のダンプの運転手になった。とみ子さんのために、少しでも稼ぎのいいところに入りたかったのだ。

やがて仕事に慣れると、新車のダンプカーを手に入れた。割賦販売で二〇〇万円した。土木会社にあるダンプの運転手なら給料だけだが、自分でダンプを所有していると、「傭車（ようしゃ）」（運転手と車付きで会社と契約）扱いになる。つまりがんばって仕事を増やした分、手取りも増える。

「おれを使ってくれ」と上京した父

秋が深まり、高橋さんがこの仕事に慣れ始めたころのある日。父の茂作さんが、大きな荷物を持ってアパートを訪ねてきた。

「どうしたの」

けげんな顔の息子に、茂作さんが言った。

「農業が暇な一一月から三月までおれを使ってくれ」

高橋さんは驚いた。

「おやじ、そんなことできないよ」

何度も断ったが、父は引き下がらない。

「片道切符を買ったら、もう帰るお金がない。これまで何もしてやれなかった。お前のために働きたいんだよ」

狭いアパートの住人に父が加わった。とみ子さんは嫌な顔一つ見せず、茂作さんを実の父のように接した。毎朝、茂作さんは真っ先にダンプの助手席に座り、後から、高橋さんが運転席に着く。そして、土木会社から指定された工事現場や建築現場に向かう。二人で建設廃棄物を積み込むと、今度は、廃棄物処分場に向かう。

「それがよかったんだ」と高橋さんは言う。

「それまでじっくり話しあったことなんかなかったから、運転席でいろんなことを語り合った。おやじがどんな人なのか、初めて知ったんだ」

隣村の農家の次男として生まれた茂作さんは、村長の紹介で、友人と二人で北海道の根室港からカニの加工船に乗り込んだことがあった。しかし、二人が逃げられないように、船室に外から鍵をかけられてしまった。まるで監獄のようだ。二人には過酷な労働が待っていた。港にカニを荷揚げしている時、すきを見て友人が逃げ出し、村に戻った。それを知り、驚いた村長らが根室港に駆けつけた。そして、船の幹部に直談判し、茂作さんを救出した。

その話を聞いた後、高橋さんは、カニ料理に一切はしをつけることのなかった父の姿を思い浮かべた。「まるで小林多喜二の『蟹工船』の世界じゃないか」

水田での稲作の苦労と、たわんだ稲穂を刈り取る時の喜び。りんご園でリンゴをひとつ、ひとつ、紙でくるみ、害虫から守る苦労。大きくなったリンゴをもいでかじる楽しみ。冬の間出稼ぎに出て、工事現場で働き、妻と子どもたちを思いやる切なさ──。そんな思い出を、津軽弁のつたない言葉で、とつとつと語る父の心根のやさしさが、高橋さんの心に染みとおっていった。

妻と念願の起業

それから数年たって、契約先の土木会社が経営破綻した。困った高橋さんは、産廃処理を任されていた池袋のサンシャイン60の工事現場で、思い切って現場監督に相談した。

「どうしたらいいのでしょうか」

監督が言った。

「よし、おまえさんはまじめだから、別の運送会社を紹介してやろう」

目の前が突然明るくなった。

こうしてダンプに乗って稼いだ金をこつこつとためながら、とみ子さんと二人で、独立の夢を暖めた。そして一九七八年春に有限会社を立ち上げた。三台のダンプの仕事を確保するため、高橋さんは、従業員の車を借りて営業を始めた。工事現場を回り、飛び込みでセールスした。仕事をもらっても、「運転手にどういう教育しているんだ」と怒られることがしばしば起きた。

社員教育の必要性を知った。仕事は確保できてもやがて限界にぶつかる。三台保有していたが、「そんな規模じゃだめだ」と言われることが増えたからだ。そこで一年間で一〇台まで増やすことを目標にした。買った新車の割賦の支払いが始まる二か月の間に一年分の仕事を確保しないといけない。一日に名刺を二〇枚配ることを自分に課した。

工事現場に行くと、「あんたは取引の口座番号があるのかい」と聞いてくる。現場から頼んでもらい建設会社の支店に急行し、支店に頼んで番号をつくってもらった。こんなことを繰り返すような毎日だった。

その頃、埼玉県所沢市中心に積み替え保管施設が設置されはじめていた。現場からいったん運び、最終処分場向け、焼却施設向けなどに選別し、大型トラックで運ぶことで効率的に仕事ができる。所沢市は、関越道のインターが近く、首都圏から出た廃棄物を関東や東北に運ぶのに便利だ。

高橋さんも八〇年に積み替え保管施設を手に入れた。そして建設廃棄物を埼玉県秩父の安定型処分場や千葉県内の安定型処分場に運んだ。この施設では選別作業は認められていないが、選別を行うことの重要性を痛感していた。

不法投棄業者に頭痛める

だが、一方でこの時代は、産業廃棄物が増えるのと同時に、不法投棄も同じ勢いで増えていく時期でもあった。高橋さんが振り返る。

「川や山、農地、さまざまなところに、ダンプで産廃を捨てる連中が多くてね。彼らと一緒にされるのは、本当に迷惑だった」

不法投棄する業者は、一部は廃棄物運搬業の許可を持つ業者も混じってはいたが、大半が無許可業者である。そして、不法投棄された産廃の大半が、高橋さんが扱っている建設廃棄物である。住宅を解体した木屑やプラスチック屑、ビルを解体したコンクリート屑、ガラス、陶器、ゴム、金属。それらがごちゃ混ぜになった状態で捨てられ、あるいはこっそり埋められてしまう。

東京都も頭を痛めた自治体の一つだった。都は、廃棄物処理法の内容に合わせて都の清掃条例を改正（七二年）した。六九年の都中期計画で▽七五年度目途に廃油・廃プラ・汚泥の総合処理施設を設置▽海洋処分のための輸送基地の建設などを打ち出し、七一年には清掃局に産業廃棄物対策部を設置した。

東京都の廃棄物畑を歩んだ森浩志さんも、激動の時代を経験した一人だ。七二年に清掃局環境指導部の産業廃棄物指導課に配属された。清掃工場での燃焼制御技術の開発が夢の一つだった森さんはがっかりした。

しかし、そんな気持ちは間もなく吹き飛んだ。「産廃を野焼きし、灰を埋めている」と住民の通報を受けることがしばしばあったからだ。先輩と二人、車で多摩地域に向かった。青梅街道を走り瑞穂町に入ると、河川敷や近くの空き地のあちこちに大きな砂利穴が見え、そこから煙が噴き出す。産廃の野焼きだ。

車を止め、二人が近づこうとすると、石つぶてが飛んできた。「何しにきた！」。「やめなさい。法律違反だ」と警告するが、素直に聞き入れない。

「当時業者はみな無許可で、地主から土地を借り、ダンプで産廃を運ぶ業者から一台一〇〇〇円ほどの持ち込み料を取っていた。こうした行為は昼間堂々と行い、人のいない深夜に野焼きと決まっていた。ダンプで持ってくる業者の一部には業の許可を取った者もいた。ナンバープレートで持ち主を調べ、『こんなことやるなら許可を取りあげる』と言って、指示書を出したことが何回もあった」と、森さんは述懐した。

産業廃棄物の移動に規制の動き

廃棄物処理法は一定の要件を満たしていれば許可せざるを得ない。高橋さんのようにまじめに最終処分場に運んでいる業者も、砂利穴に産廃を投棄する業者も同列に扱われ、「これではいけない」と、まじめな業者たちが立ち上がったことが、東京都はじめ、各県に産業廃棄物処理協会が誕生する大きな要因になったのである。

一方で、高橋さんら運搬業者にとって困った状況が起きていた。産業廃棄物の県境を越えての異動規制の動きである。最初に動いたのが、茨城県だった。

一九八六年五月から実施された茨城県の制度は、排出事業者が県外から産業廃棄物を茨城県内に持ち込んで処理・処分する際に「産業廃棄物県内搬入処分事前協議書」で協議し、県と協定書を締結することを求め、特に積み替え保管場を経由した廃棄物は搬入を認めないとしていた。積替保管場で様々な廃棄物が混合され排出事業者が特定できないからだという。

さらに県外からの産業廃棄物には五枚つづりのマニフェスト（当時は「伝票」、「積荷目録」と呼ばれていた）の使用を求めた。排出事業者の手を離れた廃棄物が収集・運搬業者、中間処理業者を経由し、最終処分業者に届くまでの運搬の経路を記載し、それぞれ写しを手元に置き、流れが確認できる。

後に廃棄物処理法でマニフェストが義務づけられた先駆けになるもので、茨城県は八九年から県内から排出された産業廃棄物にも適用することになる。厚生省の行政指導で始まり、九一年の法改正で特別管理廃棄物に義務づけられ、九七年の法改正ですべての産業廃棄物に適用されるようになったというのがマニフェスト普及の歴史だが、茨城県の独自の試みは、県外産廃の流れを把握するという理由で始まった。ある処理業者は「必要な書類をそろえて県に申請する手続きは非常に手間がかかって大変だった」と語る。

不法投棄に手を焼いた茨城県職員たち

当時のことを県環境局の環境管理課廃棄物対策室に勤務していた元職員二人が、私に話してくれた。二人は当時、産業廃棄物の不法投棄防止のパトロールや処理業者の立ち入り調査をしていた。

鬼怒川はじめ河川敷や後背地には、砂利を採取した後、埋め戻しをせず、放置された巨大な穴があちこちにあり、水がたまったまま放置されていた。それを安定型処分場と見なして、廃棄物で埋め立てることも認められたが、処分先が見つからず、経済部局から「何とかならないか」との要請で環境部局がやむなく認めたからだった。

パトロールの職員らは早朝に県庁を出発し、最終処分場に持ち込む業者を指導していた。問題になったのが、県外から搬入される混合ごみだった。生ごみも廃プラも建設廃棄物もごちゃまぜで、これでは排出事業者の特定ができない。

運搬業者に問いただすと、多くは排出事業者から直接最終処分場に持ち込んだものではなく、主に埼玉県の積み替保管場を経由していることがわかった。現地を見に行くと、様々な排出事業者が出した産業廃棄物と一般廃棄物がヤード内に積み上げられ、それを混ぜ合わせた上、大型トラックに積み替えて搬出していた。

埼玉県の所沢市周辺は東京に近く、高速道路のインターもそばにあり、積み替え保管の格好の場所だったことから、保管場が集中していた。埼玉県から茨城県に年間最大で五〇万トンもの廃棄物が持ち込まれ、その多くが家屋やビルを解体した建設廃棄物だった。

そもそも積み替え保管場は、選別をすることが認められていない。保管した産廃を大型のダンプカーに積み替えて、処分場などに持っていくだけである。しかし、現実には、最終処分場、焼却施設など搬出先に従って分けた方が効率がよいため、違法な選別行為に手を染める業者も多かった。さらに悪徳業者となると一般廃棄物も混ぜ込むから、排出事業者を特定できるはずもなかった。当時は、まだ、産廃の排出元から最終処分までの流れを把握できるマニフェスト（管理票）の制度がなかった。

こうした違法行為を改めさせるには流入規制しかないと、県の対策室は考えた。それに茨城県には元々最終処分場の数が少ない。県外から持ち込まれた産業廃棄物が埋め立て量の七割を占めるまでになり、県内で発生した廃棄物が処理できなくなるような状況が生まれ、一刻の猶予もならなかった。

ちょうどそのころ、県南西部にある最終処分場に有害廃棄物が持ち込まれ、ガスの発生による金属の異常腐食や汚水によって水田の稲が枯れ、魚が斃死（へいし）する事件が起きた。県警が業者を摘発して調べたところ、県外の積み替え保管場から持ち込まれた廃棄物であることがわかった。

中間保管場に法令担当者をつれていき説得

茨城県の廃棄物対策室は、流入規制の導入に向け検討を急いだ。導入のためには国や周辺自治体の理解を得ることが必要となる。そこで、こうした実情を厚生省に説明するとともに、関東七都県の廃棄物担当者が集まる産業廃棄物関東ブロック会議で、規制やルールの必要性を訴えることになった。

ブロック会議では、群馬県、栃木県、千葉県は理解をしてくれたが、大量の排出元である東京都など首都圏の自治体は「産業廃棄物は広域処理が原則。保管施設でリサイクルや減量ができるじゃないか」と、なかなか賛同してくれなかった。しかし、協議を重ねる間に大量の排出自治体も少しずつ理解してくれるようになったという。

積替保管場が問題提起されてから、ブロック会議に、法律のあり方や運用を議論する法律部会、中間保管場などの運用を議論する施設部会など幾つかの専門部会が設置され、議論が進んだ。

茨城県の元職員は「こうした議論ののち、川崎市であった会議で合意事項がまとまった。『茨城県の事前協議の考え方は法律の趣旨に即し、不適正な実態を見れば、それを否定することはできない。茨城県と同じように他の自治体も取り扱いを一致させることはできないが、廃棄物の適切な流れをそれぞれの地域で進めていこう』という趣旨だった」と話す。

これを持って茨城県は、事前協議制やマニフェストの導入にある程度の承諾が得られたと判断し、さらに検討を進めた。ただ、相談した厚生省は、「廃棄物処理法では広域処理が認められている」と否定的な見解を示したという。茨城県が流入規制を実施し、他県に波及すると、廃棄物の行き場がなくなり、かえって不法投棄や不適正処理を招きかねないとの懸念があったようだ。

茨城県が事前協議制を実施するには、廃棄物の担当部局だけでなく、総務部の法令担当の理解を得る必要があった。廃棄物対策室から相談を受けた環境部局の法令担当は「廃棄物処理法に書かれていない規制は難しい」と難色を示した。そこで、「実態をまず見てほしい」と職員を埼玉県の積み替え保管場に案内した。

高速道路のインターを降り、林に囲まれた道を進むと学校が見えた。そのすぐ裏に産業廃棄物の山があった。それが保管場だった。業者が混合された廃棄物を大型トラックに積み替えていた。「これが茨城県に向かっているのですよ」。法令担当の職員は言葉を失った。

こうして県庁内で事前協議制の導入が決まった。元職員は「広域処理は否定しない。しかし、その廃棄物は誰が排出し、質や量はどうか、だれがどこで処理するのか、処理能力はどうか。それを判断できて初めて広域処理ができる。そのために事前協議制やマニフェストを全国で導入できないかという思いがあった」と語る。

この制度の効果は絶大だった。県によると、埋め立て処分量に占める県外からの産業廃棄物の量と比率は、八四年度が八六万三〇〇〇トンのうち五九万九〇〇〇トン、六九％あったのが、実施された八六年度には四〇万四〇〇〇トンのうち一四万二〇〇〇トン、三五％に、八八年度には五三万五〇〇〇トンのうち八万六〇〇〇トン、一六％と県外からの流入量は激減した。事前協議の件数も八六年度の三四三件から八八年度八六件に減少した。

流入規制導入が広がる

元職員はこう振り返る。

「圧倒的な排出量の廃棄物に対し、それに見合う施設がなかったことが、不法投棄を防げず、不適正処理が全国に広がった大きな要因だったと思う。これは一般廃棄物も同様で、処理施設が整っていない自治体もあり、処理業者から『許可業者だけに厳しく、自治体の不適正処理は処分しないでいいのか』と迫られ、言葉を返すことができなかった」

ところで、事前協議制の導入は、同様に県外産業廃棄物の流入に頭を痛める他の県に影響を与えた。東日本では関東地方から東北へと広がっていった。

窮地に陥ったのが廃棄物処理業者である。本来は、排出業者が持ち込み先を探し、持ち込み先の県の了解を取り付けることになるが、実際には処理業者が受け入れてくれる業者を探し出し、手続きのノウハウを排出業者に教える。場合によってはほとんど代理で行う。

全国産業廃棄物連合会（現全国産業資源循環連合会）の当時の鈴木勇吉専務理事（後に会長）は月刊誌『いんだすと』（一九九〇年四月号）の座談会で、茨城県の措置に対しこう述べている。

「茨城県になぜ、（産業廃棄物が）向かないのかというと、要するに面倒だから業者が向かないんです。実にアブノーマルな話ですよね。事前協議があってもきちっと県が受け付けてくれているのなら、『結構ですよ』と言って持っていけなければうそになるんです。それは全部ができていないということでしょうね。業者の都合で言わせていただくならば、ないほうがありがたいに決まっています。けれども、本来適正処理することが基本にあるわけですから、適正処理するためにはどういう手続きが必要か、その手続きがシステム化されていない。だから、非常に混乱を起こしているし、扱いにくくなっている」

こうした状況は、法律をかたくなに守り続けていた高橋さんをも窮地に陥れた。

埼玉県に見切りつけ千葉県へ

高橋さんは埼玉県所沢市に見切りをつけた。不法投棄への批判が高まり、その火の粉が飛んできた。積み替え保管施設を借りていた高橋さんは、県の許可の更新時期が近づいたため、地元住民の同意をとろうと、近所を回った。

しかし、首を縦に振る住民は誰一人いなかった。マスコミに悪徳産廃業者のことが報道されるなどで、産廃業界の悪評が広まり、違法行為に手を染める業者も、適正処理を心がけるまじめな業者も、十把一絡げにみなされていた。

「もう、所沢はこりごりだ」

高橋さんは、千葉県に目を向けた。千葉県には安定型処分場がかなりあり、東京にも近い

その中で目をつけたのが、市川市だった。江戸川区に隣接し、都内の解体現場から出た建設廃棄物を運んでくるのに好都合だった。市川市内を探し回ると、下水処理場の近くに残土の山があり、その隣に空き地が広がっていた。

地主の自宅を訪ねると、「何しに来た！」と拒絶された。しかし、何度追い返されても、高橋さんは諦めない。二日に一回、自宅を訪ねては、「残土の山なんかにしません。これこれの廃棄物を持ち込みますが、それを積み替えて処分場に運ぶだけなんです。不法投棄なんか、絶対にありません」と、熱弁をふるった。といっても、朗々と語るわけではない。東北なまりが残り、とつとつと語るのが高橋流である。その語り口から、うそのない、人情溢れる人間性が相手に伝わり始める。

最初は、玄関先で追い払われていたのが、玄関の中まで入れてもらい、やがてお茶が出て、さらに「座敷に上がれ」、と進んだ。

地主が口を開いた。「あんたのことを信用しよう」。こうして地主が了解し、土地を借りることに成功した。地主の家に通い始め一年がたっていた。高橋さんはさらに同意取り付けのため、周辺住民を回り始めた。今度は千葉県と市川市の了解を得るのに苦労した。市の同意を取り付け、県から業の許可を得たのは一九八四年。さらに三年の歳月がたっていた。

高速道路が脇を走るこの場所をなぜ、決めたのか。高橋さんはこう語る。

「この業界はね。山の中など、人目につかないところに、処理施設を造ろうとするんです。でも、それは違うと思う。法律を守り、廃棄物の処理の仕事をしているんだ。周囲の目にさらした方が逆に理解してもらえる。たまたま、この用地の周囲には住宅がなかったから、苦情を受ける心配もない。農業委員会も理解してくれました」

この積み替え保管施設は、一三年たった一九九七年に市川エコ・プラントに衣替えするのだが、高俊興業はその間、千葉県産業廃棄物処理協会に入会し、協会の活動にもまじめに取り組んだ。そこで杉田建材の杉田守康社長を知った。

高橋さんに興味を持った杉田さんは、ある日、積替保管施設を見にきた。高橋さんのまじめな仕事ぶりを確認すると言った。「埼玉県の処分場に持っていっていると聞いたけど、ちょっと遠いんじゃないの？　うちの最終処分場で引き受けてやるよ」

杉田建材も、法律を守り、信頼できる取引先を探していた。

首都圏から関東圏へ、さらに岩手、青森などの東北地方に建設廃棄物が移動し、不法投棄が頻発していた時代である。処分場に持ち込みを許可する、処分場発行のチケットが広く出回り、購入した業者がマージンを取って転売が行われていた。その結果、処分場に有害産廃が持ち込まれたり、途中で産廃が消え、不法投棄されたりする要因の一つとなっていた。杉田建材は、苦労してチケット制という業界の悪習と手を切っていた。

そのころ、高橋さんが以前利用していた積み替え保管場があった埼玉県所沢周辺では、大変なことが起きていた。

進出した業者たちの間で、こんな言葉がはやっていた。

「マッチ一本で中間処理」

「マッチ一本で焼却処理」

いわゆる野焼きである。

高橋さんが言う。

「そんなことを言う彼らが、選別してリサイクルしようなんて考えるはずもありません。建設廃棄物を持ち込んでは野焼きし、二〇メートルの深さまで掘っては、灰をそこに埋める。積み替え保管場と称して、こんなことをやっていたんです」

やがて、九〇年代に入り、猛毒のダイオキシンが廃棄物の焼却炉から排出されることがわかり、日本列島はダイオキシン汚染で大きく揺れる。国や自治体は規制に乗り出し、野焼きしていた業者の排除だけでなく、この地域から民間の焼却施設がほとんどなくなってしまった。

そんな業者たちを横目に見ながら、高橋さんはこう考えていた。

「廃木材はチップにしたら燃料にできる。コンクリートがらは砕いたら砕石として路盤材に使える。鉄スクラップや段ボールは売ることができる。素材ごとに分けたら、燃やしたり、埋めたりする必要がないんじゃないか」

近くには野鳥の楽園

私は、ＪＲの京葉線で東京から千葉に向かった。浦安市のディズニーランドを越え、市川市に入って市川塩浜駅で降りた。海側の埋め立て地には、ＪＦＥスチール、住友化学をはじめとする工場群と、石油タンク、物流倉庫が威容を見せていた。反対の北に向かうと東西に首都高速湾岸線が走り、そこを越えてしばらく歩くと、湿地帯が広がる。サギが池に浮かび、餌を探している。宮内庁の新浜鴨場も含む新浜地区は「野鳥の楽園」とも呼ばれる。そしてこの湿地帯をマンション群が囲んでいる。

かつて、この湿地帯を見下ろすように千葉県の野鳥観察舎があった。その一帯は「新浜」と呼ばれ、水田が広がり、水路が何本も行き来し、渡り鳥のシギやチドリが休息の地として羽を休める場所だったが、六〇年代半ばから急激な開発が始まり、野鳥は危機にさらされた。

それに野鳥の観察仲間たちが立ち上がった。大学生の蓮尾純子さんらが一九六七年に立ち上げた「新浜を守る会」は、県と市川市に野鳥の保護の陳情書を提出、署名活動を展開した。その運動は大きな世論を呼び起こし、県は埋め立て計画を縮小、約八〇ヘクタールを鳥獣保護区に指定した。

一九七五年に野鳥観察舎ができ、結婚していた蓮尾さんは夫とそこで働くようになった。長い歳月がたち、野鳥観察舎は老朽化し、蓮尾夫妻も退職し、県は観察舎を廃止した。しかし、二〇一九年に新市長に就任した村越祐民氏がその活動を重く受けとめ、市独自に観察舎を再建することが決まった。

蓮尾さんはかつて、私にこう語ったことがある。「当時は、開発を止めようと、議員会館を回ったり、署名活動をしたり必死でした。開発を逃れた地域はわずかだったけれど、いまも野鳥を見るために親子連れで来てくれるのを見ると、やってよかった」

そんな歴史を持つこの地域は、また交通の便がよい。野鳥観察舎から再び湾岸道路に戻り、それと並行する側道を歩くと、高俊興業の市川エコ・プラントの建物が見えた。一九九八年一〇月に竣工した高精度選別の先駆けとなった工場だ。

九〇年代、選別の技術が未熟で、ろくな選別装置もない中で、高橋さんがメーカーと一緒になって、凝りに凝ってつくった「芸術品」と呼んでもいいだろう。

市川エコ・プラント

高俊興業の葛西正敏常務と西野健一工場長の案内で、市川エコ・プラントを見た。先に見た東京臨海エコ・プラントは、この市川エコ・プラントの発展系である。このプラントなしでは、臨海のプラントはありえなかった。

その市川エコ・プラントに足を踏み入れてみよう。

プラントにトラックが入場すると、トラックスケールに乗って計量する。ここで重さと積み荷のチェックを行い、他社からの廃棄物を持ち込んだトラックは、マニフェストの手続きを行う。

ヘルメットをかぶった誘導員の指示に従って、トラックが動き出した。ダンピングヤードに着くと、トラックから積み荷を下ろす作業が始まった。ここで、エコ・プラントの社員がマニフェストに記載された内容と、持ち込んだ現物と照合し、マニフェストにない危険物などを回収、除去する。

そして残った廃棄物を混合物（混合廃棄物）、廃プラスチック類、廃石膏ボード、その他の品目ごとに分け、専用の処理ラインに重機で投入する。コンクリートがらは、専用投入口から重機で投入する。

このあと「有価物・単品物・処理不適物」（非塩ビ系廃プラ、塩ビ系廃プラ、塩ビ管、発泡スチロール、大物鉄屑、大物非鉄、ステンレス、木屑、段ボール、電線、廃畳、スプレー缶・バッテリー・消化器・ガスボンベ・塗料缶等の不適物）、「混合廃棄物処理ライン」、「廃プラスチック類処理ライン」、「コンクリートがら処理ライン」、「廃石膏ボード処理ライン」に別れて処理が始まる。

処理ラインを見る

回収物は、発泡スチロールだけが減容固化処理を行い、有価で販売され、残りはいったんストックヤードへ。そこで、有価物として売却できるものと、できないものに分ける。非塩ビ系廃プラは再生樹脂の原料として有価で売却されたり、セメント工場での処理となる。塩ビ系廃プラは高炉で処理し、塩ビ管は専門業者に売却する。

このストックヤードは、市川エコ・プラントを入った奥にあり、検査を受けたトラックが真っ先にここに進み、ヤードの品目ごとに荷を下ろしていた。その後に、建屋に入り、混合廃棄物などの荷を下ろすことになる。

この建屋の中は、清掃が行き届き、トラックの運転手らが、混合廃棄物、廃プラスチックやその他品目ごとに区分けされた場所に下ろしていく。それをプラントの社員が、重機と人力で整理し、ラインの投入口に投入していく。廃プラスチック類処理ラインは、破砕機に送られ、鉄屑などを取り除き選別・圧縮したのち、ストックヤードに送る。コンクリートがらは破砕し、廃石膏ボードも破砕・選別して石膏粉と、石膏紙、鉄屑に分ける。石膏粉は専用のサイロに保管し、再生品の原料として利用する業者に渡す。

ここまででも相当の選別であるが、高俊興業の選別の特徴は、高橋さんの称する「混合廃棄物の高精度選別」だ。混合廃棄物とは建設廃棄物のうち、金属屑、ガラス屑、陶磁器屑、木屑、繊維屑、紙屑、プラスチック屑などが混じったものだ。粗選別で処理不適物を除いた混合廃棄物は、供給コンベヤからスクリーンを通し、手選別のラインで品目ごとに分ける。

可燃物は可燃物コンベヤから、不純物と軽量可燃物に分けるトロンメルスクリーンを経て、減容圧縮機に送られ、可燃物のキュービクルに分けられる。

手選別のラインで取り除けなかった不燃物（こちらが過半を占める）は、機械による機械選別という流れとなる。磁力選別機で鉄屑を取り除き、破砕機に送る。破砕した後、再度、磁力選別機にかけたあと、振動式風力一次選別機で、アルミとその他に分け、アルミは、アルミ選別機に送り、回収精度を高める。

その他の不燃物は、不燃物精選機に送り、再生砂のコンベヤと再生砕石のコンベヤ、精選砂コンベヤに流す。さらに精選砂コンベヤから次の砂精選機コンベヤに流す。そのあと、幾つもの精選機を通し、再生砂になる。何段階もの精選別を繰り返し、再生砂の純度を高めていくところがミソだ。

複雑な工程

これらの何層にもなった精選設備を通過することによって、不燃物は純度の高い再生砂になる。再生砂コンベアに流されたものは、分級機に送り、廃プラスチックを取り除いて再生砂を取り出す。再生砕石コンベヤに流れたものは、比重差選別機によって再生砕石に混入した比重の似通った異物を取り除き、再生砕石の純度を上げ、取り出す。

この比重差選別機は、プラントを導入するときに、期待に応えられるような選別機が全国どこにもなかったことから、食品分野にあった穀物を分ける選別機に着目し、タフで頑固な廃棄物を選別できるように、メーカーと高俊興業が共同開発したものである。

私は、高俊興業の施設を見学し、説明を受けたが、余りに複雑で、結局、複雑きわまるフローシートの図を見ながら書いているにすぎない。

「これだけ複雑な工程を維持しようとすると、メンテナンスが大変だと思います。稼働して二〇年以上たってどうして維持しているんですか」

私の質問に、技術本部副本部長で市川エコ・プラントの管理部長でもある小川潤一さんが答えた。

「例えば破砕機。ハンマークラッシャーと呼び、ハンマーの打撃で不燃物を破砕します。しかし、ハンマーの刃が減ってくるので、一カ月に一回反転させます。それでも四カ月に一回、ハンマーを交換しています。しかし、当初は二カ月に一回の交換だったのです。ハンマーの刃はマンガン鋼という固い金属でできていますが、砂や廃プラをたたくと、マンガン鋼を削る性質のあることがわかりました。そこで、表面に別の鉄の素材を硬化剤として数ミリ塗って強度を高めました。こんなことは経験しないとわかりません。日頃の点検と整備が大切だとわかり、力を入れるようになったことが大きいと思います」

修理は自分たちで行う

市川エコ・プラントには、修理工場もあり、たいていの修理は自分たちで行い、用具も造ってしまう。毎日の点検を怠らないから、不具合があっても早めに見つけることができる。メンテナンスをしっかりやることが長持ちにつながり、ランニングコストの削減に貢献できる。

市川エコ・プラントでは五〇人の社員が働いている。現場は二四時間勤務で二交代。プラントを動かす要員は一〇人で、運転、巡回、監視だけでなく、修理工場の運営にも携わっている。

今では高い稼働率を誇るが、当初は「チョコ停止」と呼び、トラブルが多く、月二〇時間を超えていたという。「その八～九割が原料づまりでした。原料を続いて入れるとよくないとか、濡れているものは要注意とか、一〇月から一二月は粗大なごみが増えるとかがわかり、対策を立てるようになりました」と、小川さんは語る。

小川さんはこの工場の専従だが、中央技術研究所の研究員も兼ねる。中央技術研究所は、東京の臨海エコ・プラントの近くにあるが、さきほどのハンマーの摩耗のような課題があると、プラントの技術者たちと一緒になって、集中して問題の解決にあたっている。

小川さんは、テナント工事会社の技術者だったが、二四年前の三〇歳の時に高俊興業に転職し、プラントがおもしろいと、現在の仕事を続けている。西野さんは、二〇二一年から工場長だが、一二年前に建設会社で根切り工事を専門にやっていて、高俊興業に転職した。

常務の葛西さんは一九九四年、建設会社から転職した。建設会社では海外事業部に所属し、途上国でインフラ整備に携わってきた。帰国した時、高校の同窓生だった都庁職員から高橋さんを紹介された。高橋さんは同じ五所川原農林高校の卒業で、一年先輩にあたった。

葛西さんの技術の蓄積と、仕事に取り組む熱意を感じとった高橋さんは、葛西さんを誘った。

「俺のところに来いよ」

建設業界は、八〇年代のバブル期をへて、九〇年代に入るとバブルが崩壊、冬の時代を迎えていた。高橋さんも葛西さんのような人材を探していた。「積替保管場じゃだめだ。自分が目指すのは、建設

左から西野健一市川エコ・プラント工場長、葛西正敏常務取締役、小川潤一技術本部副本部長

廃棄物を徹底的に選別し、有価物、つまり資源原料を作り出すような高度選別の工場だ」。そう思い、準備を進めていた高橋さんにとって、願ったり叶ったりの人物だった。

高橋さんの右腕として

業務部長の肩書で入社した葛西さんは、高橋さんのもとで市川のプラント建設担当として動き出した。葛西さんが言う。

「市川の用地は土地の性格上、コンクリートクラッシャープラントが認められるだけでした。廃コンクリートを破砕し、再生砕石にするプラントです。これなら造れる。でも、高橋社長が目指しているのは、そんなんじゃない。誰もやったことのない、日本初のプラントでした」

日本に例のない高精度選別プラントにするには、それにふさわしい数々の装置が必要となる。プラントの装置のうち、廃コンクリートと廃プラの破砕機や通常の選別機は、国産メーカーが手掛けたものがあった。しかし、それ以外は海外から調達することになった。例えば、廃棄物を揺らしながら粒径ごとに分けるジャンピングスクリーンはドイツ製を購入した。

高橋さんはずっと前から、環境装置メーカーだった栗本鉄工所の技術者に、「こんなプラントにしたいんだ」と夢を語っていた。

高橋さんが出した条件とは、①最終処分量の削減、②リサイクル率のアップ、③リサイクル製品・材料の品質の向上だった。最初は中間処理業として、選別施設のほかに、焼却施設も欲しかった。しかし、打診した千葉県から「焼却施設は認めない」と言われ、断念せざるをえなかった。それが功を奏したと高橋さんは言う。

「むしろ、最初の時点でだめと言ってくれてよかった。なぜなら、選別に特化する方針が決まったことで、積み替え保管場の経験が生かせる。当時から埋め立て処分量を減らすことばかり考えていたんだ」

その技術者に、高橋さんは「最終処分が三割減らせるプラントにしたい」と希望を述べた。技術者は「三割というのはきつい」とこぼしたが、それでも一緒にフロー図をつくりながら、計画を進めていくことになる。

プラントに備えられた多くの選別機と破砕機は、栗本鉄工所が開発した特殊な装置だ。その後も、廃棄物を同社の工場に持ち込んでは試験し、精度を上げるために改良を加えている。

廃棄物の比重によって分ける比重差選別機を新たに開発してもらおうと、高橋さんが声をかけた原田産業は、穀物の選別機を製造していた会社だった。「原理は同じじゃないか」と、開発を依頼した。ところが、廃棄物を持ち込んでやってみるが、穀物の選別機では強度がまるで足りない。高俊興業の社員と一緒に開発に取り組むことになった。高橋さんが言う。「改良を加えていくと、選別機の能力が三割から五割になり、最後には九割になる。プラントメーカー社員の自信にもつながったと思う」

用地取得し、障害乗り越え

この工場用地の確保にも、高橋さんは随分苦労した。

地主から土地を借りて積替保管場をつくった高橋さんだが、この周囲一帯は、千葉県が計画した江戸川左岸流域下水道計画にもとづき、第一終末処理場と第二終末処理場の計画があった。積み替え保管場は、第一終末処理場の計画地に含まれ、すでに都市計画決定が終わっていた。

しかし、幸いなことに知事が計画変更を打ち出し、計画規模を縮小して設置する考えを表明した。高橋さんは、土地を借りていた地主に売却を求め、借りていた六〇〇〇坪（約二万平方メートル）のうち、二〇〇〇坪を地主から買った。

まだ、いくつかの障害があった。一つは、保管施設の前を走る道路を市川市と県に認めてもらわないと、中間処理施設を建てることができないことだった。高橋さんは、この道路部分に隣接する土地を地主から購入し、県か市に提供するから道路と認めてほしいと要請した。だが、両者は「そんな土地はいらない。道路じゃない」と拒絶した。

しかし、調べて見ると、建設省松戸出張所に昔の記録が残っており、この道路は道路法上の道路として認めていたことがわかった。それなら、そばに建物を建てられる。記録を見せ、市川市と県の了解をとりつけた。

二つ目の障害は、用地の中に水路が走っていたことだった。国が所有し、県の管理だが、それは公図に残っているだけで、実際には水路は埋め立てられてなくなっていた。これも県に事情を説明して用途廃止の手続きをしてもらい、国と交渉し、払い下げを受けた。

こうして難題をクリアしていった高橋さんだったが、中間処理業の許可も容易ではなかった。

県の要綱では、本申請の前に事前協議を県と行うことになっていたが、高橋さんが県庁を尋ねると、「中間処理施設は認めないことにしているので、うちに来ないでくれ」と、事前協議を断られた。それでもあきらめずに県庁に通い、やっとのことで事前協議が始まった。そこでは隣接の地主たちの同意書が必要だった。一〇人ほどの地主の中には、ゴルフ場の建設用地として地上げをしている業者の話に傾いている人たちがいた。高橋さんから相談された知り合いのゼネコン幹部が一緒に説得に動いてくれた。

この幹部は最初、エコ・プラントの話を高橋さんから聞かされて、「できっこない」と半信半疑だった。だが、高橋さんの情熱にほだされ、同意の取得まで手を貸し続けてくれたのである。

葛西さんも地主の説得では苦労した。同意を取り付ける対象者は二五人ほどにのぼり、各地方に散らばっていた。それを葛西さんが一軒ずつ訪ね回って話を聞いてもらうのだが、そう簡単には家に上げてもらえない。かつて高橋さんが粘り強くやったように、何回も足を運び、玄関からやがて奥座敷へとなって、やっと同意書に印を押してくれる。「それこそ、関東から遠く離れた地も巡ることになりました。残った一人がなかなかうんと言ってくれず、大変でした」と葛西さんは言う。

全国初の工場を造るという高橋さんの情熱に打たれ、足が棒のようになってもへこたれず、歩き続けたのである。

年間売上高の二倍の投資

土地代含めて総事業費は二八億円にのぼった。当時の高俊興業の年商は一四億円弱しかなかった。ある銀行の支店の融資担当者が言った。「うちは産廃、パチンコ、ソープランドには金は貸さないことにしているんです」。三菱銀行（現三菱ＵＦＪ銀行）の支店を訪ねると、ここでも行員は渋った。廃棄物処理業者に巨額の融資をしたことがなかったからだった。でも、高橋さんは諦めない。日参するうちに行員が、その熱意に心を動かされた。

行員が支店長を説得した。会ってくれた支店長が、緊張する高橋さんに笑顔を向けた。「わかりました。本店は、廃棄物処理業者に融資したことがないと言っていますが、うちで融資を引き受けましょう」

こうして建設工事の着工にこぎつけ、市川エコ・プラントは竣工した。

長男の潤さんが入社し、新たな発展めざす

市川エコ・プラントが誕生した二年後の二〇〇〇年五月、長男の潤さんが入社した。潤さんは幼いころ、両親がアパートの住居を事務所にし、高俊興業を創業したころのことを覚えている。

「東中野の木造アパートで、四畳半と六畳。父も母も忙しく働いていました」

その後、事務所を中野区上高田に構えるようになり、一家は一軒家に移り住むことになった。潤さんは、都立高校から大学に進み、卒業後に身を置いたのは、準大手ゼネコンだった。

実は、大学三年の就職活動の時期になって、父の俊美さんに、「おれ、高俊興業に入ろうかな」と、相談したことがあった。長男だからいずれ、父の跡を継がなくてはいけない。そんな気持ちからだった。しかし、俊美さんは喜ぶどころか、烈火のごとく怒った。「そんな甘いもんじゃない。社長はな、生半可は気持ちでできないんだ。責任があるんだ」

俊美さんは、ひょっとしたら、自分のような苦労を息子にさせたくないと考えたのかもしれなかっ

た。潤さんは、準大手ゼネコンに入社を決めた。そこで建設業を学び、自分を鍛えてから、父の会社の門を叩こうと考えた。勤務は、大阪の工事現場から始まり、現場の仕事を二年こなすと、東京支店に移り、経理を学んだ。同社は高俊興業の取引先でもあり、潤さんが高俊興業に戻ってからも、ここでの経験を生かせるように配慮してくれたのだった。

潤さんもその期待に応えて働いた。貴重な体験もした。入社して四年目に同社は業績が悪化し、巨額の負債が発生した。銀行がその負債の多くを棒引きする代わりに、創業家が手を引き社長は交代し、別会社のグループの傘下に入ることになった。数千億円もの巨額の売上高を誇っていても、経営を誤ると、一気に崩壊しかねないことを、潤さんは目の当たりにして学んだ。

どうしたら会社を安定的に運営し、成長させられるか。潤さんは、その交代劇から、巨額の借金をしても、自分の思い描いた廃棄物処理業の道を貫こうとする父の姿を思い浮かべた。

高俊興業に入った時、弟の茂秋さんは一足先に入社していたが、市川エコ・プラント工場での現場作業、トラックのドライバー、配車係と、様々な仕事を経験し、俊美さんの片腕として徐々に力を発揮しはじめた。

念願の東京でプラントを

高橋俊美さんは、市川エコ・プラントで蓄積し、改良した技術とノウハウに、さらに改良を加えた新しい施設を、東京スーパーエコタウンに造ろうと考えていた。

高橋さんは「東京都がスーパーエコタウンを募集することを知って、『これだ』と思った。市川でやっているから、できると自信があった」と語る。しかし、市川がオープンしてからまだ三年しかたっていない時期である。銀行への返済はまだ始まったばかりで、借金は二〇億円以上残っていた。おまけに、東京都の土地は高い。一平方メートルあたり一八万円もした。総事業費を見積もると七〇億円になった。当時の高俊興業の売り上げは三四億円と、市川エコ・プラントのおかげで急増していたが、それでも建設費は二倍の金額になる。しかし、高橋さんはひるむことがなかった。

三菱銀行の支店を訪ね、七〇億円の融資を申し込んだ。「返済が残っている分を含めると九〇億円。高俊興業の年商の三倍じゃないですか。大きすぎる」。驚いた支店長が本部に連絡し、この事業を検証するプロジェクトチームができた。

半年後、三菱銀行から融資するとの回答が来た。三菱銀行の紹介で系列のコンサルタント会社に可能性調査（ＦＳ調査）を依頼し、「ＥＣＯ・プロジェクト２００１」の名称で、新たに造る第二工場の事業の採算性と将来性を検討していた。その報告書を持って、高橋さんはコンサルタント会社社員と他の都市銀や地銀、信用金庫を回り、残りの資金調達について、融資のめどをつけていった。

こうして融資を受けたのは計六金融機関、約束された融資額は、当初の目標の七〇億円を超える一〇七億円となった。「実際には三七億円余ったので『返却』の手続きをとりました」と高橋さんはこともなげに言う。

それでも、東京都のスーパーエコタウンに手を上げた時、都から「金融機関から関心表明書を取って下さい」と指示されたことには、さすがの高橋さんも驚いた。関心表明書とは、金融機関が対外的に発出する事業への関心、融資検討の実施について表明する文書のことをいう。

銀行は、高俊興業が、スーパーエコタウン事業に選定されたあとでないと融資できないとしていたが、東京都は、その前の段階で、銀行の確約に類したものを必要としていた。高橋さんは、金融機関を頼み回り、関心表明書を書いてもらい都に提出した。

なぜ、高俊興業が、スーパーエコタウンの第一号になれたのか、その理由について、高橋さんが「実は」と言って、こんな秘話を明かしてくれた。

「石原知事の指示があったのかどうかはわかりませんが、私が応募する前に、副知事自ら市川エコ・プラントを視察に来られたことがあったのです」

この話をする前に、当時の東京都とエコタウンの状況を説明しよう。

エコタウンは北九州市と川崎市で先行した

エコタウンは、通産省が静脈産業の施設を集積させ、廃棄物のリサイクルを進めるための基地とした「エコタウン構想」を温めたもので、全国の先頭を切って九七年に北九州市、川崎市、岐阜県、長野県飯田市が認定された。それ以後、全国に拡大し、今では北海道から九州まで二六地域に六二施設があり、地域の資源循環の基盤を形成している。

中でもエコタウンの優等生と呼ばれるのが北九州市である。六〇年代の激甚な公害を体験し、それを克服した市は、九五年から二〇〇〇ヘクタールの埋め立て地の使い方を産業界と市で勉強会を開き、静脈産業を中心に位置づけた。公害を克服した経験をもつ北九州市には、技術ノウハウの蓄積もあった。エコタウン事業を、あらゆる廃棄物を他の産業分野の原料として活用し、最終的に廃棄物をゼロにするゼロエミッションを目指し、資源循環社会の構築を図る事業と位置づけている。

同じく政令指定都市である川崎市は、臨海部一体を対象区域にし、廃プラスチックをアンモニア製造の原料にしている昭和電工川崎製造所もこれに組み込み、家電リサイクル施設、廃プラスチックからボードを造る施設など一一施設がある。九〇年代の不況を経て、北九州同様、静脈産業に乗り出す重厚長大産業の思惑と、産業都市としての地盤沈下を防ごうとする市の意向が一致してできた。

副知事が市川エコ・プラントを視察した

こうした動きに刺激されたのか、その後、石原慎太郎東京都知事は、「首都圏再生緊急五か年一〇兆円プロジェクト」を国に提言した。その一つに「首都圏スーパーエコタウン」があった。

提言は、一都三県が共同で新たなリサイクル施設、廃プラスチック発電・風力発電などエネルギー施設の立地誘導を歌っていた。国は、総理を本部長とする都市再生本部を設置し、「大都市圏におけるゴミゼロ型都市への再構築」をまとめた。

しかし、この都の首都圏スーパーエコタウン構想には、首都圏の都市は冷ややかだった。すでに川崎市が一九九七年、千葉市が二〇〇一年に認定を受け、いまさら連携して事業を行う意味はなかった。

結局、都は、この提言をもとに〇二年四月に現在の土地で募集を始める準備を進めた。

ただ、土地は二カ所あったが、合わせてわずか一三ヘクタールしかなく、「スーパーエコタウン」の名とは隔たりがあり、おまけに土地代は高いときていた。だから果たしてどれだけの応募があるかという不安が、都の担当者にはあった。

その募集が始まる少し前、東京都から数人のグループが高俊興業の市川エコ・プラントを視察に来ていた。黒塗りの公用車を出迎えた高橋さんの前に現れたのは、環境局長らを従えた副知事だった。熱心に施設を見て回り、見終わった時には予定時間の二倍もすぎていた。

副知事が口を開いた。「エコタウンの担当は私なんです」。高橋さんは、この時初めて、都の提言をもとに都がエコタウンを造ろうとしていることを知った。もちろん、本社のある東京都内にリサイクル工場をつくるのは長年の夢だったから、何としても造りたいと思った。

まもなく、高橋さんに都から呼び出しがかかった。副知事が会いたいと言っているという。副知事室を訪ねると、副知事が、市川エコ・プラントをほめた。

高橋さんは、恐縮しながらもこう答えた。「あれ以上のものを目指しています」

実は、東京都は建設廃棄物の選別施設を想定してこの計画を進めていたのである。しかし、どんな処理業者が手をあげるのかがわからず、そもそも選別とは何かをよく知らない。そこで事前にリサーチし、技術の内容を確認していたのだった。

高俊興業は、スーパーエコタウンの第一号として認可され、二〇〇四年一二月に工場が竣工した。他の進出業者が頼った国の補助金を申請しなかった。高橋さんが高精度選別と呼ぶ装置に対する補助制度がなかったからである。

食品廃棄物のバイオガス化をはじめ、幾つかの他社のプラントには巨額の補助金が投入されており、選別によって、廃棄物がリサイクル製品や資材になり、最終処分量を減らし、循環型社会づくりに大きく貢献するということが、国には理解されていなかったようだ。

しかし、高橋さんは意に介さない。政治家に頼めば良かったじゃないか、という声に、こう反論する。「そういうのは、好きじゃないんだ。不可能と言われるものを可能にしないとだめだし、それをやってこそ価値が生まれる」

混合廃棄物のままなら、最終処分場に持ち込むしかないが、選別し、品目ごとに純度を高めていくうちに、そのものの品質が高まり、良いものは有価で販売、有価でなくても再資源化物として引き取ってくれるようになるという。

第三工場の夢の実現へ

東京臨海エコ・プラントの、混合廃棄物（一〇万トン）のリサイクル率は、木屑、紙屑、金属屑、繊維屑（畳）が一〇〇％、廃プラスチックが八七・一％、がれき類・ガラ・陶器類が八九・二％。全体では九一・九％と非常に高率だ。反対に埋立率は八・一％と少ない。市川エコ・プラントもほぼ同等の数字である。

二〇二二年五月、本社の会長室に高橋会長を訪ねると、「こんなのが見えるんです」と言って、机にあるパソコンの画面を私に見せた。

破砕機が、がれきを破砕しているのが映し出されている。「工場の制御室でモニターに映し出された映像が、そっくりここで見ることができます」。臨海エコ・プラントと市川エコ・プラントを眺める目は、まるで、愛しい子どもを見つめるように優しい。

高橋さんは二〇一五年に社長の座を長男の潤さんに譲り、会長になったが、その後も毎日、会社に出勤する。会長室に着くと、パソコンを立ち上げ、まず、画面に映し出された二つのエコ・プラントが快調に稼働しているのを確かめる。

高橋さんが言う。

「私は『選別は命だ』と言っています。でも選別は地味な仕事。社員が毎日取り組んでくれているが、何のために選別するのか。選別で何ができるのかきちんと理解しないといけない。理解できないと作業が嫌になってしまいます。当面はリサイクル率九六％を目標にし、さらに上を目指したい。

メーカーもそのための開発を進めていますが、廃棄物処理の現場を知ることが基本です」

いま、社内にプロジェクトチームをつくり、次の第三工場の検討を始めている。東京臨海エコ・プラントが竣工して一八年。そこでの技術の蓄積も進んだ。選別はどう進化していくのか。

「AI・ロボット化についても検討していますが、本当の意味で実現させるには土砂混じりの廃棄物の現場に入り、廃棄物を手にとって研究・開発しないといけません。僕らも『これぐらいは（いいか）』と流されることを自戒しなきゃいけない。たゆまぬ学習が必要です。人は中央にごみは地方に流れるという時代がありました。いま、僕は、中央から資源が地方に流れ、それを地方の工場が製品をつくる時代だと思います。資源からの製品造りを地方が担う時代が来ることを期待しています。そしてその基本として支えるのが高精度選別という行為なのです」

会長亡きあと、会社の発展を誓った社長

二〇二二年九月二三日、中野区の斎場に、約六〇〇人の弔問客が訪れた。高橋社長と葛西常務が受付の前で、弔問客に頭を下げ、お礼のことばを述べている。

高橋俊美会長の葬儀告別式であった。享年七二歳。早すぎる死であった。数年前にがんが見つかり、治療を受けながら、会長の仕事を続けていた。切除したがんが肝臓などに転移し肝硬変に。九月一四日、家族に看取られて亡くなった。

社長の潤さんが言う。「一人で青森から出てきて、何もないところからのスタートでした。負けず嫌いで、馬力があった。雑草魂と呼んで、大きな壁を一つひとつ乗り越えていきました。責任感が強く、社員をしかることはあっても、ちゃんとフォローし、励ましていました」。

葬儀には、取引先や処理業者、自治体関係者が、花を手向け、その死を悼んだ。「おやじ」と慕った成友興業の細沼社長は、泣きはらした赤い目を向け、私に言った。「私にとって特別の人。会社だけでなく、業界や協会、そしてみんなのためにやった。あんなおやじに、私はなれない」

告別式は、最後に喪主の潤さんが挨拶した。この斎場は、創業した時のアパートに最も近いところを選んだと明かし、俊美さんが青森県の五所川原から上京し、会社を創業したことから語り始めた。「創業の原点に立ち返り、社員一同、一丸となって社業に努めてまいりたいと思います」と結んだ。

その原点、東中野のアパートの近くに小滝橋がある。生前、高橋俊美さんも、原点という言葉をよ

「選別は命です」と語る高橋俊美会長

「高俊興業をさらに発展させていきたい」と語る高橋潤社長

く使った。「私はね、その原点を忘れないようにと、本社をいまも中野区に構えているんです」。その志は、潤社長にりっぱに受け継がれていると言ってよい。

さて、これからの高俊興業はどうなるのか。忙しい勤務の合間をとって会ってくれた高橋社長は、こう述べる。「三つのことを変えてはいけないと思っています。一つは、不可能を可能にする精神力。二つは、選別技術へのこだわり。三つは、一枚岩となって業務を行うこと。父が残したこの三つを肝に命じ、社業に取り組んでいきたいと思います」

循環経済社会に向けて、どう選別技術を磨き、発展させ、新たな飛躍を求めようとするのか。高橋社長は、会長の志を継ぎ、密かに新たな高精度選別再資源化施設に挑戦したいと思っている。

第四章の扉の写真説明・(右上) 東京都大田区にある東京スーパーエコタウンの東京臨海エコ・プラント内の中央操作室。コンピュータで管理し、パネルが選別の状況を示す・(左上) 東京臨海エコ・プラントの複雑な装置類のそばに、選別された物のサンプルが置かれていた・(下) 東京臨海エコ・プラントの車両出入り口。

（左上）東京都大田区にある東京スーパーエコタウン第一号の東京臨海エコ・プラント
（右上）プラント内は複雑な選別装置群をベルトコンベヤーでつないでいる
（右中）選別の過程で取り出した最軽量物など
（下）搬入された建設廃棄物は、重機と手作業で粗選別される

（右上）選別機が複雑に入りくむ
（左上）市川エコ・プラントの構内で、重機で選別する

（右下）市川エコ・プラントの選別ライン。作業員が異物を取り除く
（左下）市川エコ・プラントの処理施設の構内

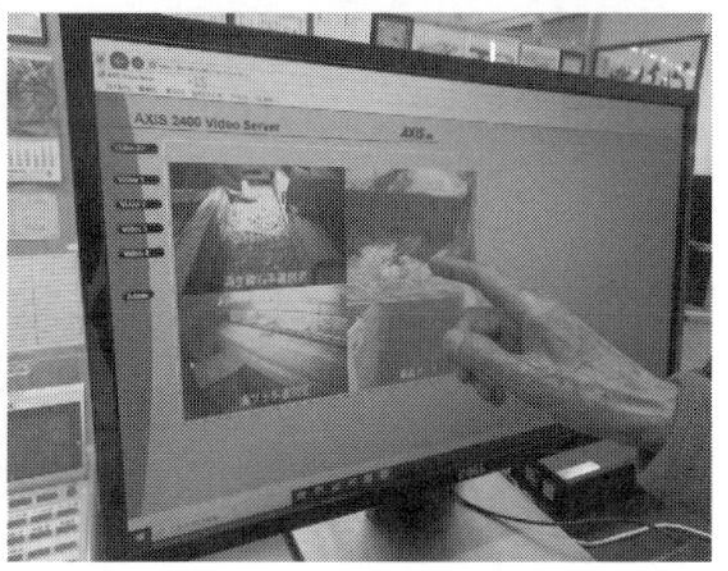

（右上）市川エコ・プラントの中央操作室。コンピューター管理されている
（左上）選別工場のプラントの一部
（右下）「こんなふうに選別されるんです」と、高橋会長が本社の会長室のパソコンで、エコ・プラントの選別の様子を見せた
（左下）市川エコ・プラントの中央操作室のモニターが破砕、選別の様子を映し出していた

第五章

技術開発進め、処理業から製造業に進化する大幸グループ

大阪ベントナイト事業協同組合の堺プラント

トンネルや道路、ビルなどの工事現場から発生する建設汚泥は、年間六〇〇万トンにものぼる。建設汚泥は産業廃棄物とされている。外観がよく似たものが同じ建設現場から出る建設発生土。こちらは水分を含む率や強度を表すコーン指数によって第一種から第四種まで分かれ、四種になるに従い、水分が多く、泥状になってくる。建設汚泥は、それをトラックに積載した時に歩けないような状態のものをいうとされている。

土のように見える汚泥を積み上げると、雨が降るとどろどろになって流れ出て、災害の危険性もある。しかし、一方で、異物や有害物を取り除き、石灰をまぜて水分を減らし、薬剤を入れて再泥土化を防止し品質を向上させる（安定処理）と、使い勝手のよい埋め戻し材などにリサイクルすることができる。以前は、建設現場から出た建設汚泥は、最終処分場に埋め立て処分されていたが、そんなことを続けていたら、処分場は逼迫してしまう。そこで建設汚泥を原料にリサイクル製品を製造する試みが始まった。

大阪にある大幸工業（浜野廣美社長、大阪市住之江区）と大阪ベントナイト事業協同組合（浜野廣美理事長、同）などからなる大幸グループは、この汚泥のリサイクルに取り組んできた業界の代表といってもよい。だれも考えもしなかった時代に、再生利用を打ち出し、研究開発に取り組み、埋め立て処分から脱し、リサイクルの道を切り開いてきた。汚泥処理業界のリーダーである。どんなふうにリサイクルしているのか、まずは現地を訪ねて見よう。

大阪・なんば駅から南海電車に乗って和歌山に向かって南下する。石津川駅で降り、タクシーを大阪湾に走らせると埋め立て地が広がる。関西電力の発電所や製油所をみながら、堺泉北港に入る。大阪府堺市西区のバースのそばに、「大阪ベントナイト事業協同組合」の名前の建物が見えた。

ダンプトラック、ブロアー車やセメント運搬車などがひっきりなしに出入りする。事業協同組合は、大幸グループのメンバーで、大幸工業社長の浜野廣美さんが理事長を務める。ここの堺プラントで汚泥から改質土の「ポリアース」と、流動化処理土の「ポリソイル」を製造している。大幸工業は、建設現場から建設汚泥をここに運び、リサイクル製品をユーザーの元に提供する運搬事業を担っている。

汚泥から造る高品質のリサイクル製品

この堺プラントの工場長は山田修一さんが務めている。この日は、大幸工業リサイクル推進室の大前延夫さんが、私を案内してくれた。大学を卒業してゼネコンに務めていた時代に、京都大学大学院に学び博士号を取った土の専門家だ。

「一概に土と言っても地域によって性質が異なります。関東は関東ローム層で火山が噴火して堆積（たいせき）したもので細かい土（火山灰）が多い。関西は、マサ土です。火成（花崗）岩が風化し、降雨などで流出し平野部に堆積した扇状地が大阪平野です。このように、建設発生土、汚泥といっても地域によって相当のばらつきがあります。そのばらつきを抑えながら、客先のニーズに合った品質の製品をつくる。製品の品質を保証する（マニファクチャリング）ことに難しさがあります」

「埋戻し材は、一九六〇年代までは海砂など良質材がありましたが、海洋環境に悪影響があることから、七〇年代に規制され、山砂採取に変わりました。これでもまだ自然環境破壊を伴います。関西では、関西空港の人工島の土は大阪、和歌山と淡路島などから供給されましたが、大規模な、あまりの自然破壊に、これが最後となりました。いまはそんな行為は許されません。一方、六〇年代、七〇年代に建てられた建物が建て替え時期になり、建物の解体により発生するコンクリート塊は、リサイクルの用途が偏っています。また、建設汚泥の利用は、国土交通省がいうほど進んでいません」

では、その汚泥はどんなリサイクル製品に生まれ変わっているのか。プラントのある構内にはダンプトラックやブロアー車が次々とやってきた。ヘルメットをかぶり、防塵マスクをした作業員が車を建物の中に誘導する。受け入れピットがあり、そこにダンプアップし投入する。汚泥は、水分が多く、びしゃびしゃの泥水状である。

二階建て処理で高品質を確保

大前さんは「持ち込まれた建設汚泥は二階建て処理です。一階は安定処理する再生土(ポリアース)、二階は流動化処理する流動化処理土(ポリソイル)です」と説明した。持ち込まれた建設汚泥の性状などにより、再生土の「ポリアース」か流動化処理土「ポリソイル」のどちらかに振り分け、最適な再生品への利用としている。

「ポリアース」の場合、受け入れピットで受け入れた建設汚泥は、バックホウで粗混合し、製造プランの投入ホッパへ投入する。固化再生施設では篩(傾斜篩と水平篩がある)で八〇ミリ以下に分級し、固化材を添加する。ごみなどの異物除去は磁選機(三基)で鉄屑、ごみ除去機で異物を回収。固化再生施設は密閉型ベルトコンベヤーで連結され、「ポリアース」は製品倉庫に保管される。

製品倉庫は約五〇〇〇立方メートルの再生土を保管でき、海上輸送にも対応できる。運搬船は一隻一〇〇〇〜一五〇〇立方メートル積載できるから、三、四隻分に当たる。「ポリアース」は、第二種処理土から第三種処理土の品質を確保している。

私が訪ねた出荷日は、積み込みバースにガット船が横付けされ、シップローダで製品を積み込んでいた。数時間で「ポリアース」が満杯となり，積み込み量の検収作業のあと、供給地に向かった。

流動化処理土「ポリソイル」の場合は、受け入れピットの汚泥の品質を確認し、解泥ピットで解泥、配管でポンプ圧送する。製造施設ではごみや礫分（れきぶん）を取り除き、回収した砂分は販売される。製造段階で密度と粒度などを調整した泥水は、調整泥水として貯水槽で撹拌（かくはん）・保管する。施設には、ロッドスクラバーと呼ばれる礫取り装置、砂分を回収する振動篩とごみを取るハイパーシェイク分級機が備えられている。

大前さんが解説する。「この製造段階で密度、粒度などを調整する流動化では、シルト分、粘土分、コロイド分に着目します。ベントナイトなどの粘土鉱物を添加し、コロイド分を調整します。ナノレベルの微粒子が水の中で牛乳のように白濁し、沈殿しにくい成分のコロイド状になり、泥水と混合させると安定した泥水となります。こうして分離しにくいなど要求品質を満たすことができるのです」

撹拌・保管している泥水に固化材の高炉セメントと混和剤を添加すると、「ポリソイル」が完成する。ポリソイルに、細骨材（コンクリート塊を粉砕製造した再生砂）を加えて混練すると、密度と強度を高めた細骨材入り流動化処理土の「ポリソイル」ができ、通常の細粒流動化処理土の「ポリソイル」との二種類になる。

「細粒流動化処理土」は強度が三〇〇ｋＮ／平方メートル以上～二〇〇〇同以下、「細骨材入り流動化処理土」は強度が三〇〇ｋＮ／平方メートル以上～一〇〇〇〇同以下に分かれ、細骨材を混ぜ密度を高めるブリージング（生コンに含まれる水が打設後に表面にしみ出してくる現象）率を下げるなど、ユーザーの求めに合った品質に調整する。これら一連の配合への混合・製造・保管に至る機械操作は、コントロール室で社員が管理し自動制御され、年間出荷量は四万～五万立方メートルという。

厳格な品質管理のもとで出荷

注文を受けた「ポリソイル」と「ポリアース」は、毎日の工場の試験と現地でのサンプリングで、注文通りの品質が確保されているか検査している。「ポリソイル」は、まだ固まらない段階の品質（材料分離性、流動性など）を検査する。「ポリアース」は、受け入れピットから固化再生施設の投入ピットに搬入し、脱水と固化材添加による安定化処理から、異物を除去し製品倉庫に貯蔵される。製品倉庫の製品を採取し、含水比とコーン試験による材料強度を確認し安定処理の品質を確認する。

品質管理室では、受け入れた建設汚泥の溶出試験（六品目）など、受け入れ検査やポリソイルとポリアースの製品の出荷時の溶出試験（二七品目）を行っている。「流動化処理土ポリソイル」や「再生土ポリアース」は、要求された品質を確保しないと納品できない。

一つの例として、大前さんは、再生土の品質検査の一つコーン試験を見せてくれた。金属の三角錐のコーンを金属の器に締め固めたポリアースに貫入させ、五センチめり込ませるまでの深さの段階でどの程度の強度を示したかを調べる。「コーン貫入強度」と呼ばれる固さを調べるこの試験は、「コーン試験」と呼ばれる。試験を実演してくれた社員の試験担当者は「含水率は三〇～四〇パーセントなので、十分な強度を保っています。製品としてOKです」と言った。

不要になった水道管の充填（じゅうてん）などに利点

「ポリソイル」は、流動性の高い性質を活かし、地下の空洞のような狭隘（きょうあい）な空間や、擁壁背面、護岸の埋め戻し、埋設管の埋め戻しなどに使うことに適している。「固くなってしまうようだと、強度が出すぎることになり、埋め戻した後、（将来工事現場を）掘削する際に困ってしまいます。締固めが不要など工事の手間もかからず、将来の工事でも土と同様簡単に掘削できるところが、『ポリソイル』のよいところです」と大前さんは言う。

この「ポリソイル」（細粒流動化処理土）は、コンプレッサーとタンクを積んだブロアー車（バキューム車と同型）で運び、工事現場の施工箇所にホースで直接流すことができる。アジテータ車（生コン車）を使う他社の流動化処理土より、一回に運ぶ量が多く、ポンプ車が不要という。

さらに大幸グループは、花王（株）の水中分離抵抗剤を使い、水と混じり合わない水中不分離の性質を持たせた「水中用ポリソイル」を開発した。不要になった水道管などに充填すると、管の残った水を押し出してしまい固まるため、不要な管をわざわざ掘り返して撤去する必要がない利点がある。

大前さんは「シールドトンネル工事や橋梁（きょうりょう）下の埋め戻しには、大量の埋戻し材（土砂など）を使うため、工期は長く、材料費と施工費などコストも高い。しかし、ポリソイルなら、これまで九回の打設が必要とされたのが二回で済むなど、工期の短縮とコストダウンが可能になります」と語る。こうした取り組みによって、処分する建設泥土を減らし，大阪湾に展開する公共処分場のフェニックスへの持ち込み量を減らすことに貢献したという。

ポリソイルは二〇〇四年から製造・出荷しており、建設現場で埋戻しの充填材として広く使われている。最近、大前さんが山田工場長や技術系社員らと開発したのが、「高密度ＬＳＳ（流動化処理土）」と呼ぶ流動化処理土である。高密度にするため、汚泥、再生細骨材とセメントを配合し、従来のポリソイルに比べ密度を一桁高めた。

大阪ベントナイト事業協同組合の山田修一工場長（右）と大幸工業の大前延夫さん

これによって、ビルの建て替えの場合、地下室の空洞部分を埋めて新築の地盤として利用すると、地下室の撤去が不要となると同時に、上物の解体ができ、地下室の解体と搬出も不要となる。工事費も安くすんで工事が早く進むという。「充填後に上物の解体が終わり、基礎工事で充填したポリソイルを再掘削して除去することになっても工事は容易で、回収後に再利用も可能です。現場で使い、期待通りの結果が出ています」と話す。

南港処理センターで汚泥、廃酸、廃アルカリの再資源化

事業協同組合には堺プラント、泉プラント（大阪市住之江区）、南港処理センター（同）の三つの処理施設がある。

南港処理センターを訪ねた。大幸工業から西に進み、かもめ大橋の手前の一角にある。工場長の賀戸貴之さんが案内してくれた。センターでは、建設汚泥だけでなく、工場から出た汚泥、廃酸、廃アルカリも引き取っていた。汚泥は、化学工場などから排出されたものなので、カドミウム、鉛、ヒ素などの有害物質が含まれている。汚泥は土砂脱水篩から中和槽へ送る。この中和槽には廃酸と廃アルカリも送られ、混合槽からラインミキサーへ。さらにシックナーで撹拌し、フィルタープレスで脱水し、脱水ケーキにして埋め立て処分場に埋め立てられる。

このセンターは用地が制限されているため、装置類を縦に積み上げる方法がとられた。賀戸さんは

「廃酸や廃アルカリを扱っていることや海の潮風で、装置や施設の金属が腐食されやすい。定期的な交換が必要ですが、できる限り自分たちでできるものはやっています」と語る。このセンターも、堺プラントと同様にコンピューターで制御され、制御室があった。

こうして堺プラントと南港処理センターを見ると、捨てるしかないと思える汚泥が、貴重な資源のように見えてくる。先に見た高俊興業のプラントと似ているのは、ここでも分けるという作業が基本にあるということだ。汚泥から汚泥と土に分け、粒の大きさによって分級し、品質を高めていく過程は同じである。

これまで建設現場や下水処理場から発生した汚泥は、水分を減らし、固化剤で固めた後、埋め立て処分や焼却処理されてきた。私はかつて千葉県と埼玉県で汚泥の処理施設を見たことがあるが、いずれも野外の作業で、装置というのもおこがましいような鉄製の容器にセメントを投入し、改良土にしていた。

ある業者は悪びれることなく、「建設汚泥は産業廃棄物だから、脱水したあと、管理型処分場に持ち込まないといけない。受け入れ料金が一万円以上するからとても持ち込めない。だから、改良土の名称で残土処分場に持ち込んでいる。どこの業者もやっていることだ」と言った。

大阪ベントナイト事業協同組合のプラントは、そうした私の既成概念を覆すものだった。どうして産廃の汚泥をリサイクルしようと考えついたのか。大幸工業の社長と事業協同組合の代表理事を兼ねる浜野廣美さんに話を聞くことにしよう。

先代の浜野清社長の遺志を引き継ぎ会社を発展させた浜野廣美社長。うしろは浜野清社長の肖像画

浜野清さんが創業した大幸工業

大幸工業の本社と事業協同組合の事務所は住之江区平林の大和川近くにある。社長の浜野さんがにこやかに出迎えてくれた。「先代からいろんなことを教えてもらいました。誠実で、ひたすら仕事に打ち込んだ人です。その先代の背中を見て仕事を覚えた。リサイクルにカジを切りましょうとの私の提案を受け入れ、巨額の投資を認めてくれました。先代の決断がなかったら、いまの大幸グループのリサイクル事業は存在しなかったに違いありません」

浜野さんは、創業者で義理の父でもある浜野清さん（故人）のことを真っ先に出した。その創業者の生い立ちと歩みを追わないと、秘密は解けそうにない。

浜野清さんは、一九三七年、大阪府泉佐野市（当時佐野町）の農業を営む奥野家の次男として生まれた。戦争で大阪の中心部は一面焼け野原になったが、奥野家は難を逃れた。

一九四八年に泉佐野市となったこの地域は戦前から紡績業が盛んで、戦後の立ち直りも早かった。その紡績機で布を織るのに使うのが、シャトルと呼ばれる道具。織るときに縦糸の間に横糸を通すのに使う。清さんの叔父がシャトルの製造会社を経営していた。

学校を卒業すると、清さんは、その工場に勤めることになった。紡績業は敗戦の痛手から立ち直ろうとしていた産業界の牽引車であり、輸出産業の代表でもあった。活況を呈するなか、清さんは会社で働き始めたが、そこで運命的な出会いをする。後に妻となった浜野セツ子さんとの出会いである。

セツ子さんは、一九三五年に浜野家の次女として同じ佐野町に生まれた。浜野家はイワシの稚魚であるイリジャコ漁の網元だった。セツ子さんは学校を卒業すると、「外で働きたい」と両親に頼み込み、近所にあったシャトルの製造会社に勤めた。その職場に清さんがいて、若い二人はお互いに親近感を抱くようになった。

大幸グループの社史『未来への飛躍　大幸グループ50年の歩み』によると、ひかれ合った二人は、休みの日には、泉佐野駅前にあった映画館に行ったり、ダンスホールで手をとりあったりしていたという。

二人は結婚を誓い合ったが、長女が嫁に出ていた浜野家の条件は、清さんが入り婿として浜野家に入ることだった。奥野家はそれを認めようとしなかったが、二人が浜野家で暮らすようになり、長女が生まれると、結婚を認めてくれた。

働き者の清を見込んだ義兄の援助で起業

製造会社で働きながら、休みの日にも別の仕事に精を出す清さんを、近所の住人たちはほめちぎった。賭け事もせず、まじめな清さんの人柄を見込んだ義兄がこんな話を持ちかけた。

「資金を出してあげるから、大阪市内でガソリンスタンドのピット（洗車場の油分離槽）の清掃事業をやってみないか。開業資金は援助してあげる」

清さんはその提案を受けることにした。一九六三年のことである。日本は高度経済成長が始まっていた。トヨタ、日産をはじめ、日本の自動車メーカーは国の保護政策の支援を受け、増産につぐ増産を重ね、モータリゼーションの波が始まろうとしていた。翌年に東京オリンピックを控え、東海道新幹線の建設が急ピッチで行われ、各地でビル建設の土音が響きわたっていた。

二六歳になっていた浜野清さんは、大阪市天王寺区で「大道商事」を開業した。車三台を擁し、七人で清掃事業を始めた。ピットの清掃作業は、ガソリンスタンドが閉店してからの夜の作業であった。間もなく大手のガソリンスタンド経営の会社との契約に成功した。

浜野さんはさらなる飛躍を頭に描いていた。東京は東京オリンピックでわいたが、商都と言われる大阪では、東京に対抗するように一九七〇年に大阪万博が開催された。そのにぎわいに引きつけられるように、浜野さんは、その年の九月「大幸工業株式会社」を設立した。

大阪万博に向けて、「千里ニュータウン」の巨大造成工事、大阪南部では「泉北ニュータウン」の造成と、大阪は開発ラッシュにわいていた。それを見て、浜野さんは、造成工事を請け負う事業に乗りだそうと考えた。会社の事務所は大阪市住之江区のマンションの一室に置いた。ピットの清掃事業の会社からも、浜野さんを慕って主要メンバーが移ってきた。

しかし、建設業界は、ゼネコンを頂点に、一次下請け、二次下請け、三次下請け、さらにその下と重層構造である。思ったほど利益は出ず、おまけに危険な仕事であった。

一年で見切りをつけた浜野さんが目をつけたのが、制定されたばかりの廃棄物処理法だった。造成工事に携わる工事会社が建設汚泥の処理に困っているのを見て、汚泥の処理業を始めることを決心した。これまで携わっていたガソリンスタンドの油水分離槽の清掃で身につけた技術が役に立った。

義兄から借りたタンク車一台で会社をスタートさせ、経理は妻のセツ子さんが担当した。依頼された暗渠や下水管の清掃を行い、回収した汚泥を最終処分場に運ぶ仕事に明け暮れた。汚泥が溜まって困っていた業者は多く、「きれいにしてくれた」「汚泥を持っていってくれる」と感謝の言葉をもらった。その評判が拡がり、注文が殺到し、浜野さんは社員と車両を増やしていった。

廣美さんの入社

七三年春、ブロアー（吸引）車、タンクローリー車など約一〇台を所有し、従業員三〇人までに成長した大幸工業に、徳島県の高校を卒業したばかりの只安（ただやす）廣美さんが入社した。一九五四年生まれの一八歳、ニューフェイスだ。

廣美さんが当時を振り返る。

「徳島県三好市の出身なんですが、高校の先輩に大幸工業の社員がいました。その先輩が、『男気のある会社や。うちに来ないか』と誘われました。面接した浜野社長は、『お前は目が生きてるから、明日から来い』と。面接は一〇分で終わりました。それから汚泥を最終処分場に運ぶ仕事が始まりました」

廣美さんが入社した二カ月後の同年六月、浜野清社長は会社を現在の本社近くの住之江区平林に移した。ここに建設汚泥の中間処理施設を造ろうというのだ。

工場は、砂と汚泥を分けるロータリー式砂分級機、撹拌するシックナーなどをそろえた本格的な中間処理施設である。ただ、最後に絞って脱水するフィルタープレス機は、全国どこにも存在しなかった。

浜野社長は汚泥を処理しているところを見て回った。その一つに関西電力に納品している電柱につけるガイシの製造工場があった。工場では原料の陶石、長石、粘土、アルミナなどを細かく砕いて混ぜ、水を加えてさらに混ぜたあと、異物を取り、織布を使ったプレス機で水分を絞りとったあと、円筒状にしていた。

「これだ」と浜野さんは思った。粘土を使ったこの製品の作り方は汚泥に応用できる。汚泥の水分を抜くため、焼成という手もあるが、処理費がべらぼうにかかる。でも、これなら安くすみ、しかも効率的だ。そのアイデアを愛知県常滑市の（株）牧野鉄工所（現マキノ）に持ち込んだ。浜野さんの指示を受け、社長の右腕で、後に副社長となる山下清志さんが鉄工所に汚泥を運んでは、うまく絞れるかテストを重ねた。

廣美さんが当時を語る。

「先代のアイデアは豆腐づくりなんです。ミルクのような豆乳ににがりを入れると固まってくるでしょう。それを布巾（ふきん）で絞る。あれです。にがりというのは凝集剤のこと。我々も凝集剤として生石灰をつかって、それを絞る。豆腐の製造と原理は同じです。もちろん、簡単にやれたわけではなく、先代は大学の研究室を訪ねては相談していました。その研究熱心さにほだされ、学者も協力してくれます。そんな処理業者は当時、どこにもありませんでした」

完成したフィルタープレス機が本社工場内に設置された。それを浜野さんと山下さんがまぶしげに見つめる。社長は、毎朝出勤すると、正常に動いているか確認するのが日課になった。

絞ったあと固形状になった脱水ケーキを、堺第7―3区の公共最終処分場に持ち込もうとした。しかし、処分場を管理する大阪府は、「受け入れ品目にない」と許可を出してくれなかった。浜野さんは安全性などの証明に力を注ぎ、許可を得ることができたが、それまでの間は民間処分場に頼るしかなかった。

大阪府によると、一九七七年度の産廃一一三二万トン（当時は品目が限定されていた）のうち、汚泥は四〇三万八〇〇〇トン（三二・八％）と最も多い。続いて鉱滓三〇二万六〇〇〇トン、建設廃材二〇五万四〇〇〇トンの順だった。汚泥の発生元を見ると、製造業が二八八万トン、建設業が三八万七〇〇〇トン、下水道が二八万トン、上水道が二三万二〇〇〇トン、鉱業が二一万三〇〇〇トンである。

大阪ベントナイト事業協同組合を結成し、大阪市から土地を借りた

産廃汚泥の処分先に困ったのは、民間事業者だけではなかった。大阪市の元職員は「公共工事から出た建設汚泥の処分先に困り、建設現場に下水道局の職員を立ち会わせ、下水道に汚泥を流して処分することもあった」と明かす。

急増する汚泥の処理に困っていた大阪市から、大幸工業に、他の業者の汚泥を受けてくれないかと打診があった。受け入れが可能となる中間処理施設を造ってくれるなら、市が南港に所有していた清掃工場の隣地を有償で提供してよいという。公有地を民間企業に払い下げできないが、事業協同組合なら可能だという。

浜野さんはその話を受け入れた。収集・運搬業者に呼びかけ、応じた七社（南野商店、新大道、上岡商店、石井商店、村松商店、能島環栄社、冨田産業）と、一九七四年、大阪ベントナイト事業協同組合を設立し、浜野さんが代表理事になった。

設立と同時に、組合は、大阪市から「汚泥収集・運搬」と「汚泥の中間処理」の業の許可を得、大

幸工業も大阪市から産廃の収集・運搬業の許可を取得した（翌七五年に大阪府から汚泥の収集・運搬の許可）。こうして収集・運搬、契約・販売は大幸工業、中間処理は事業協同組合という役割分担になった。組合の名称の大阪ベントナイト事業協同組合の名称は、相談した担当課長の「ベントナイト（bentonite、粘土の総称）を扱うのだから、大阪ベントナイトがいい」との助言がもとになっている。

浜野廣美さんはこう振り返る。

「多くの業者が田んぼや河川への投棄に走り、ヘドロだらけになる中、先代は、『こんな状態を何とかしないといかん』と言っていました。そんな一途な思いが本格的な中間処理のプラントの建設になりました。南港のポートタウンの造成に脱水ケーキを使えるようになったのも、大阪市から信頼されていたからです。その頃、私は、ブロアー車で建設現場から民間の処分場に運ぶ仕事に精を出していました」

事業協同組合は、一九七五年大阪市から土地を取得し、二年後に南港処理センターが竣工（しゅんこう）した。それまでは、平林の本社で汚泥の処理プラントを動かしていたが、周辺で住宅開発が進み、操業を続けることが難しくなっていた。

完成した処理センターは、敷地面積一五〇〇平方メートル、総事業費三億円。八時間で二五〇トンの建設汚泥の処理能力があった。凝集沈殿装置からロータリー砂分級機をへて、シックナーで撹拌し、リールフィルタープレスで脱水という流れである。下水汚泥の処理を手がけていた大阪市から技術指導を受けるとともに、本社工場での経験を生かした設計となっていた。同社はその後、設備を増強し、さらに工場から排出された汚泥の処理も手がけるようになり、八三年には廃酸・廃アルカリの処理に手を広げた。

処理業者に声かけ、処理組合を結成

浜野社長は一方で、処理業者が団結して組合をつくらないといけないと思っていた。一九七六年、浜野さんら同じ思いを持つ処理業者が集まり、一九七六年一〇月任意団体の大阪府産業廃棄物協会が結成された。大阪府内の中間処理業と最終処分業の三五社と収集運搬業の七三社が加盟した。不法投棄は絶対に行わず、適正処理につとめることを申し合わせ、不法投棄に手を染めた業者は退会させ、結束を図った。初代の理事長は公認会計士で最終処分業もしていた大仲清さんが就任し、浜野さんは副理事長に選ばれた。

浜野さんは、二年後の七八年に全国組織の全国産業廃棄物連合会が設立されると、理事に就任し、東京と大阪を往復する忙しい日々が続いた。大阪の組合もその後、事業協同組合に改組され、八七年には浜野さんが理事長に就任し、業界の社会的な地位向上と業界のレベルアップに向け、活動した。協同組合はやがて大阪府産業廃棄物協会となり、浜野さんは会長に就任した。その地位を自分の事業に利用せず、業界のために献身的に動く姿は、連合会の太田忠雄会長から高く評価され、後継者として厚い信頼を得ていった。

堺第7－3区が建設汚泥を受け入れてくれた

八一年五月、これまで汚泥の受け入れを認めてこなかった最終処分場の堺第7－3区を運営する大阪産業廃棄物処理公社が、事業協同組合の汚泥の搬入を認めた。

大阪府の公文書館に保存された当時の記録を見ると、月四〇〇〇トンの搬入を申請した組合に対し、処理公社は▽含水率四五％以下▽埋め立て地での押土等に際し、埋め立て工法上支障のない程度まで処理されていること▽建設汚泥以外の廃棄物を混合して処理したものでないことの三つの条件をつけている。

さらに公社と大阪府、堺市で構成する協議会の報告書は、組合の申請の経緯と審査結果についてこう記す。

「施設の処理能力は日五三〇立方メートルであるが、処理量は日三〇〇立方メートル程度である。大阪市南港造成地で受け入れ制限により、今回申し込みがあった。行政分析の結果、有害物質は検出されず、含水率は三五～四〇％であった。（同業の）大阪環境事業組合と同じく、特別の受け入れ基準を定め、それに違反した場合は市が指導するものとする。なお、大幸工業が処理をする廃酸については、市が事前にその無害性のチェックを行うものとする。建設業汚泥固化物として適とする」

堺第7―3区を運営する大阪産業廃棄物処理公社は、七一年二月大阪府と大阪市が500万円ずつ出して設立された。7―3区は堺市にある二八〇ヘクタールの海面処分場で、七四年二月に竣工した。受け入れは、大和川以南の大阪府と堺市の公共事業から出る土砂とがれきの持ち込みから始まり、同年六月から、大和川以南の府、市町村、国、公社公団の事業と堺市内の民間事業に拡大された。七七年からは無害の汚泥、廃プラスチック類、ゴム屑、無害のダスト類、中間処理後の無害な廃棄物も加わり、搬入量もトラック一日五〇〇台以内から一五〇〇台以内に増えた。

搬入量は、七五年度の四六万六二〇二トンから七八年度には計一五六万七二〇六トンに増えた。八一年には大阪産業廃棄物中間処理センターも完成し、さらに有害汚泥や有害ダスト類の固形化施設や有機性汚泥の固化施設、廃油・油泥の焼却施設もできた。

個別の産廃の受け入れは、公社と府、堺市で構成する三者協議会で決まった。排出事業者は、申込書と分析機関が行った溶出試験の分析結果証明書を提出するが、公社職員が排出事業者を直に調べることもあった。

民間の処分場に頼るしかなかった浜野さんは、公共処分場が受け入れを開始したことで、事業をさらに拡大していく。浜野さんはそれに満足することなく、次にリサイクルに方向を定めた。再生資源として、土の代替品にできないものか。大学の研究室を訪ねては、研究者に相談し、質問責めにした。その熱意に打たれ積極的に協力しようという研究者が増え、同社は徐々に研究開発の体制を整えていった。

環境対策協議会を立ち上げる

廣美さんは、浜野社長の背中を見ながら、現場、運搬、営業、総務と経験を重ねてきた。自ら率先して仕事を引き受け、ねばり強くこなしていく仕事ぶりと、誠実な性格から、社長の長女、順子さんと結ばれることになる。清さんが浜野性になったように、廣美さんも只安から浜野姓に変わった。

一九八九年に三五歳になったばかりの廣美さんは常務取締役に昇進、浜野社長の長男で専務の清彦さんとともに社長を支えた。しかし、九一年に清彦さんが交通事故で亡くなり、その後は、廣美さんが社長を支え続けることになる。

大阪湾での海面処分場は、埋め立てが進んだ堺第7―3区から、新たな公共処分場に変わろうとしていた。一九八二年に近畿の自治体が出資し「大阪湾広域臨海環境整備センター」が設立された。

一九八七年に兵庫県尼崎市沖で埋め立て処分場が着工したのを皮切りに、泉大津沖、神戸沖など次々と海面処分場が造られていった。ここには一般廃棄物と並び、産業廃棄物も持ち込まれ、産廃の巨大な受け皿になった。

もちろん、固化処理された建設汚泥も持ち込まれることになるが、浜野廣美さんは、埋立処分することが当然視されていた風潮に違和感があった。

浜野廣美さんの頭にあったのは、環境保全と再生利用の二文字だった。環境保全は、実際に行われている業界の不法投棄や不適正処理の横行を何とか改めたいという熱意から来ていた。当時は、汚泥の発生元から「穴を見つけて処分してこい」など、違法行為を指示されるような時代。大幸工業は、清社長の指示のもと、適正処理を貫いていたが、業界でそんなことがまかり通っているようでは、適正な処理費を請求できなくなる。

浜野廣美さんは、仲間を募って、勉強会をしたり、排出事業者に対する講演会、ボランティアで道路の清掃活動をしたりする団体、「環境対策協議会」を任意で立ち上げ、自ら会長になった。九四年の発足時は五三社でのスタートだったが、現在一〇〇社にまで増えている。

ビジネスに直結しないが、この活動の中で新たな出会いがあり、処理業と排出事業者、行政、地域住民が信頼関係を築く場となる。

再生利用・リサイクルの実験プラントを創設

「社長、こんなことをしていたら最終処分場が逼迫（ひっぱく）し、続けられません」

専務になった廣美さんは、社長室でひたすら清社長を説得していた。

清社長が困ったように言う。

「おまえのいうことはよくわかる。でもな、それにはお金がかかる。泉プラントは造ったばっかりや」

廣美さんは、東京に出張するたびに、大学の研究室を訪ねては、再生利用について、最新の情報や知見を集めていた。一九九一年に廃棄物処理法が改正された。法律の目的を定めた第一条は「廃棄物の排出を抑制し、及び廃棄物の適正な分別、保管、運搬、再生、処分等の処理をし、並びに生活環境を清潔にすることにより、生活環境の保全及び公衆衛生の向上を図ることを目的とする」と、ごく控えめながら、「再生」の文字が入っていた。

具体的に「再生」を進める方策は、条文にはなかったが、第二〇条の二に「再生利用事業者」の規定が加わり、廃棄物の再生を業として営んでいる者は、厚生省（当時）の定めた基準に合っていれは、都道府県知事の登録を受けることができた。

廣美さんは、この再生利用がこれからの汚泥の中間処理の中心になると確信した。そして、これまで築いた大学や先進企業からもたらされた情報をもとに、汚泥から本格的な再生品を造る実験プラントを造りたいと考えた。

すでに建設省（現国土交通省）や東京都が公共工事現場内に発生した建設汚泥を再利用するためのプラントを設置し始めており、民間企業も従来のように最終処分場に持ち込んでいるだけではすまなくなってくる。民間事業者の先陣を切って取り組み、軌道に乗れば、大幸工業は大きく飛躍できるはずだ。

そんな考えのもと、熱弁をふるい続けた廣美さんに、ある日、清社長が根負けして言った。「わかった。やってみよう」

同じころ、廣美さんは他の業者たちに会い、リサイクル時代への思いと、それを体現するリサイクル製品造りの構想を伝えていた。しかし、反応はこんな調子だった。「あかんやろ」「できっこない」「そんなことしなくても、これまで通り処分場に埋めていたらいい。一体何を造るの？」

環境方針決め、泉第三プラントで実験開始

九二年に事業協同組合は、リサイクル化を検討するに当たって、①原材料の汚泥固化物は土壌汚染されていないものを使用する②固化剤は無害であること③再生品（製品）は無害で二次汚染を起こさない④再生品は通常土木で施工される資材と同等の物理的性状・化学的性状を具備している⑤現在の廃棄コストと同額程度で再生可能であることの五つの条件を設けた。これは、浜野廣美さんが考案した。今から見ても、リサイクル材に求められる条件をうまく言い当てている。

一九九六年三月、一〇億円をかけた泉第二プラントの隣に泉第三プラントが完成した。

この建設汚泥リサイクル実証プラントでは、汚泥を前処理で水分を調整し、破砕機と篩（ふるい）機で大きな固まりやごみを除去し、さらに磁選機で鉄屑を除き、固化剤のセメントと混和剤のポリビニルアルコールを混ぜる。さらに高炉セメントを安定剤として使う。混合した後、破砕機と篩機で決められた粒度に調整し成型、養生し、さらに破砕するとリサイクル石の「ポリナイト」ができあがる。

軽くて強度と保水性に優れ、天然石と比べて低コストで、粒径も自由に変えることができる。使い道として建設・土木工事の埋め戻し材や路盤材、基礎地盤の補強などが期待された。

だが、このリサイクル製品を造る装置は、当時国内にはなかった。廣美さんが中心になって、でき

そうなメーカーを探し、幾つかのメーカーを組み合わせた。かつて、清社長がフィルタープレスで苦労したのと同じように、試行錯誤しながらの共同開発だった。

一方、汚泥から脱水した脱水ケーキの運搬方法の改良も行った。浜野廣美さんが語る。

「汚泥からリサイクル製品を製造した後の整形物は、長さが一・七メートル、二五〇キロもある長方形の立方体です。固まるのに時間がかかり、ようかんのように柔らかいから、重機でつまめない。そこでどうやってパレットに積み上げるか、頭を痛めました。ふと浮かんだのが、小さいころの記憶で、下敷きの上に筆箱を載せ、下敷きをさっと引き抜くと、筆箱だけが残ります。この原理が生かせないかと、機械メーカーに話を持ちかけ、積載装置を開発してもらいました。同じように鉄板を引き抜くと、脱水ケーキが残りました」

ポリナイトを開発した事業協同組合は、一九九七年に「第一回ウエステック大賞97」の実プラント部門賞を受賞、翌年にはフジサンケイグループの「第七回地球環境大賞」の日本工業新聞社賞を受賞した。巨大企業が居並ぶ中、得点で三位に入り、「大阪ベントナイト」の名前を社会に発信した。

製品認定と購入とは別か　国の仕組みの限界

それに励まされるように、組合は同年、堺市の臨海堺港地区に、コンクリート破砕プラントの「堺プラント」を開設した。泉第三プラントで生産した「ポリナイト」を、使用目的にあったサイズに破砕するための工場だ。

「ポリナイト」は九九年に建設省新技術情報提供システム（ＮＥＴＩＳ）に登録、二〇〇一年には環境省の「エコマーク商品」（再生舗装材）に認定された。

二〇〇〇年九月には大幸工業創立三〇周年、事業協同組合創立二五周年を祝って記念式典が堺市内のホテルで開催され、各界から集まった五〇〇人が出席した。浜野清社長は、これまでの歩みを振り返り、リサイクル事業についてこう述べた。

「建設汚泥は全国で年間約一五〇〇万トン発生すると言われていますが、枯渇寸前の管理型処分場に埋め立て続けることは到底不可能と考え、一〇年ほど前より、この建設汚泥を土木資材として再生できないかと、研究開発を進めました。多くの難関に突き当たりながらも、平成八年三月にはリサイクルプラントの建設にこぎ着けることができました」

「リサイクル事業という耳に心地よい言葉とは違い、この仕事は大変厳しいものです。いろいろな報道でご存じの通り、私どもの事業もまったく同様であります。幸いにして、リサイクル石ポリナイトは建設省の技術認定をクリアし、自信を持っておすすめできる状況となりました。建設業界のみなさまにおかれましては、どうか、私たちの自然環境への思いから生まれたリサイクル石ポリナイトにいま一度、暖かいまなざしを頂戴（ちょうだい）したいと思います」

この式典では、専務の浜野廣美さんも次期リーダーの紹介の意味もあって、中締めの挨拶（あいさつ）をした。

手元に財団法人土木研究センターが大幸工業とベントナイト組合に出した建設技術審査証明書と、その証明報告書がある。証明書には、品質、施工性、耐久性、環境に対する安全性のそれぞれで求められた性能を満たすとされ、舗装の下層路盤材として適用されるとしていた。報告書は、一軸圧縮試験、修正CBR試験（アスファルト舗装の要項の基準）、塑性指数測定、実際に路盤材として使い、締め固めなどの実地検査など、厳しい検査を受け、その結果を大学の研究者らによる審査証明委員会がお墨付きを与えたものだ。

ところが、これだけの厳しい検査と審査を経て証明書をもらいながら、実際に使うとなると、大幸グループは苦戦した。浜野廣美さんが語る。

「路盤材に使えるとお墨付きを得たから、国土交通省の公共工事に使ってもらえると期待していました。なぜなら、工事を担当している現場の職員にポリナイトを使ってくださいと言っても、『認証をとらないとだめだ』と言われたからです。そこで苦労して、数千万円ものお金をかけて審査証明をとったのです。ところが、『認証をとっても、実際に使う現場は違う』と、なかなか使ってもらえませんでした。ここまでやっても使ってくれない。こんな国がどこにあるんだと憤りました」

国土交通省は、現場主義の官庁で、現場、つまり各地方整備局の力が強い。実力を発揮した整備局長が本省の局長になり、技監や事務次官に昇り詰める。本省がきれいごとを言ったところで、現場は別の論理で動く官庁である。リサイクルの世界も同様だ。

しかし、こんなことでは、いくら品質のよいリサイクル製品が開発されても一向に需要は広がらない。そのうちにリサイクル製品は消え去ってしまう。国土交通省の再生利用率は、再生利用する中間処理業者に汚泥などの建設副産物が搬入され、再生品を造った時点で、再生利用されたとしてカウントされている。

これを悪用し、再生品を造ったとことにして、残土処分場や土捨て場で処分している業者も多い。浜野廣美さんは、「そんなことをする業者も悪いが、それは需要がないからです。造って売れるなら、どの業者も必死にいいものを造ろうとするでしょう」と語る。

製造と需要とのアンバランスがあり、国は、リサイクルの旗振りはしても、需要喚起にはノータッチだ。そんな状況が現在まで延々と続き、リサイクルにまじめに取り組む中間処理業者たちを悩ませ続ける。

創業者社長の急逝

その翌年一一月、浜野清社長が急逝した。六四歳の若さだった。四〇年間社長と苦楽を共にしてきた山下副社長は「仕事について細々と言う人ではなかった。言うことは一回言ったら終わり。後で愚痴とか聞いたことがなかった」と、その逝去を惜しんだ。

その翌月、急遽（きゅうきょ）、浜野廣美さんが社長に昇格した。四七歳になったばかりだった。

大幸工業の本社があった平林地区で古くから旧社長と新社長の二人を知る連合町会会長の松浦正樹さん（故人）は、こう述べている。「僕が感心するのは、だれもリサイクルなど考えてもいなかった二〇年ほど前に、そんな提案をした二代目も偉いし、その夢のような話に、億の資金をかけて賛同した先代も偉いと思う。そうした先取りした事業が、今に生きている」（『大幸グループ50年のあゆみ』）。

リサイクルの本格化と競争の激化

時は、リサイクル時代となった。

二〇〇〇年に建設リサイクル法が施行され、廃コンクリートなどが特定資材として再資源化が義務づけられた。建設汚泥は特定資材に認定されなかったが、再生土を製造する事業者が増え、競争が激化した。そのリサイクルの兆しは一九九〇年代に始まっていた。欧州の影響で一九九五年に容器包装リサイクル法が制定されたのをきっかけに、各省が個別のリサイクル法の法制化に向けて動き出した。

そのころのある出来事を、浜野さんは記憶にとどめている。建設リサイクルのための指針づくりを建設省が進めていた時、その指針作りの検討会に浜野さんも委員として入っていた。浜野さんと出席者によると、厚生省の産業廃棄物対策室長が厚生省の取り組みを説明していると、オブザーバーの建設業界の社員がヤジを飛ばした。「厚生省が縛りをつくるから、リサイクルがすすまないんだろ」

室長が言った。「こんなことを言う委員会なら退席します」。席を立って帰ろうとする室長を委員長が「待って下さい」と言ってなだめ、その場は収まった。

だが、委員会が終わると、今度は、その室長を建設業界のオブザーバーや傍聴者が取り囲み、追及している。浜野さんがその中に割って入った。「言いたいことがあるんなら、紳士的にやろうやないか」。それをきっかけに、廃棄物処理業界と日本建設業連合会との話し合いが始まった。

問題を抱えながらではあるが、リサイクルの太い流れができ、大幸グループも苦労しながら産業廃棄物処理業界の先頭を走った。しかし、二〇〇八年にリーマンショックが発生し、売り上げは急落、事業の縮小を余儀なくされ、東大阪プラントの閉鎖を余儀なくされた。

打つ手として考えられたのは六社の直接の協力会社との契約打ち切りだった。しかし、そんなことをすれば、見放された会社はみな倒産してしまう。

「そんなことはとてもできない」。浜野さんは、従業員三〇人の希望退職を募った。募集に応じた彼らと別れる際、浜野さんはこう約束した。「業績が回復したら、必ず戻ってもらうから」

しかし、悔悟の気持ちは消えない。深夜、床に就くと、こんな夢を見た。「お願いだから契約を切らないで下さい」。手を合わせて懇願する協力会社の社長の顔が、夢に浮かんでは消える。

同じ夢を何度も見た。病院を訪ねると、鬱病（うつびょう）と心臓の血管に障害があると診断された。「何か気晴らしになることをしたらどうですか」と言われ、小さい頃に好きだった釣りのことを思い出した。以来、暇を見つけて宮古島や日本海にまで足を延ばし、海釣りを楽しむようになった。

流動化処理土ポリソイルの製造が本格化

経済の論理の荒波を受けながらも、大幸グループは前に進んだ。東大阪プラントで取り組んでいた流動化処理土製造のノウハウを引き継ぎ、堺プラントで、新たな高規格の流動化処理土「水中用ポリソイル」などの製造に取り組むことになった。

堺プラントは、一九九八年に敷地面積一ヘクタール、約一〇億円の事業費をかけて開設され、八時間の処理能力は六〇〇トンある。

当初は、泉プラントで製造したポリナイトを使用目的に合わせて破砕する工場として運営されていた。しかし、ここには九〇〇〇トンクラスの船が停泊できるバース（岸壁）を備えていたため、のちに積み替え保管庫を設置し、海上輸送基地としての役割を果たすことになった。

また、一九九六年には、大幸工業は、すべての車両で一般貨物自動車運送事業許可を取得している。いわゆる青ナンバーである。それまで廃棄物処理業界では、大半の事業者が、自家用車である白ナンバーだった。

青ナンバーになると、運送業者や宅配・引っ越し業と同様に、貨物自動車運送事業法による許可を取ることになり、費用負担が発生する。全国産業廃棄物連合会（現全国産業資源循環連合会）も後に、廃棄物処理法と運送事業法の二重規制に当たるとして、運送事業法の許可を求める動きに反対の意向を表明した。

浜野さんの見解は、トラックで事業を行っているのだから青ナンバーをとるのは当然だ。いつまでも自家用車扱いにとどまろうというのはどうかと明快だ。連合会の論議でも大幸工業で率先して青ナンバーを取っていると主張した。その後、国土交通省は青ナンバーを取るよう廃棄物処理業界を指導しているが、浜野さんが国の動きについて情報を得て、敏感に反応していたことを裏付けるできごとの一つである。

電子マニフェストを率先導入

マニフェスト（管理票）は、廃棄物がどこで発生し、それがどこで中間処理され、最終処分されたかを記載したものだ。現在、紙マニフェストと電子マニフェストがあり、七割近くを電子マニフェストが占める。環境省は、電子マニフェストを一〇〇％にする方針で、現状の推移から、今後一〇年で、ごく一部を残し電子マニフェストに切り替わると見られている。

紙マニフェストは、一九九一年の廃棄物処理法の改正で、有害性のある特別管理廃棄物の移動についてマニフェストの交付が義務づけられたのが始まりで、九七年の法改正で、すべての産業廃棄物について義務づけられた。

大幸グループでは、九一年の法改正前から独自の管理票システムを構築し、現在の紙マニフェストとよく似た方法で行っており、スムーズにこの制度に乗り換えることができた。しかし、紙マニフェストは集計や報告書の作成に時間がかかり、せっかくの廃棄物データを政策に生かすこともできない。

そこで大幸グループは二〇〇七年に電子マニフェストの一〇〇％達成を目指す企業行動憲章を策定し、排出事業者に対し、普及・啓発活動をしている。

巨大事業だった大和川線のシールド汚泥の埋め戻し

そんな大幸グループにビッグプロジェクトの話がもたらされた。本社のある住之江区平林地区には、かつて巨大な水面貯木場があった。この貯木場の埋め立てを含めた再開発問題をめぐって、かなり前から行政と地権者の木材業者や関連企業とで協議が行われていた。

一般社団法人平林会はホームページでこう紹介している。「複雑な権利関係と工業専用地域・臨港地区といった法的規制、企業群の価値観の微妙な温度差等に加えて花形産業だった木材業の衰退が再開発の隘路（あいろ）となって持ち越されてきた。かかる環境下、阪神高速大和川線延伸工事から発生する残土の受け入れ候補地として平林の私有水面がにわかに注目されてきた」

この民間企業が所有する水面貯木場（ポンドと称する）は五つあり、先の民間業者らが平林会を設立、さらに埋め立て事業（区画整理事業）を行うために土地会社二社が設立した平林土地区画整理㈱に資本出資し、埋め立て事業に着手した。

この民間事業者が着手する前に動き出したのが大阪市だった。水面貯木場群の西端、平林大橋の南に6号ポンドがあった。一一・二ヘクタールあり、大阪市が所有していた。この埋め立て事業に大阪市が着手した。木材産業の衰退で、遊休化したこの貯木場を大阪港の新たな土地需要に応じた用地確保が市の狙いだった。

貯木場を二つの工区に分け、一工区の三ヘクタールは一九九八年に造成が完了した。しかし市の財政難や地価の下落から、二工区の八・三ヘクタールが手つかずの状態になっていた。

二〇〇〇年代に入って、この近くを阪神高速道路（株）の大和川線の工事が始まろうとしていた。大和川線は、臨海部の4号湾岸線と内陸部の14号松原線をつなぐ、堺市―松原市間九・九キロの4車線道路で、大和川に沿って建設することが決まっていた。

トンネル工事は三区間、三・九キロあり、シールド工法により排出される掘削土は産業廃棄物の建設汚泥に区分される。発生する汚泥は約九六万立方メートルと見積もられ、これは中規模の最終処分場一つ分に匹敵する。そんな処分場の逼迫(ひっぱく)につながるようなことはできない。

そのころ、阪神高速の幹部が、浜野さんに接触してきた。「大和川のトンネルのシールド工事で出る汚泥は、公共処分場のフェニックスに埋める計画になっています。しかし、私は、再生利用して6号ポンドの造成事業に使いたいと思います。協力してもらえませんか」

排出される汚泥は九七万立方メートルにものぼる。再生利用はよい試みだが、リサイクル技術に乏しい業者が引き受けたら、新たな公害や不法投棄になりかねない。浜野さんは快諾した。

全国のモデルケースとして

建設汚泥の再利用を検討するために、二〇〇六年六月、「大和川線シールド建設汚泥リサイクル検討委員会」が設置された。委員長は嘉門雅史京都大学教授。メンバーには国や大阪府、堺市、阪神高速の関係者のほか、汚泥の処理を担う側として、大阪ベントナイト事業協同組合の専務理事も選ばれ、浜野廣美さんは、全国産廃連の建設廃棄物部会委員として入った。

二〇〇八年二月、検討委員会は、「大和川線シールド建設汚泥の再生活用事業計画案」をまとめた。発生した汚泥のうち一五％、一七万立方メートルは、シールド路床資材として利用し、発生を抑制し、残りの八五％、七九万立方メートルを再生利用先で中間処理し、埋め立て資材にしたのち、大阪市港湾局が行う6号ポンドの土地造成事業に使うことが提言された。

提言は、建設汚泥の再生利用に当たっては、知事の指定する個別指定制度（知事が輸送と活用する業者を指定すると、廃棄物処理法での新たな処理業の許可が免除される）を利用することで、事業を効率的に進めることができるとした。

さらにこの事業は、国土交通省が策定した「公共建設工事におけるリサイクル原則化ルール」に基づき、資源の有効利用と建設汚泥の適正処理、最終処分場の延命化など、循環型社会形成にも資すると位置づけていた。

6号ポンドが選ばれたのは、ポンドの埋め立て事業が大阪市港湾局のシールド工事場所に近いことや、両事業の工事期間が重なっていることが重視された。約七九万立方メートルのうち、約五五万立方メートルは建設汚泥処理土として埋め立て材に使い、砂・礫（れき）分の約二四万立方メートルは、リサイクル材として有償で売却し、盛砂やドレーン材として使用することになった。

ベントナイト組合は、競争入札で落札に成功した。技術力だけでなく、平林地区に本社を置く大幸グループが、日頃から住民と親しく接し、地域と良好な関係を築いていたことも大きかった。

6号ポンドの近くに南港東プラント（一日二三二〇立方メートルの汚泥処理能力）を設置し、二〇一一年二月から操業を始めた。大阪市からは持ち込む土は中性固化したものと指示されていた。発生した汚泥は中性だが、セメントを混ぜるとアルカリ性になり、池を汚染してしまうからだ。

その条件をクリアして、埋め立て事業は二〇一七年に無事終了した。五〇億円の契約を無事こなした大幸グループは、この事業でリーマンショックの痛手から立ち直るとともに、建設汚泥を原料とする改質土を公共事業に大量利用するという一つのモデルケースを提示することができた。公共事業で発注されても、一件当たり数百から数千立方メートルの発注が大半を占める業界の中で、群を抜いた巨大プロジェクトだった。

県境をまたぐ壁を取り払うには

この事業が成功裏に終わると、「うちでもできないか」と、相談が舞い込むようになった。大阪市のアベノハルカスの基礎工事もその一つ。発生した建設汚泥を改良土にして再利用された。続いて和歌山県からも問い合わせがあり、浜野さんは、許認可について確かめに県庁を訪ねた。応対した課長が浜野さんに言った。

「汚泥の再生利用はよいことです。でも、大阪で製造したリサイクル製品は、和歌山の工事現場に持ち込まれるまでは産業廃棄物です。持ち込む場合に県が事前に審査しますが、廃棄物なら許可されないでしょう」

「いい手はないのでしょうか」と浜野さんが問うと、課長は「環境省に、廃棄物処理法を改正し、リサイクル製品を製造した段階で廃棄物でなくなり、製品として認めさせるか、あるいは同趣旨の通知を都道府県に出してもらうしかありません」と答えた。

浜野さんは、環境省に陳情したが、反応ははかばかしくなかった。議員会館に親しい議員を訪ね、説明した。議員は「そんな解釈するのはおかしい」と同調し、「ところで、それ、どこの県なの？」と尋ねた。浜野さんが答えた。「和歌山県です」。驚いた議員は、「その仕組みを変えるしかないか」とうなづいた。話はそれで途切れたが、浜野さんは、政治の力で、状況を変えるしかないと、確信した。

ポリソイルの開発とたゆまぬ技術開発

ベントナイト組合は、同じ二〇一一年七月から流動化処理土「ポリソイル」の製造を開始し、同時に砂分の回収を行う再資源化プラントを設置した。いわゆるリサイクルの質の向上である。「土のコンクリート」と呼ばれるポリソイルの中でも、大幸グループが独自開発した「水中用ポリソイル」は、水と混じり合わず水中で固化するため、水道管などの不要埋設管に使われている。その同じ時期には、南港処理センターのリニューアル工事にかかり、二〇一四年二月に新施設が完成した。

浜野さんは何でも一番を目指す人のようだ。国の「優良産廃処理業者の評価制度」の自治体による適合性の審査では、二〇〇五年一一月に岡山県倉敷市から全国第一号の適合の評価をもらった。それを発展させた環境省の優良認定制度をつくる時には、浜野さんが検討委員会の委員に選ばれ、制度設計づくりにかかわった。

浜野さんは、「優良業者というからには、会社の財務情報も積極的に公開することが必要だと考えた。それを認定の条件の一つにしようとしたら、同業者から、『浜野さん、それは誰でも見せたくないものなんだよ』と。でも、これからは積極的に出していく時代です。『後ろめたいこともなく、自信があれば出せるはずです。会社と業界の信頼を得るために出していきましょう』と説得し、最後は納得してもらいました」と語る。

処理業から製造業へ

こうした先進的な取り組みを続けてきた大幸グループだが、建設汚泥を扱う業界の姿は、第一章と第二章で見たように、極めて不透明で、本当にリサイクル製品が製造・販売され、それが実際に使われているのか、現実の姿がわからないでいる。再生品、リサイクル製品の価格は下落の一途をたどっている。

浜野さんがいくら努力してもそれが報われない状況が長い間続いている。しかし、品質のいい製品を世に問えば、それが評価されて販売が増え、さらに評判が広がり、需要が拡大していく。そこには、同じような切磋琢磨（せっさたくま）する業界があり、それを評価する巨大な消費者とユーザーがいるはずである。

他方、廃棄物の世界は、リサイクルがいくら進み、品質のよい再生品を世に問うても、なかなか新たな需要にむすびついていかない。循環型社会、資源循環の社会というなら、資源が廃棄物となって、それが再生品となって使われ、それがさらに廃棄され、再び、再生品にという資源循環の環ができないといけない。EU（欧州連合）が打ち出しているサーキュラーエコノミーは、まさしくこの循環がベースになっている。大幸グループの歩みは、廃棄物処理業から製造業への進化の歩みでもある。

最近、浜野さんが強調するのが、廃棄物処理業界は、製造業に脱皮しなければいけないということだ。

浜野さんが語る。

「処理業者が循環型社会に貢献といったら、適正処理は当たり前。これからは資源循環のための製造業に変わっていかないといけない。製造業になると、製造者責任が発生してきます。そして不良品をつくらないこと。そのためには、さらに高度な技術が必要とされます。そのなかで、切磋琢磨して、静脈産業が動脈産業に変わっていくのです。水の中でも固化する流動化処理土の技術を開発したように、よい製品を造るために研究開発を進め、技術力を高めないといけません。製造業として我々は後発で、これからが正念場となってきます。その動きを、国はもっと支援してほしいと思います」

「よいものを造ったら、それが売れてはけていかないようでは、循環型社会はなりたちません。例えば、よいリサイクル製品が開発されたら、それを公共事業で使うことを記した設計図書に載せ、需要喚起を図れば、一気に広がります。そうすれば、業界が少しでもよいリサイクル製品をつくり、不良品をつくって残土処分場や土捨て場に投げたり、農地の復元と偽って残土捨て場に投棄するような業者は淘汰されるに違いありません」

「リサイクルをさらに進めていきたい」と語る浜野廣美さん

「まずは、公共事業で広く導入することです。それがいいとなれば、一気に民間事業に広がります。欧州の先進国に比べて立ち後れていますが、公民がやる気になれば比較的短期間においつくことは可能だと考えています」

もう一度、国の認証制度づくり賭ける

浜野さんは、その実現のために、国の認証制度に賭けようと考えた。過去、国土交通省の製品認証をとるだけに終わり、需要喚起につながらなかった。しかし、もう一度、認証と利用の現場をつなぐ仕組みづくりのために動こうと思った。

その第一歩が、国によるリサイクル製品と製造工場の認証制度づくりだった。環境に関心のある政治家たちに訴え、その応援をもらって仕組みができたら、次の段階として利用現場につないで、現状

を打開する。そう確信した浜野さんは、同業で全国産業資源循環連合会の建設廃棄物部会の細沼順人・成友興業（東京都）社長と、藏本悟・西日本アチューマットクリーン（岡山市）社長に伝えた。二人も同じ問題意識を持ち、同じようなことを考えていた。

意見の一致した三人が動き始めたのは、二〇一八年のことだった。この認証制度については、第八章で詳しく論じるが、浜野さんらの思いを受け止めた環境省は、二〇二〇年、「建設汚泥処理等の有価物該当性に関する取り扱いについて」と題する通知を都道府県向けに出した。汚泥の再生品と廃コンクリートの再生砕石、その二つを使ったハイブリッド・ソイルの三つについて第三者による認証を認め、製造したリサイクル製品は、工場から出荷するときに廃棄物でなく、商品として扱って良いとの判断を下した。

これまでは、実際に利用業者先に納品して初めて廃棄物でなくなる（廃棄物からの卒業という）のが、一段階早めたのである。ただし、その条件として、▽リサイクル製品は契約した事業ごとに認証を得ること、製造施設の認証を受けることを条件としていた。条件は厳しいが、浜野さんたちの願いがかなりの程度、かなえられた。これに基づき、産業廃棄物処理事業振興財団が認証業務を行うことになり、二〇二一年夏から審査・認証業務を開始したのである。

浜野さんは、この認証制度を利用し、他社と連携して、再生土のポリアースと再生砕石をミキシングしたハイブリッド・ソイル（H・B・S）を製造・販売する事業を進めようとしている。計画では、再生土の製造は大阪ベントナイト事業協同組合、再生砕石の製造は大栄環境（神戸市）と昇和（大阪市）が受け持ち、大阪湾沿岸にミキシングする工場を造り、ハイブリッド・ソイルを製造するという。

現在、ハイブリッド・ソイルは、大阪ベントナイト事業協同組合の堺プラントに新しい施設を設置し、ここでも製造することが可能だ。

浜野さんは、「ハイブリッド・ソイルの原料を生産する工場も、ミキシングの工場も、すべて再生品生産の認証を取得し、徹底した管理のもとで、周辺への環境負荷を低減した生産を行います。各工場からの材料の搬入や、ミキシング工場からの製品の搬出は、船舶を使用した海上輸送とし、運搬で出るCO_2の排出を大幅に減らします。国土強靱化のために、巨大地震や大型台風による津波や高潮に備えた河川や海岸堤防の補強、沿岸の市街地のかさ上げなどに使用し、より安全で魅力的なまちづくりに役立てたい」と抱負を語る。

浜野社長が語る「製造者責任」

大幸工業グループは、創業者の浜野清さんも浜野廣美さんも、一貫して「厳正処理」と「技術開発」を掲げ、努力してきたことが、やがて、社会から安全・安心の評価を得られ、リーディングカンパニーとして、中間処理業界を牽引している。

仲間を募り、自社だけでなく、一緒に技術開発や資質の向上、さらに環境対策を進めようとする精神も浜野さんに引き継がれてきた。同業他社に呼びかけ、一九七四年に大阪ベントナイト事業協同組合を設立し、「厳正処理」と「技術開発」を心がけ、会員企業の技術や資質の向上に寄与してきた。一九九四年に設立した環境対策協議会（ＫＴＫ）は、当初一六の組合員数が、現在一〇九社まで増えた。その環境保全と活動は、社会から安全・安心の評価が得られるようになっている。

大前さんは、「技術開発によって社会から安心の評価を頂くことにもつながった」と振り返る。「一九七一年、当時としては画期的な『建設汚泥のロータリー式砂分離機』『フィルタープレス機』による先進的なろ過システムを導入しました。さらに建設泥土から製造した骨材の『ポリナイト』、汚泥から製造した再生土の『ポリアース』と流動化処理土の『ポリソイル』を世に送り出しました。これらは技術的的に高い評価を得て、多くの賞をいただきました」と語る。

固化再生プラント「第一回ウエステック大賞97」（一九九七年）、ポリナイト「第7回地球環境大賞」（一九九八年）、ポリソイルの再生砂を使用した高密度流動化処理土の開発「2021年度近畿リサイクル賞の大賞」（二〇二一年）と、数々の賞を受賞している。

浜野さんは、これまでの歩みを振り返り、「私たち廃棄物処理業は、適正処理の委託・請負業に頼っているだけでなく、自ら製造業に転換していかねばなりません」と言う。そのために、浜野さんが、挙げるのは「製造者責任」である。

大幸グループは「近畿建設環境リサイクル賞」を受賞した

「資源再生事業を高めることで、顧客が求める製品を提供することが重要です。マーケットイン、プロダクトアウトという言葉があります。マーケットイン、マーケットインは、顧客の立場に寄り添いながら、市場が必要とするものを聞く姿勢を言います。プロダクトアウトは、市場が必要とするものを提供することをいいます。企業が造りたいものや、企業の方針に合致したものを重視し、製品を開発・製造・販売する姿勢のことを言います。マーケットインは、市場の意向を反映させながら、目的にあった製品や画期的な製品をプロダクトアウトさせることを実現させる取り組みです」

「ハイブリッド・ソイルは、このマーケットインとプロダクトアウトを実現させるものだと考えています。現在、コンクリート塊は利用率が高いものの、用途に偏りがあります。建設汚泥は再利用率がやや低いことが課題です。ハイブリッド・ソイルは、顧客の要望によって両者の混合率を変えることで、多様な性質を実現できると考えています。また、材料の収集運搬から製品の運搬は、主に海上郵送とし、製造設備も屋内に配置し、周辺への環境負荷を減らします。製品の品質について責任を持つとともに、環境対策もしっかり行う。ＳＤＧｓを念頭に、持続可能な活動でそれぞれの目標を達成しつつ、CO_2の収支への技術開発により、カーボンニュートラルの実現に努力する。それで初めて、製造者責任を果たしたことになるのだと思います」

従業員と地域の住民を守りたい

浜野さんが唱える「製造者責任」とは、製造者としての倫理にも広げたもののように見える。私が、二〇一八年初めて浜野さんに会った時、本社の三階の窓から外に目をやった浜野さんが言った。「見てください。車両センターを建設中なんです。津波に襲われても大丈夫なように、底上げしているんです」

むき出しの鉄骨が見え、車両センターの建設工事の真っ最中だった。本社と道路を挟んだ向かい側に車両センターがあったが、平地にあり、二〇一一年三月の東日本大震災で被災した。浜野さんは、災害への備えが大切だと痛感した。「従業員と車両を守るだけじゃない。やるなら、ここを周辺の人々の避難場所にしてあげたい」

二〇二二年六月、大幸工業を訪ねると、向かい側に真新しい車両センターがあった。「津波避難ビル兼車両センター」は、二〇一九年一二月に完成し、住之江区、さざんか平林協議会と大幸工業が三者協定を締結し、「津波避難ビル」に登録、供用を開始した。

七メートル底上げした建物の三階の屋上に登ると、トラックとタンクローリーがずらりと並び、燃料の給油施設が設置されていた。車両はスロープから登り、このスロープが、住民の緊急避難に役立つ。大幸工業では、運転手が出勤すると、アルコール検査が行われ、運搬の仕事が始まる。

大幸工業は地域貢献にも熱心で、二〇〇四年から大幸工業を中心にKTK道路清掃美化キャンペーンを五〇の会員企業と地元町内会など約四〇〇人で行っている。福祉会館でリサイクル土を利用した寄せ植え教室を定期的に開いたり、大幸工業が開発した「光る泥だんご」を用いた出前授業を中学校で行ったり、中学生の職場体験学習を受け入れたりしている。

地域にしっかり根を張り、技術開発を進め、資源循環を進め、情報を公開しながら地域に貢献する。そんな大幸グループの動きに目が離せない。

□第五章の扉の写真説明・(右上)ブロアー車を誘導する従業員(大阪府堺市の大阪ベントナイト事業協同組合の堺プラント)・(左上)ポリソイルの品質を検査する。圧縮試験後の断面・(下)堺プラント。

（右上）大阪府堺市にある堺プラントのバースでは、船にポリアースを積み込んでいた
（左上）運ばれた建設汚泥は、ダンプからピットに落とされる（同）

（右下）ポリソイルの練り上がり。数時間後（同）
（左下）ポリソイルを造る。バックホウで泥水を攪拌する。解泥という（同）

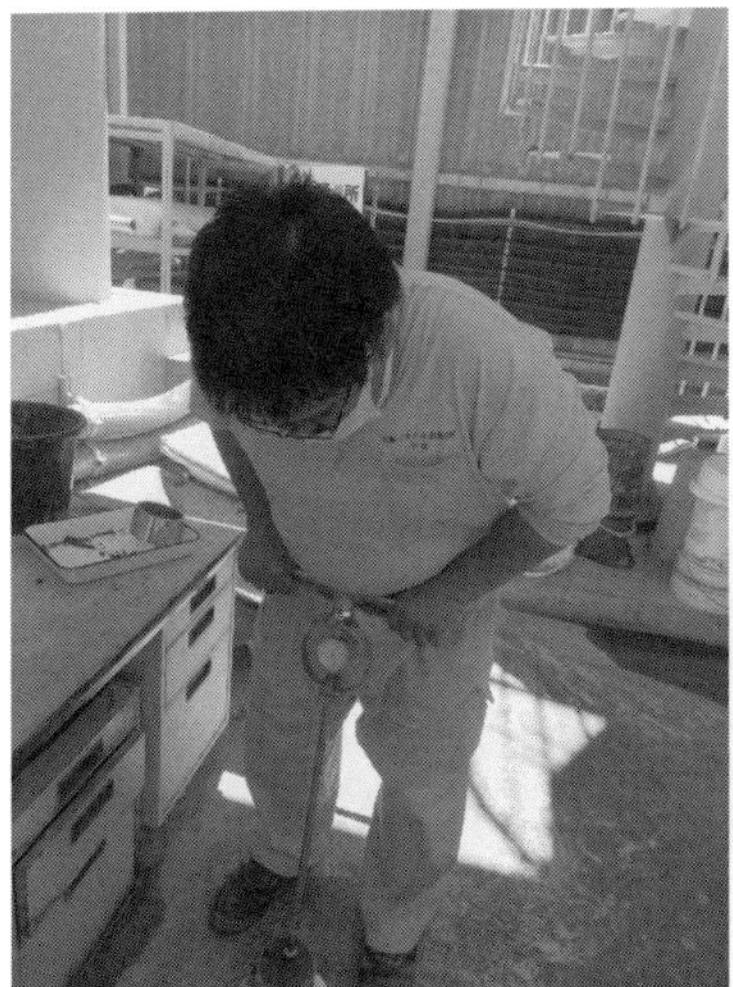

(右上) 製造時の鉄筋棒など異物は磁選機で除去され、ポリアースは海上輸送用の貯蔵倉庫にパイプラインで運ばれる (堺プラント)
(左上) コーン貫入試験。ポリアース (再生土) を上から圧力をかけて強度を調べる (同)

(右下) 大阪市住之江区にある大阪ベントナイト事業協同組合の南港処理センター
(左下) 大阪市住之江区にある大幸工業本社

（右上）様々な装置が入り組む。定期的に機材を更新し、点検を念入りにしている（南港処理センター）

（左上）タンク車から運ばれた廃酸は貯蔵槽に移される（同）

（右下）津波避難ビル車輌センター（大阪府住之江区）
（左下）大和川シールド建設汚泥の受け入れ先となった第６貯木場と第４貯木場（大阪市住之江区）

第六章

汚染土壌を利用可能な土に生き返らせる成友興業

汚泥のリサイクルに挑む

私は、東京都大田区のスーパーエコタウンに足を踏み入れた。東京都第一号の認定企業である高俊興業の東京臨海エコ・プラントから始まり、その隣には開業が最も早かった廃情報機器類のリサイクル工場、フューチャー・エコロジーがある。その隣が、建設汚泥・汚染土壌リサイクル施設である成友興業の城南島第二工場だ。

外から見ていると、土を積んだトラックが吸い込まれるように、次々と構内に入っていく。その一軒置いた高俊興業のプラントも負けじと、トラックを引き込んでいる。いずれも入り口にトラックを誘導するヘルメット姿の社員がいて、きびきびと誘導している。

一瞬、工事現場なのかと、錯覚を起こすが、ここはまさしく、国内の最先端を行くリサイクル施設の集積地なのだ。

ここから北に進んだ一角に成友興業の城南島第一工場があった。第一工場は建設汚泥に生石灰を混ぜ、造粒固化する専用施設と、コンクリート塊を破砕し、再生砕石を製造する施設からなり、二〇〇九年九月に稼働した。汚染土壌や汚染汚泥を主に洗浄し、砂や再生品にする最新設備を備えた第二工場は、二〇一七年一月から稼働している。

最新鋭の装置で、汚染土壌と汚染汚泥のリサイクルをしている第二工場を訪ねた。

第二工場の会議室で細沼順人社長が出迎えてくれた。

「高俊興業の高橋俊美会長はおやじのような存在です。背中をみながら、励まされながら走ってきました」と切り出した。

高橋会長は「廃棄物処理は選別が命」と言い、建設混合廃棄物の高度選別に取り組む人だ。リサイクルの難しい混合廃棄物に挑戦する強い意志と実行力が細沼さんにはまぶしく映り、高橋さんのあとを追いかけてきたという。

同じエコタウンで、建設廃棄物を扱っているといっても、扱うものは違う。

細沼さんが語る。

「建設発生土は土として廃棄物処理法の対象外とされ、無償で建設現場に使われています。片や建設汚泥は、そのままなら管理型最終処分場に持ち込まねばならない産業廃棄物です。改良して品質のよい再生資材を製造し、工事現場での埋め戻し材やセメント工場に原料として売却できるものを造りたいと思ったのです」

土の世界は広く、奥が深い。

環境庁（現環境省）が土壌汚染対策法を制定しようと、一九九〇年前後からひそかに検討を始めたころから、筆者もその動きを追いかけてきた。その後、二〇〇三年に土壌汚染対策法が制定され、さらに二〇〇八年に改正され、汚染土壌の浄化とリサイクルに取り組む成友興業のような事業者が全国に根を張り始めた。

成友興業はそんな業界の中で、新しいリサイクル製品の開発に取り組む。汚泥を主に扱ってきた大阪の大幸グループが西の雄とするなら、成友興業は、東の雄と言ってもよいかもしれない。

お互いに共通するのは、法律を遵守（じゅんしゅ）するだけでなく、果敢に新しいリサイクル製品を生みだし、資源循環に向かう姿勢である。大幸グループの浜野廣美さんが、東京の細沼さんと、岡山で汚泥のリサイクルに取り組む西日本アチューマットクリーンの藏本悟さんを仲間にし、業界の資質向上と底上げに取り組んできたのもよくわかる。

汚染物質を除去し、価値ある砂利と砂に

第二工場は、洗浄処理施設、高度洗浄処理施設、水処理施設、固化処理施設からなり、この時は洗浄処理施設を中心に見た。石川隆行第二工場長の案内で、流れに沿って複雑なプラントを分け入るように歩いた。

土壌汚染対策法による環境基準を超えた汚泥や汚染土壌を、粒径ごとに洗浄・分級し、砂利、砂、細砂を取り出している。砂は建設工事現場での埋め戻し材として、細砂は「流動化処理土」の原料になっている。さらに最後に残ったシルト分は「セメント原料」となる。

水で洗って「確率分級」によって、選別を繰り返して、土の粒径のサイズごとに分けて再生資源としての価値を高める。こうすることによって、有価で売却できるものを増やし、焼却処理や埋め立て処分する量を減らせる。この肝が「選別」という行為で、多段階選別によって、無価値のものに命を吹き込み、価値が生まれる。

処理工程は複雑だ。グリズリ傾斜篩機とPGSと呼ばれる圧力篩機が、並んで轟音をたてていた。石川工場長が「トラックで工事現場から運び込まれた汚染汚泥は、バックホウでこの傾斜篩機に投入されます。揺すって粒径が一五〇ミリ以上の大粒径物や不適物を取り除き、隣のPGS（乾式分級機）で粒径一〇〇～一五〇ミリの礫を取り除き、再生砕石の原料として使われます」と説明する。

それ以外の汚泥はパイプラインから次の工程へ。汚泥は磁選機で金属を取り除いた上、四〇～一〇〇ミリは湿式の水平振動篩機に送り、出てきた砂利はピットにためて、再生砕石の捕捉材となる。それ以外の四〇ミリ以下は、ハリケーンでドラム洗濯機のように、水をかけながらぐるぐる回し、擦り揉みし、表面に付着した泥を落とす。

分級して価値を高める

次にマッドスクリーンと呼ばれる水平振動篩機で、網目から三ミリ以下と三～四〇ミリに分け、三～四〇ミリは浮遊選別機で可燃ごみを取り、きれいな砂利は、再生砕石の捕捉剤として利用する。三ミリ以下は、汚水分離槽に移し、ポンプで吸引、サイクロンで遠心分離する。

サンドスクリーンと呼ばれる分級機で、粒径〇・〇七五～三ミリの砂と軽量のごみなどの異物に分ける。砂はアスファルト合材の原料や、建設現場の埋め戻し用の砂として売却、異物はエコタウン内で処理委託する。

汚水分離機からシルト分の多いスラリー状の泥水は、シルトクリーナーと呼ぶ小型遠心分離機へ。さらにシルトデハイダー（分級機）で〇・〇三二～〇・〇七五ミリの細砂、〇・〇三二ミリ以下の泥水に分ける。細砂は流動化処理土の原料として他社に売却。泥水は薬剤を投入し一次水処理、二次水処理を経て脱水処理し、できた脱水ケーキは、生石灰を使って含水調整し、改質土の名でセメント工場に原料として納品している。

造粒固化施設では、バックホウが脱水ケーキをつかんで、造粒固化プラントに投入していた。プラントはパイプラインが複雑に入り組み、原料の流れを追うのが大変だ。水洗浄の過程に組み込まれた装置の多くは、最新の技術からなり、新鋭の製造工場そのものである。

石川工場長が、会議室で砂のサンプルを見せた。「プラントでの工程を経て分級された砂です」。出荷の際に、汚染物質を含有していないか、溶出しないか検査する。第二工場の環境分析センターは、製品の品質保証のほか、公的な計量証明事業も担っている。

問題は最新の選別装置に投資してもそれに見合う需要と利益が少ないことだ。細沼社長は「薄利多

「利用者の皆様には、品質や資源循環を考慮して利用していただきたい。そのために成友興業も新たな挑戦をしたい」と語る細沼順人社長

売の世界です。分級化しサイズをそろえて均一素材にして価値を高めていますが、コスト的に非常に苦しい経営を強いられています」と話す。

この世界は無償で取引される発生土が絡んで複雑を極める。その世界に踏み入れる前に、まず、成友興業の歴史をひもといてみよう。

砂利採取会社の工場長から独立した初代

細沼順人さんは、東京都福生市で成友興業創業者の父、治夫さんと清美さんの長男として生まれ、成友興業の二代目社長である。創業者の治夫さんが、多摩の地に会社を興したのは一九七五年のことだった。

東京都多摩地域の砂利採取は多摩川がよく知られる。稲城市史下巻（稲城市、一九九一）はこう記す。

江戸時代から行われていたと砂利採取は、売却金を「運上金」としていたと言われる。砂利は、粒径二ミリ以上の礫（いわゆる石）とそれ以下の砂、特に微細なシルト、粘土が混ざったものである。

明治時代になって川砂利の採取が盛んになったのは、道路と鉄道を敷くためにバラストが必要だったからである。砂利を鍬のような形をした鋤簾で掘り取って、それを竹で編んだ箕に乗せて運び、金篩に砂利を入れて選別した。「多摩川の砂利篩い」という言葉も生まれ、川沿いの農家の現金収入となっていた。

大正時代に入ると、コンクリートの材料である骨材としての需要が高まり、関東大震災後の復興事業によって、砂利採取業は活況を呈する。

多摩川の砂利採取は、まず、下流から始まり、取り尽くしてしまうと、府中、立川、昭島地区と、日野、多摩、稲城地区の中流に移った。昭和のはじめまで国内最大の生産量を誇っていたという。大正末期からは、掘削機、機械船が登場し、機械化を通して、砂利採取から選別、洗浄という現在の仕組みが整っていった。

この機械化は昭和時代にさらに増大するが、これによって河床が低下し、取水口から農業用水に取水できなくなったり、堤防が損傷したりし、川の汚染が進み、漁業に大きな被害を与え、社会問題となっていった。そこで下流から中流へと砂利採取が禁止されると、業者は、より上流に移ったり、陸地での採取（陸砂利という）に移ったりしていった。

戦後に入っても川砂利の採取はなお盛んで、一九六〇年代の高度成長の波に乗って、需要が急増、採取の機械が近代化し、ブルドーザーなどの機械も投入され、大規模な採取が行われ、河川環境に大きな影響を与えた。このため、一九六五年に多摩川での砂利採取は全面禁止となり、業者は陸砂利に転向していった。砂利は、堆積地によって、海から採取する海砂利、川から採る川砂利、山や丘陵から採る山砂利、そして河川の氾濫源や農地などの扇状地から採取した陵砂利に分かれる。

川砂利採取禁止され、陵に転向

この砂利採取をめぐっては、一九五六年に砂利採取法が制定されていたが、砂利採取の勢いを止めるものではなく、一九六八年に法改正された。砂利採取業者を都道府県に登録させ、砂利の採取計画を提出させ、認可することで、砂利採取に伴う災害を防止し、砂利採取業の健全な発展に資することを目的にしていた。

しかし、罰則は軽く、登録や認可を受けずに違法採取しても、一年以下の懲役または一〇万円以下の罰金と、業者の違法行為の抑止効果は弱い。命令や立ち入り調査の権限が自治体にあるが、実行された実績に乏しい。

廃棄物を扱う廃棄物処理法が環境省の所管で規制色が強く、罰則も重いのに比べ、砂利採取法は砂利を利用する産業側に立つ経済産業省の所管だからかもしれない。法改正後も違法採取はなくならず、砂利採取業跡地に産廃汚泥を捨てたりする違法行為が、現在も起きている。

砂利採取の会社が倒産し、建材会社をたちあげる

ところで、川砂利の採取ができなくなった業者は、採取先を陵に求めた。細沼治夫さんは、東京・あきる野市の砂利採取会社に勤めていた。会社は許可を得て農地や林地で砂利を採取し、工場のプラントで砂利を洗浄し、砂と礫に分け、コンクリートの原料の一つとなる骨材を採取していた。

販売先の一つの生コン業者は、骨材にセメント、混和剤、水を混ぜて撹拌し、生コンクリートを製造、ミキサー車で工事現場に運んでいた。

工場長としての仕事に、治夫さんは誇りを持っていたが、その会社が一九七五年に事業を縮小して

しまった。困った治夫さんは、それまでの経験を生かし、知人数人と建材業を始めた。建設業者から注文を取り、建設資材を調達して建設現場に運ぶ仕事だ。仕事になれはじめると、治夫さんのもとに、現場からこんな注文がよく舞い込むようになった。

「資材をトラックで運んできたあと、空荷で帰るんだろ。うちにあるコンがらを持っていってくれないか」

コンがらとは、解体などのあと廃棄物となったコンクリートがらのことで、処理に困っているという。調べてみると、どの工事現場でも解体したあとに発生したコンクリートがらの処分に苦労していた。

だが、コンクリートがらは産業廃棄物なので、許可なしで運ぶことはできない。治夫さんは、一九七八年に東京都から産業廃棄物の収集・運搬業の許可をとると、廃棄物処理業の世界に踏み出した。

治夫さんの家族は、治夫さんと四歳下の妻の清美さん、長男の順人さんと妹の四人。順人さんは、地元の福生市の中学から都立の進学校に進み、ラグビー部に入部した。フォワードのナンバーエイトを務めた。「ラグビー部はあまり強くはなかった」と、順人さんは謙遜（けんそん）するが、部活に明け暮れた高校時代を終えると、私立大学に進学した。大学生活もラグビーに打ち込んだ四年間だった。

そしてたまの休日には、治夫さんの会社でアルバイトをした。「工事現場でがらの粗選別の仕事をして、一日一〇〇〇〇円もらった。割のいいバイトでした」と順人さんは振り返る。

一九九〇年、成友興業は、これまでの収集・運搬業から、コンクリートがらなど建設廃棄物であるがれきの中間処理の許可を取り、あきる野市内（当時は秋川市）に処理プラントをつくった。

お金に余裕がないので、治夫さんは、倒産した生コンのプラント跡地の処分に困った農協から地上権を買った。

そこでコンクリートがらを破砕し、道路などの路盤材として使う再生砕石にした。この許可は都内で三番目とかなり早かった。

こうして忙しく働く治夫さんだったが、順人さんは、父の会社を継ぐつもりはなかった。ダンプカーに自ら乗って建設廃棄物を運び、荒いことばで社員に指示する治夫さんと折り合いが悪く、ぎすぎすした関係だった。父子で腹を割って話すこともなく、何となく、ぎくしゃくしていた。治夫さんも多感な順人さんにどう接したらいいのか、わからなかったのかもしれない。

「大学を卒業したら、背広を着る職業につくんだ」

神奈川県茅ケ崎市のアパートから大学に通いながら、順人さんは、サラリーマン生活を夢に描いた。

住宅販売はトップの成績だったが

一九九〇年、順人さんは、東京の中堅不動産会社に就職した。

「背広を着て仕事ができる」

期待して入った会社だったが、そこはまた、スパルタ社員教育で有名な会社だった。

新入社員は、富士山のふもとにある研修施設に集められ、「地獄の特訓」が始まった。自衛隊の訓練をまね、早朝マラソンや、社訓の唱和――。特訓を終えた順人さんが神田にある本社ビルで営業部に配属された。

上司が指示した。

「一日五〇〇件、打つんだ」

打つとは電話をかけて住宅やマンションを勧誘するという意味だ。ひたすら電話をかけまくり、電話口に出た住人に勧誘し、脈があるとなると、一軒、一軒訪ね、説得した。

給与は完全歩合制で、同期入社の仲間が次々と脱落するなか、順人さんは、すぐに二〇〇人の営業マンのトップグループに躍り出た。入ってまだ日が浅いのに、給与は月収一〇〇万円を超えるようになった。

福生市の親元の自宅を朝早く出て、中央線の電車に揺られ、帰りは終電近くになる。そんな生活が四年続いただろうか。順人さんが入った九一年はバブルの崩壊が始まった年だった。

順人さんが、当時を振り返る。

「ちょうど、そのころ、仕事に迷いが出ていたんです。バブルが崩壊し、経営は苦しくなっていましたが、このままでも何とかやっていけると思っていたんです」

九四年秋、順人さんの生活が一変するできごとが起きた。母の清美さんがくも膜下症で病院に緊急搬送されたのである。

順人さんは、休暇をとって毎日病院に通った。そして入院が長びくと知ると、「会社に迷惑をかける」と、思い切って退職してしまった。

日本経済は、九一年三月から景気の後退が始まり、八〇年代後半に異常なまでに高騰を続けていた地価が暴落し、土地を担保に融資を得ていた不動産会社は、いきなり担保割れの状態に陥った。異常なバブル景気に、政府が公定歩合を引き上げ、不動産の総量規制、地価税創設といった規制策を打ち出し、終止符を打った。

地上げ屋が横行し、バブルを享受した不動産業界は一転して苦境に陥った。小さな会社からぽろぽろと抜け落ち、消えていく。順人さんのいた会社も負債が膨らみ、暗雲がたれ込めていた。

これまでのように売れないが、粘ってやれば何とかやっていけるという気持ちは、清美さんの大病に直面し、ぷつんと切れてしまったのである。

退職して父の会社で働く

順人さんは、雇用手当をもらいながら、自宅から母の入院先に通い続けた。三カ月の入院生活をへて、清美さんが退院する日が来た。後遺症が残った母を横に、順人さんは父に頭を下げた。

「何でもやります。ここで使ってください」

その時、にこっとした父の顔を、順人さんはいまも、記憶にとどめている。「おやじは、私に勝ったと思ったんだと思います」と順人さんは言うが、会社の後継者ができたという喜びも、その笑みにあったのではないか。

九五年四月から順人さんは成友興業で働くようになった。秋川工場は、現在のあきる野市にあるあきる野工場の場所にあった。当時は、工場といってもプレハブの事務所があるだけで、破砕機や選別機は野外にあり、大半が露天での仕事だ。雨が降れば、カッパを着て作業をする過酷な仕事である。

順人さんは、選別作業、トラックでの運搬、配車の手配、営業と何でもこなした。

実は、あとからわかったことだが、治夫さんは、順人さんが大学生の時に、形だけだが取締役にすえていた。順人さんが入社した翌年の一九九五年四月、順人さんは専務になった。

仕事を覚え、こなせるようになり、自信をつけた順人さんだったが、当時の成友興業は、売上高が約五億円、従業員も一〇人たらずの小企業である。専務といっても、何でもこなさなければならなかった。

東京の中心部で背広を着て働いていたのが、多摩地方の小さな町で作業服を着て汗みどろになって働くようになると、順人さんはなお、都落ちしたようでくやしかった。従業員の荒い言葉遣いや、多摩地方の素朴な方言も、露天の仕事も、何もかもが、かっこ悪く見えたのである。

順人さんが振り返る。

「廃棄物の仕事って、こんなもんか。大したことないじゃないか。こんなんなら、すぐに一番になれると、当時はたかをくくっていたんです」

両親の突然の死と社長就任

仕事に自信がつき、従業員に指示し、使いこなすようになっていた一九九六年九月三〇日のことである。いつもは朝早く工場に顔を見せる治夫さんの姿が、昼近くになってもなかった。

胸騒ぎを覚えた順人さんは、車を福生市の両親の自宅に走らせた。三階建ての自宅に入ると、一階の車庫にある治夫さんの車のエンジンは止まっていたが、長い時間、エンジンがかけっぱなしになっていたようだった。驚いて家の中に入ると、治夫さんと清美さんが倒れていた。

警察署の調べで、排ガスが居宅に充満したことによる一酸化中毒死とわかった。

二人をしのび、通夜と葬儀・告別式には約八〇〇人が参列した。喪主として挨拶（あいさつ）した順人さんは、社長に就任した。その途端に困った。預金通帳がどこにあるかも順人さんは知らなかった。三〇日は締め日で、取引先にお金を振り込まねばならない。だが、銀行は、なぜか預金の引き出しを渋った。

警察が司法解剖し、事故死と断定して、やっと振り込みができるようになった。

売上高五億円の成友興業の主な事業は、コンクリートがらから再生砕石を造ることだった。解体現場から排出されたコンクリートがらを工場に運び込み、破砕機で破砕し、路盤材として使ってもらうために工事現場に運ぶ。再使用なのでリサイクルというよりリユースと言った方がよいかもしれない。

この建設廃棄物のリサイクルの動きが全国的に高まっていた。

産廃業者に向ける国民の目は厳しかった

前年の一九九五年には、容器包装リサイクル法が制定され、九七年春の施行に向け自治体や関係業者は、その準備に大わらわだった。家庭から出たペットボトルや容器包装プラスチック、瓶、缶などの容器包装のリサイクルを進めるための法律の制定は、大量リサイクル社会の到来に向けた第一歩となった。

同法の制定に向け、厚生省で議論が始まった時、産業廃棄物対策室長だった仁井正夫さんは、ドイツとフランスが家庭から出る容器包装をリサイクルする法律を手本にした法律をつくると聞き、「本当にそんなことができるのか」と疑ったという。方針が決まると、法案を成立させるため、産業界を説得する役割を担った。

そのころ、仁井さんはさらに大事な仕事を抱えていた。廃棄物処理法の改正である。

容リ法の次には冷蔵庫など特定の廃家電の回収とリサイクルを義務づける法律の検討に、通産省が着手するが、これも家庭から出た一般廃棄物の世界である。

さらに九〇年代末には個別のリサイクル法の制定に向け、事業官庁が横並びで取り組むことになるが、産業廃棄物は、不法投棄と不適正処理が横行し、産廃業界は国民の批判を一身に受けていた。

細沼さんが社長に就任した一九九六年度の産業廃棄物の発生量は、四億四六〇万トン。一九八五年度の三億一二〇〇万トンから大幅に増えている。内訳を見ると、汚泥一億九三一五万トン、建設廃材六一三九万トン、動物の糞尿（ふんにょう）が七二二二万トンと多い。汚泥には下水汚泥のほか、建設汚泥もあり、建設系廃棄物が不法投棄に占める割合は約八割にのぼっていた。

一九七〇年に廃棄物処理法が制定され、本格的に規制が始まったにもかかわらず、処理施設が少ないこともあって、不法投棄量と不適正処理量が右肩上がりで増え、八〇年代のバブルでさらに急増した。バブルがはじけたあとも横ばい状態が続いていた。

不法投棄が大きな問題に

環境省の環境白書が示す不法投棄の推移を見ると、一九九五年度は四四・四万トン、九八年度は四二・四万トン、二〇〇〇年度が四〇・三万トンと、毎年数十万トン、件数にして一〇〇〇件を超える高水準で推移している。

二〇〇三年には岐阜市で五六・七万トンの建設廃棄物を不法投棄した善商事件が起き、同年度の不法投棄量は七四・五万トン、二〇〇四年度も沼津市であった大規模不法投棄事件があり四一・一万トン、二〇〇六年に副工場長らが逮捕された化学会社、石原産業の有害汚泥「フェロシルト」の不法投棄量は七二万トンにのぼった。

こうした頻発する不法投棄に有効な対策を打ち出さない国は、国民から鋭い批判を浴びた。

そのあおりを受け、難局を迎えたのが、産業廃棄物処理業界だった。すでに不法投棄イコール産廃業者というレッテルがはられた感があった。

その一つは中間処理業者で、産廃焼却炉を持つ処理業者が批判先の標的となった。九〇年代後半からダイオキシン汚染問題が大きな社会問題となったことは、先の高俊興業を紹介した章で触れたが、中間処理業者のうち、体力のある業者は、焼却炉を大改修したり新しい焼却炉を建設したりして、新しいダイオキシンの排出規制をクリアしていった。一方、資金にこと欠く零細企業は、廃業したり、焼却をやめて破砕業に転換していった。

中には、資金力も技術力もありながら、住民の抵抗を受けて、焼却施設を撤去、破砕処理からリサイクル事業に転換し、時代を先取りする企業も幾つか現れた。埼玉県の石坂産業はそれを代表する企業の一つである。彼らが引き受けていた廃棄物の大半が建設廃棄物だったことはいうまでもない。

もう一つは最終処分業者で、不法投棄が増えるということは、廃棄物を受け入れる最終処分場が少ないことにもある。しかし、世間はそう受け取らなかった。深夜、山奥にこっそり捨てる不法投棄する業者も、森林を伐採し、最終処分場を建設する処理業者も、自然環境や生活環境を破壊する業者と見なされ、同一視されたのである。

処分場建設に対する反対運動が各地に起こり、九〇年代後半には、廃棄物処分場問題全国ネットワークのまとめによると、中間処理施設も含め、全国約三〇〇カ所で住民紛争が起きているという異常な事態になっていた。

これでは廃棄物処理施設は造れない。最終処分場の残余年数は減り続けていた。厚生省の調査によれば九七年三月時点での残余年数は、全国で三・一年と逼迫（ひっぱく）していた。

この状況が続けば、やがて行き先を失った廃棄物は不法投棄に回る。その悪循環を断ち切るため、厚生省は廃棄物処理法の改正に乗り出した。規制強化による罰則強化と、処理施設の設置の手続きの透明化と情報公開、ミニ環境アセスメントの導入、都道府県の設置許可に際しての市町村長の意見聴取と、住民説明会の開催の義務づけなどを行った。

リサイクルの推進制度に懸念の声

その一方で、リサイクルを進めるための仕組みも導入された。改正法に再生利用認定制度が盛り込まれた。これは厚生大臣が、生活環境上の支障を生じさせないことが明らかな、再生利用を行う業者を認定し、その業者が同法での業の許可や施設の許可を取ることを不要とする。この規制緩和によって、廃棄物の再生利用を促進しようというものだ。

当時の廃棄物処理法にも、都道府県知事が「再生利用業者」と指定した場合には業の許可を不要とする特例があった。しかし、都道府県はその適用条件を厳しくし、例えば東京都では、再生業者は、排出者から処理料金を受けず無償で引き取ることとしていた。これではリサイクルに取り組む業者は現れない。

九七年の改正廃棄物処理法案の国会審議では、議員から懸念の声が相次いだ。

例えば九七年四月一五日の参議院厚生委員会。

田浦直議員（新進党）「廃棄物の改正法案、この中では廃棄物の減量化やリサイクルの推進のためにどういう対策を講じておられるのか」

小野昭雄・厚生省生活衛生局長「廃棄物問題の解決のためには、廃棄物の排出抑制とともに、リサイクルの徹底により、減量化を推進することが極めて重要な課題です。改正法は、まず多量の産業廃棄物を排出する事業者に対し、都道府県知事が作成を指示することとしている廃棄物処理計画に、産業廃棄物の減量に関する事項を盛り込むことを明示し、一定の廃棄物のリサイクルは、厚生大臣の認定を受ければ、市町村や都道府県ごとの許可を不要とする規制か緩和措置を講じることとしております。これにより廃棄物の減量化、リサイクルの推進を図りたい」

田浦議員「リサイクルの推進のために今度は規制緩和もやろうということですから、大変結構なことだと私も思っています。しかしながら、この廃棄物処理法の規制を緩和することが悪用されると困る。リサイクルの名をかりて、適正な処理が行われなくなるということもあるかと思う。豊島の例がそうだ。リサイクルをするためにそういうものを集めているんだと、どんどんシュレッダーダストが溜まっていったと聞いています。その通りなのか、みんなが不思議がらずに、山のように積まれるのを眺めていたのか」

小野局長「最初はミミズの養殖でスタートしたと聞いておりますが、昭和五十八（一九八三）年ごろから金属を回収するということで、シュレッダーダストを島内へ持ち込み始めたと承知しております」

田浦議員「今、規制緩和をすることによって、それを悪用してそういうことにならないかどうか、きちっと歯どめをしておかないといかぬと思うわけです。歯どめはどうなっておりますか」

小野局長「リサイクルの名をかりた不適正処理ということが行われますと、生活環境の保全が図れないことになりますし、廃棄物の適正処理にも大きな支障を来すことになります。今回のリサイクルに関する規定は、こういったことのないように、認定制度の対象とする廃棄物については、その性状あるいは再生利用の内容が生活環境保全上支障を生じないものを対象とすることを想定しています。さらに業や施設の許可は、認定により不要とするわけですが、適正な再生利用が担保されるように廃棄物処理基準を守ること、都道府県あるいは市町村の報告の徴収、改善命令等々の規制を適用し、運用も生活環境保全上の支障が生じないような運用を図ってまいりたいと考えております」

豊島の巨大不法投棄事件はリサイクル偽装

仁井室長は厚生委員会に出席し、答弁に立つ局長の後ろにいた。月刊誌『いんだすと』（一九九八年三月号）に寄稿し、処理業者にこうクギを刺している。

「法案の国会審議段階においても、このことについては再三指摘されていたところである。あってはならないことではあるが、この制度が悪用されリサイクル名目の悪しき処理を助長するようなことになれば、制度の存在意義そのものにかかわり問題であると考えている。適切な減量化・リサイクルをするべきことは論を待たないが、基本となるべきは適正な処理の確保である。脱法的な処理が事実上許容されるような状態であっては適切な処理の徹底も、適切なリサイクルもそれを推進する環境がととのわないというべきである」

この懸念の根底には、香川県・豊島の巨大不法投棄事件があった。小野局長が答弁したように、業者がミミズの養殖を行うと言って廃棄物を持ち込み、やがて金属回収と偽って様々な有害廃棄物を島に持ち込んだ。有価で買ったことにし、裏では高額の運搬費を徴収し、それを処理費に充てていた。島の自分の土地で廃棄物を野焼きし、焼却灰を埋めた。

有害金属などの混じった車を裁断したシュレッダーダストでさえ、香川県は「廃棄物でなく、有価物で金属を回収している」との業者の説明をうのみにしていた。九〇年に兵庫県警が業者を摘発し、不法投棄した業者は逮捕されたものの、会社は罰金五〇万円、経営者は懲役一〇月、執行猶予五年という軽い刑に終わり、廃棄物処理法の欠陥が明らかになった。

豊島の住民らが県と業者らを相手に起こした公害調停で、九七年七月に中間合意したものの両者の不信感は強く、県と住民との和解は新しく知事になった真鍋武紀さんが住民らに謝罪した二〇〇〇年になってからである。

真鍋知事の尽力で、隣の直島に処理施設を造り、撤去が完了したのは二〇一九年。業者が不法投棄を初めた一九七八年から四〇年余の歳月がたっていた。この事件は、産廃不法投棄の恐ろしさを世に知らしめ、厚生省が法改正する要因となった。しかし、一方で「リサイクル偽装」は根絶することはできず、現在に至ってもなお、形を変えて存在し続けているのである。

建設省はコンクリートからのリサイクルを始めた

リサイクルの動きを見て、建設省は本格的な取り組みを開始した。環境省の環境白書（二〇〇〇年度）は一九九〇年代後半の建設省の動きをまとめている。

「建設廃棄物等のリサイクル推進については、『建設リサイクル推進計画'97』に基づき、各施策を進めている。第一に、公共工事の発注者の責務の徹底を図るために行うべき事項についてとりまとめた『建設リサイクルガイドライン』の徹底、研究・技術開発の推進、公共工事発注者間の連携を強化するための情報交換体制の強化、建設副産物適正処理推進要綱の周知・徹底等を図った。また、公共事業等におけるリサイクルの推進を図るため、建設発生土の再生利用を促進するための情報交換システムを平成一一（一九九九）年四月より運用を開始するとともに、建設汚泥のリサイクルを推進するため、一〇月に『建設汚泥リサイクル指針』をとりまとめた」

「さらに、建設工事以外から発生する他産業の再生資材を公共工事に受け入れる場合の試験評価方法について、同年九月に『公共事業における試験施工のための他産業再生資材試験評価マニュアル案』をとりまとめた。また、特にリサイクルの取組の遅れが指摘されている建築解体廃棄物について、一〇月に『建設解体廃棄物リサイクルプログラム』を策定し、建築解体廃棄物の分別及びリサイクルの推進等について対策をとりまとめた。このプログラムを踏まえて、建設工事に係る資材の再資源化等に関する法律案（建設リサイクル法）を国会に提出した」

リサイクルを目指す

細沼順人さんは、このリサイクルの流れを敏感に嗅ぎ取っていた。

最初は預金通帳がどこにあるかも知らず慌てたが、会社の経営内容を調べると、利益率はかなりよかった。「これなら経営していける」と思った。しかし、売り上げ五億円、従業員一〇人では、多摩地域の処理業界を代表する会社とはいえない。どう実力をつけて大きくしていったらよいか、と思案した。

父の治夫さんは陵砂利の採取事業も手がけてはいたが、当時、問題となっていた砂利採取の跡地に産廃を埋めるようなことは決してなかった。治夫さんの夢は、山を買って大規模な砕石場を所有することだった。治夫さんの社長時代、細沼さんが新しい仕事を手がけて契約を取ってきても、治夫さんはいい顔をしなかった。その時、愚痴をこぼすと、清美さんが「お父さんがつくった会社だもの。お父さんが社長をやめたら、やりたいことをやればいい」と励ましてくれたことを思い出した。

細沼さんは、砂利採取事業ときっぱり縁を切り、リサイクルに集中することにした。

まず、これまで進めてきたコンクリートがらを破砕し、再生砕石にし、路盤材に使うリサイクル材「RC―40」の製造と販売を、これまで以上に強化することにした。そして、新たな事業として選んだのが、同じ建設廃棄物である建設汚泥のリサイクルだった。

建設汚泥に生石灰などを混合、含水率調整して、改良土にし、埋め戻し材や覆土材に使う取り組みは、浜野さんの大阪ベントナイト事業協同組合など、関西で進んでいた。それに比べて東京では、汚泥のリサイクルを手掛けていたのは建材会社一社しかなく、大半が海洋投棄されていた。

さらに、東京の改良土の製造方法を見ると、連続式とはいうものの、コンベヤーから装置に送り、スクリューでかき回しながら生石灰とセメントを投入するだけで、これでは均一に混ざらず、高品質にならないと思えた。

高品質の改良土を造るにはどうしたらよいか、細沼さんは全国のメーカーを訪ねて回った。その一つに広島県にある環境機器を製造する北川鉄工所があった。同社は、建設発生土を混練造粒するミキサーを製造していた。この装置の中に入れてブレードで圧縮とかき上げを繰り返しながら、添加剤を練り込み、さらにローターの高速回転で撹拌と均一の混練・造粒する。「ころころと転がすように造粒していた。これは使えると思った」と細沼さん。

建設汚泥は、成分の小砂利、砂、シルト、粘土の比率が、まちまちだから、石灰とセメントを均一に混ぜても同じ品質にはならない。細沼さんは同社に話を持ちかけ、装置の改良に取り組んでもらった。

工場拡大のための土地買収に苦労

技術のめどはついたが、それをどこに設置するか。秋川工場は敷地が狭く、新たに設置する場所はなかった。細沼さんは、隣の農地の買収に動いた。地権者は一〇人を超えた。

細沼さんが振り返る。

「底地権を持っていた東京都に掛け合って、既存の土地を買い取りました。次に隣の農地になりました。地権者は幾人もいましたが、何とか買い取りに成功しました。農地転用もできたのですが、その次の周辺住民の同意の取り付けには苦労しました。同意は都の許可条件じゃなかったが、同意も得ずに操業するのは嫌だったからです。説明会を開いたら、『こっちは口に入れるものを作ってるんだ。そんなもの認められるか』。紛糾して一〇分で解散となりました。その後、一軒、一軒お願いして頼んで回ったのですが、『おまえの顔を見たくない』『二度と来るな』と拒否されました。でも、諦めるわけにはいきません。仕事を終えると、農家回りするのが私の日課になりました。やがて一人が、『あんた、お茶飲んでいくか』と声をかけてくれました。私は土間に土下座し、額をこすりつけました。それこそ、血がにじむぐらい、何度もこすりつけ、『お願いします』と懇願しました。それからです。計画が動き出したのは……」

地権者回りを始めて一年が立っていた。地元の町内会長の承諾を得て、説明会を開くことになった。だが、当日、会場となった公民館には、その町内会長の姿がなかった。慌てた細沼さんは町内会長の自宅に急いだ。町内会長を連れだし、説明会場の公民館に戻った。

説明会で、住民を前に、町内会長が言った。

「この若い社長を、みんなで応援してやろうや」

拍手がわき、細沼さんの目に涙が浮かんだ。

二〇〇〇年、社長になって四年の歳月がたっていた。

しかし、東京都から汚泥のリサイクル施設の許可を取るまでには、さらに三年の歳月を要した。東京都から出た建設汚泥の大半は海洋投棄処分され、それが一番、確実な方法として、国と都は投棄業者に許可を与えていた。

表向きはリサイクルの必要性を唱えながら、肝心なところでは後ろ向きの姿勢だったのである。

二〇〇三年一二月、秋川工場から衣替えしたあきる野工場で、汚泥の新プラントが稼働を開始した。都の施設の許可証には「無機質汚泥造粒固化施設」とあった。

あきる野工場を見る

私は、あきる野工場を訪ねた。藤盛諭所長と須藤大知主任が案内してくれた。

工場は二つに分かれ、事務所の右手にコンクリートがら、ガラス、陶磁器屑を破砕する施設、左手は、建設汚泥を造粒固化する施設だ。

「まずコンクリートがらの方を見ましょう」。藤盛さんに促されて、長靴を履き、ヘルメットをかぶって、リサイクルの現場へ。処理施設が二手に分かれているので、わかりやすい。建設廃棄物を積んだトラックは、処理前置き場で下ろし、社員が目視で異物や不純物を取り除き、バックホウでホッパーから破砕機のジョークラッシャーに運び粗破砕する。見ると、こぶし大の大きさぐらいになっている。それをつり下げられた磁選機で鉄屑を取り除き、手選別で異物を取っていく。

次に一軸破砕機のインペラーブレーカーで細かく破砕（二次破砕）する。ジョークラッシャーが、両側の鉄の厚い板が左右に動き、挟まれたコンクリートがが潰されていくのに対し、こちらは回転式で、たたき割るような感じだ。

それをスクリーンでふるい分けする。振動させて、粒度（粒径）が四〇ミリ以下と四〇ミリを超えたものに分ける。四〇ミリを超えたものは再びインペラーブレーカーに戻す。四〇ミリ以下は、再生砕石のRC―10と、再生砂のRC砂として販売される。いずれも工事現場の路盤材などに使われる。

今度は、事務所の左手にある汚泥の造粒固化施設を見よう。

こちらは、トンネルなどのシールド工事や杭基礎工事から出た建設汚泥が対象だが、「ダンプに乗せても上を歩けるぐらいから、水でばしゃばしゃのものまで、いろいろあるんですよ」と須藤さんが説明する。水状の汚泥はタンク車で運ばれてくる。

汚泥をピットに入れ、水分の多いものはフィルタープレスで絞って水分を減らす。その後、ローリンググリズリーで直径四〇ミリ以下と四〇ミリ以上に分ける。装置の中には羽があり、回転（ローリング）させて四〇ミリ以上を出してしまう。

残った四〇ミリ以下のものは、ペレガイヤと呼ばれるミキサーの造粒固化装置でかき回し、土、生石灰、水を均一に混合し、練り込み、造粒固化する。先の四〇ミリを超えたものは、もう一回、破砕処理に戻し、リサイクルの工程が再び始まる。

改良土の使い道は

この造粒固化したものが改良土だ。改良土も二種類あり、この四〇ミリ以下のものをパイプスクリーンに通し、一三ミリ以下のものを取り除く。この一三ミリ以下が第二種改良土となり、それ以上で四〇ミリ以下のものが第一種改良土となる。製造の比率でいうと、第一種改良土が約五%、第二種改良土が約九五%を占める。

「どんな使い道があるのですか」と尋ねると、藤盛さんが説明した。

「第一種改良土は、土地造成などに利用する盛土材です。例えばビルの解体工事の後、地下に穴が残ります。その埋め立て材に使われたりします。第二種改良土は、水道、下水道工事での埋設工事に埋め戻し材として使われます。水道管を新しいものに取り替えるときに、土を盛り返しますから、管を埋設したあと、空洞になった部分を埋め戻さねばなりません。だが、そのときに強度の強い土だと、管を痛めてしまいます。かといって強度が足りないとよくない。適度に締まり、クッションの役割をしてくれる土が最適なんです。その意味でうちの改良土は適しています」

この品質のよい改良土の秘訣は、先のペレガイヤだ。二基備わっており、一基一日八時間で二四〇立方メートルの汚泥を処理できる。第二種改良土は、多摩地域の近郊の自治体の水道・下水道工事に使ってもらっているが、もっと多くの使い道があるという。

「解体工事での埋め戻し、土地造成、堤防の盛土材――。使い道はいろいろあると思います。どうやって販路を広げていくかが、大きな課題です」と、藤盛さんは言う。

実は第八章で詳しく述べるのだが、産業廃棄物処理事業振興財団の再生砕石と汚泥の再生土の認証制度で、あきる野工場は、二〇二二年一〇月に再生土（改良土）の認証を得た。この制度は、環境省所管の振興財団が、リサイクル製品と、その製造施設を審査・認証することによって、製造したリサイクル製品の出荷段階から商品として扱うことができるというものだ。

従来は、改良土を製造、販売しても、実際に利用先に届き、利用されるまでは、廃棄物扱いされ、収集・運搬時に廃棄物収集運搬の許可を持った業者でしか扱えず、県境を超えて移動させる際、廃棄物扱いなので、持ち込む先の県の承認を得る必要があった。実際、県境をまたぐ時には、廃棄物の越境移動を規制している県が多いので、せっかくリサイクル製品をつくっても廃棄物扱いの壁に阻まれていた。

この認証制度は二〇二一年にスタートし、リサイクル製品の大規模利用の促進が大いに期待されている。成友興業は、東京都のスーパーエコタウンにある城南島第一工場が、廃コンクリート再生砕石（RC—40）とともに全国第一号で認証されている。

受入量と出荷量のバランスに苦心

藤盛さんは一九九九年に入社し、あきる野工場の所長となり、その後、スーパーエコタウンの工場所長を経て、四年前にあきる野工場の所長として戻ってきた。

仕事のやりがいとともに、リサイクル製品を製造する廃棄物処理業の難しさについてこう語る。

「普通の製造業なら、原料を仕入れてものをつくり、販売します。客から買い入れてもらえることを見越して、それに見合った生産計画を立て、原材料を仕入れます。しかし、あきる野工場は、原料の受入量と、リサイクル製品の出荷量のバランスを取るのが難しいのです。毎日、原料となる廃棄物は入ってきますが、それが確実に売れるとは限りません。ストックできる量は有限なので、安定的に再生砕石や再生砂、改良土を販売しなければなりません」

製品をストックできなければ、販売価格を落として売却するしかない。これは、廃棄物処理業の宿縁と言ってもよいかもしれない。

一般の製造業と、廃棄物処理業のリサイクル製品の製造との違いは、①一般の製造業は、原料を購入し、それを加工することで付加価値を高め、製品として販売する。販売代金から原料購入費も含めた製造原価を引いた差額がもうけだ。②廃棄物処理業は、廃棄物処理料金で、二次処理費やリサイクル製品の製造費やもうけを捻出していることである。

細田衛士中部大学教授の『グッズとバッズの経済学』によると、グッズとは、経済取引でプラスの価値がつけられるもの、財のことである。取引は①だから、モノとお金の流れが逆になる。バッズは、経済取引でマイナスの価格がつけられるものである。取引は②だから、モノとお金の流れが同方向になる。

細田教授は、発生したバッズを「なるべくそれをバッズとして処理しないような、つまりグッズとして使い回すような流れを作り上げることである」とし、現行の「廃棄物レジーム」(廃棄物処理の仕組み、制度のこと)の変革を求めている。よいリサイクル製品をつくっても、細田教授の言うように、「流れ」をつくらねばならない。細田教授は、「市場だけの力ではバッズ・フローの最適制御ができない」と言う。市場を成り立たせるために、一定の機能的責任を負わせることが必要であると指摘し、このレジームをうまく機能させるための調整役、監視役としての行政の役割が重要だとしている。

細沼さんは、高品質のリサイクル製品を製造し、それを製品として国や自治体が認め、推奨すれば、利用が拡大し、公共事業だけでなくやがて民間事業にも広がる。そのために、改良土を品質のよい再生品にして有価で販売しようと考えた。「当時は、汚泥に量も調節せずに生石灰を混ぜ、撹拌もせず、形だけ改良土と名乗って不適正処理に手を染める業者も多かった。品質のよくないものを造っても販売できなければ廃棄物のままです。ユーザーが喜んで使ってくれるような製品を造りたいと思いました」と振り返る。

品質の良い再生材を製造するために、細沼さんは、機械メーカーの技術者と夜を徹して議論し、プラント開発を進めた。そして、利用拡大のためには自らユーザーになることも必要と考え、建設業にも手を広げていった。

スーパーエコタウンに進出決める

二〇〇三年に東京都から改良土を製造する造粒固化施設の認定を受けた成友興業は、多摩地域の自治体の水道・下水道工事に改良土を使ってもらい実績を上げていた。

二〇〇六年になってまもないある日のこと。細沼さんは、当時、東京都環境局が推進していたスーパーエコタウンの存在を知った。スーパーエコタウンの第二次公募の時期が迫っていた。

スーパーエコタウンは、高俊興業が二〇〇二年の第一公募に応募し、一番乗りで二〇〇四年暮れに建設廃棄物のリサイクル施設を稼働させていた。だが、進出した六社の施設には、汚泥のリサイクル施設がなかった。

海洋投棄の規制が厳しくなった

実は東京都環境局は、建設汚泥について困った問題を抱えていた。

当時、東京都二三区内の工事現場から排出された建設汚泥は、その大半が廃棄物処理業者によって海洋投棄されていた。産業廃棄物として海洋投棄処分が可能なものとして、農業や食品工場から出た汚泥、下水汚泥、建設汚泥、動物性残渣（ざんさ）、家畜糞尿が認められていたが、屎尿と浄化槽にかかわる汚泥は二〇〇二年に禁止され、それまで海洋投棄していた処理業者には五年間の猶予期間が与えられた。

これは廃棄物の投棄による海洋汚染を防止するために結ばれたロンドン条約による規制で、一九七二年に採択、七五年に発効し、日本は一九八〇年に条約を締結した。当初は、水銀、カドミウム、放射性廃棄物の規制が主だったが、海洋環境の保全のために投棄禁止の対象が広がっていった。一九九六年にロンドン議定書が採択され、二〇〇六年三月に発効した（日本は翌二〇〇七年一〇月に締結）。

ロンドン議定書は、廃棄物の海洋投棄と洋上焼却を原則禁止し、例外的に浚渫物、汚泥など、海洋投棄について検討できるものをあげ、それらを海洋投棄できる場合でも、厳格な条件のもとでのみ許可することを、各国に求めていた。

日本では、二〇〇六年三月の議定書発効に合わせ、環境省が指針を策定し、投入業者と数量を限定し、許可することになった。環境省は厳しい方針を打ち出し、首都圏のみ限定的に許可していた。環境省によると、二〇〇六年一二月から一七年二月までの間に神奈川県の産廃処理業の二社が許可を受けて、建設汚泥を五七七万立方メートル（約六三三万トン）太平洋の日本近海に投棄している。

このときは首都圏の汚泥の行き場がないとの理由で限定的に認められていたが、一七年二月に環境省が他の手段で陸上処理できないことを立証しないと認めないとして、従来の指針を改定、事実上、全面禁止となった。環境省の海洋環境室は「業者からの相談には応じても一切認めていない」という。

都は、汚泥のリサイクル施設建設を求めた

二〇〇六年当時、東京都は、下水汚泥の焼却施設の整備を進めるとともに、上下水道工事から出る

建設汚泥の処理施設を設置したりしていたが、都心部の他の工事から出る建設汚泥の行き先は不透明なままであった。海洋投棄が禁止され、行き先がなくなれば、汚泥は不法投棄に向かいかねない。それを防ぐためにも、汚泥の処理施設を二三区内に造ることが求められていた。

細沼さんは、二〇〇四年の暮れにエコタウンがオープンした時、友人と二人で、エコタウンを訪ねたことがあった。好奇心からどんなところか気になった。

その時、開業していたのは高俊興業一社だった。東京臨海エコ・プラントの壁に、その大きな文字が浮き上がる。多くの中間処理業者は、露天で社員が建設廃棄物の選別を行っている。それに比べてどうだ。選別機はじめさまざまな装置が、この工場の建物に内蔵されている。

「この工場で、これまでリサイクル不能と言われた建設混合廃棄物を選別し、有用物を造りだしているんだ」

そう思うと、この建物がまるでバベルの塔のように、細沼さんの目に映った。

ダンプカーが出入りする入り口近くで立ち続けていると、真っ白のワンボックスカーが出てきた。運転しているのは社長の高橋俊美さんだった。細沼さんと友人の二人の前を車がすり抜けていった。

細沼さんは思った。

「かっこいい。あんなふうになりたい」

会社に戻って調べてみると、応募条件に「先進的な技術」とあった。成友興業は名乗りをあげ、建設廃棄物を扱うリサイクル・ピアの向かいの土地六〇〇〇平方メートルを確保し、城南島第一工場を設置することになる。

この時、他に第二次公募に名乗りをあげたのは、廃プラスチック類のリサイクル施設のシグマテック、木屑のリサイクル施設の東京ボード工業、廃タイルカーペットのリサイクル施設のリサイクル・ピアグループの三社だった。さらに、第三次の応募には七社が参加し、食品廃棄物のバイオガス化のアルフォ、成友興業だけが選ばれている。そして、城南島第二工場を建設した。

リサイクル技術高めるため研究会に

東京都が進出の条件として出した「先進的な技術」は、現在のあきる野工場の持つ再生土のリサイクル技術で十分、クリアできた。だが、細沼さんは、それにとどまらず、汚泥と一緒に、コンクリートがらを利用した本格的なリサイクルを新工場で行いたいと思っていた。

そのころ、国土交通省、東京都、ゼネコン各社、それに建設廃棄物を扱うごく少数の処理業者で、「再生骨材コンクリート高度利用研究会」を設置し、新技術の勉強会をしていた。

現在は、コンクリートがらを破砕して再生砕石にし、道路の路盤材などに使っている。しかし、これは破砕したものをそのまま使っているだけで、細沼さんのいうように、リサイクルというには少し物足りないかもしれない。

研究会は、コンクリートがらを砂利である骨材(こつざい)と砂とセメントに分け、再びコンクリートの骨材にすることを目指していた。生コン業者は、バージンの砂利と砂とセメントを混ぜて生コンクリートを造り、建設会社に販売する。その生コンクリートの原料になるリサイクル材の骨材を製造するという。

その話を伝え聞いた細沼さんは、幹事会社の鹿島建設の本社に連絡し、担当者に、成友興業もメンバーに入れてほしいと懇願した。願いが受け入れられ、まもなく研究会に細沼さんの姿があった。

そのころ、大手ゼネコンはコンクリートがらのリサイクルに取り組み、再生骨材の製造装置を完成させていた。細沼さんは、それらの試作機を一つ一つ見て回った。

その一つに大手セメントメーカーの開発した加熱すりもみ機があった。数百度で加熱しながら、コンがらをすりもみしながらつぶしていく方式で、細沼さんのプロの目から見ても、できた骨材の品質が特段によかった。

「この技術がいい」。ほれこんだ細沼さんは、同社に頼み込んだ。「スーパーエコタウンの工場に入れたい。ぜひ、卸してください」。開発現場は好意的だったが、同社は正式にその要請を断ってきた。

同社の関連会社には大手の砕石業者らがいて、コンクリートの原料となるバージン材を販売していた。コンクリートがらのリサイクル化を進めると、バージン材業者の障害になってしまうというのだ。動脈産業の太い流れが、静脈産業の伸長を阻んでいた。

しかし、同じころ、同社は加熱すりもみ事業からの撤退を決めたが、その技術を無償で利用することを認めてくれた。細沼さんは、スーパーエコタウンの最先端技術として、この加熱すりもみを新工場の看板にすることを決定した。

エコタウン進出は決まったが、資金繰りが課題に

応募して無事進出が決まった。工場の青写真もできたのに、細沼さんは大きな壁にぶつかった。当時の成友興業の売上高は二〇数億円で、社員は五〇人ほど。その小さな企業がスーパーエコタウンに造る新工場の建設費は三〇億円だった。

細沼さんは取引先の都市銀行の支店を訪ねた。融資担当の銀行員は好意的だった。

「九九％出すから平気でしょう」

だが、しばらくして支店に呼ばれた。

「ゼネコンから出資を受けていただくことが条件になりました」

細沼さんが答えた。

「それはできません」

すでに進出した企業でゼネコンの融資を受けたところがあったが、操業を始めると、経営のあり方をめぐって処理会社とゼネコンが対立、経営がぎくしゃくしていたからだ。そんなことにはしたくなった。

「それはできません」

細沼さんが断わると、銀行員が言った。

「じゃあ、融資はできません」

細沼さんは食い下がった。

「いくらなら融資していただけるのか」

「ゼロです」

細沼さんは、その銀行をあきらめ、信用金庫を回り始めた。幸い、つきあいのなかった多摩信用金庫が理解を示した。「うちがメインになって協調融資でいきましょう」

細沼さんは、他の信用金庫や都市銀行をかけずり回った。西武信用金庫、青梅信用金庫、りそな銀行が乗ってくれ、融資が正式に決まったのは、二〇〇九年七月に城南島の第一工場の操業が始まる直前だった。

無事、第一工場はスタートした。もちろん、最初はトラブル続きで、毎日、トラブルの対応に忙殺された。

品質はよいのに売り先に困る

しかし、困ったのは、それだけではなかった。

加熱すりもみ処理によって製造したコンクリートがらのリサイクル材は、二〇一一年一一月に全国初のコンクリート用再生骨材Hとして JIS規格を得た。

全国初のJIS規格をもった再生骨材と、高品質の改良土の二つのリサイクル材で、同社は大きく飛躍するはずだった。ところが、しばらくして成友興業は苦境に陥ったのである。販売先がなかなか見つからないのだ。

改良土の利用を期待した上下水道工事では、多摩地域と違い、都心部は下水道などのインフラ施設が普及しており、開削工事が少なかった。さらに都が発生土の改良プラント（発生土再利用センター）を持っているために、民間工場の汚泥改良土の需要がなかった。

コンクリート用再生骨材Hについて、JISを取る前に「いいことだから購入したい」と好意的だった生コン業者に、いざ納入しようとすると難色を示された。当時の建築基準法ではJISの再生骨材Hの利用が認められていなかったからだ。利用するには国土交通大臣の認定を必要としたが、ハードルが高かった。

細沼さんは、必死で販路を探したが、利用先は見つからない。工場に改良土と骨材が積み上がっていった。

「このままじゃ、大変なことになる」。経営難にあえぐ細沼さんを見て、取締役らが役員報酬の減額を申し出た。細沼さんは五〇%、役員らは三〇%減額した。

ある日、顧問の島田啓三さんがこんな提案をした。

「細沼さん。汚染土の処理を手がけたらどうか」

土壌汚染の状況の把握や土壌汚染による健康被害防止のために土壌汚染対策法が二〇〇二年に制定され、よく〇三年から施行された。二〇〇九年四月には法改正され、同年一〇月には汚染土壌処理業の許可申請の手続きについて省令が公布され、翌一〇年四月には改正法が全面施行されていた。

この法律は有害物質を使用していた工場や事業所が、施設の使用を廃止した時や一定規模以上の土地の形質変更の際に、都道府県知事が土壌汚染のおそれがあると認めた際に調査し、基準を超えた時に、封じ込めや土壌汚染の除去が義務づけられていた。この法律を所管する環境省のもとで、様々な処理方法が指定され、汚染土壌ビジネスが生まれようとしていた。

汚染ビジネスに目覚める

島田さんは元鹿島建設の社員で、社団法人建設業協会の副産物部会の役員を長く務め、建設廃棄物のリサイクルに長年取り組んできた。建設副産物情報センターの「ＪＡＣＩＣ情報」(53号、一九九九年四月)で、こう語っている。

「最近特に多いのが汚染土壌です。汚泥の発生割合としては土木分野が圧倒的に多いのですが、汚染土壌との遭遇という意味では建築の方が圧倒的に多いのです。例えば工場跡地を開発するケースなどで直面したりします。ですから、汚泥や汚染土壌を含めて土砂そのものを総合的にとらえていくことが、法制度的にも必要になってくるのではないかと思います」

そして、当時の国と建設業界の認識が違っていることにも言及している。

「建設汚泥は、もともと土に水をまぜて、あるいは地下水等とまじった形で排出されることによって問題化しているわけですが、水と分けてしまえば元の土になる。とすれば、土砂が廃掃法（廃棄物処理法）の適用除外になっているのと同じように、建設汚泥も廃掃法の適用外の土砂として扱っても問題ないだろうと、建設業界では厚生省に対して働きかけてきました。しかし、厚生省のスタンスとしては、不適正処理、不法投棄という問題がありますから、むしろ適用除外になっている土砂を廃掃法の中に組み込むべきじゃないかという議論もあるようですね。ある意味で理解できるのですが、単純に廃掃法の中に組み込むのではなく、土砂、汚染土壌、汚泥を総合的にとらえ、いかにリサイクルを図っていくか。と同時に、土砂系の適正処理をきっちりするという意味で、総合的な法体系、法制度の整備が極めて必要だと私は思っております」

残念ながら、この課題は解決されないまま、現在に至っている。

コンクリート塊・汚染土壌を扱う第一工場を見た

島田さんから情報を得た細沼さんは、すぐに動き出した。西日本を中心に同法による施設許可を受ける動きが始まろうとしていた。

処理方法には、異物除去、含水調整、不溶化、洗浄、焼成、埋め立て処分があるが、細沼さんは第一工場で異物除去、含水率調整、不溶化の手法を採用することにした。この方法なら、第一工場の施設で対応可能だった。二〇一一年三月、第一工場は、東京都から汚染土壌処理業の許可を取り、汚染土壌と汚染汚泥の受け入れを始めた。建設会社はみな、汚染土壌の扱いに困っており、需要はあった。

城南島事業所長の隅田貴広さん（左）と主任の坂井慶太さん

これで、成友興業は危機を脱することになる。

第一工場の処理を知るため、私はスーパーエコタウンを訪ねた。

成友興業第一工場の入り口のトラックスケールに、次々とトラックがやってくる。

コンクリートがらを下ろすと、重機で一次破砕機のジョークラッシャーに。磁石で鉄類を取り除き、バイブロスクリーンで四〇ミリ超えと、四〇ミリ以下に分級する。

四〇ミリ超えは二次破砕機に送り、それ以下は、バイブロスクリーンで、一〇～四〇ミリと一〇ミリ以下に分け、それぞれＲＣ―40とＲＣ―10として販売する流れは、あきる野事業所と同じだ。この再生砕石は道路の路盤材などに使われる。

ＪＩＳを取った再生骨材を製造する加熱すりもみ機は、稼働していなかった。「残念ですが、こちらは絶え間なく需要があるわけではないので、要請があった場合のみ、稼働させています」と、案内してくれた米本隆文工場長が話した。せっかくの高性能のすりもみ機は、工場の中で沈黙を保っていた。心地よいうなりをあげ、フル稼働するのはいつの日なのか。

汚染土壌はトラックの荷台に乗せられ、ピットからペレガイアに送られる。ペレガイアで生石灰と混合し、そこで細かい解砕と均一な混練、造粒が行われ、セメント原料の粘土の代替品として納品される改質土にする。汚泥は第二工場で扱い、第一工場ではほとんど扱わず、いまは汚染土壌のリサイクルが主だ。

こうして納品した改質土は、セメント工場のロータリーキルンで焼成される。焼成によって汚染物質は無害化され、安全に処分される。

汚染土壌ビジネスを支える社員たち

この第一工場と第二工場を統括するのが、執行役員の隅田貴広城南島事業所所長。高校を卒業し、九年ほど合材・砕石メーカーで働いたのち、成友興業に転職して二〇年近くになる。公共工事の営業担当となり、同社の売り上げ増に貢献してきた。工場を統括しながら、改良土の販売先の開拓にも力を入れている。

「うちの会社のいいところはリサイクルに邁進（まいしん）しているところ。廃棄物の流れを示したフローチャートがしっかりしています。ゼネコンさんには処分費がこれだけかかると説明し、ある程度わかってもらえるようになりました。課題は、民間の事業の利用が少ないことです。ゼネコンさんが自ら請け負った事業では、再生材を使おうという姿勢があるが、住宅建築会社の理解はまだまだです。公共事業がやせ細っている中で、どうやって民間事業で利用を増やしていくかが大きな課題です」

汚染土壌ビジネスが軌道に乗ると、細沼さんは、新しい水洗浄施設に挑戦した。第二工場である。この章の最初に紹介したように、第二工場は、新技術の塊といってもよい。

当時、水洗浄による汚染土壌の浄化の実績のある会社は関西に限られていた。それは、関西の地質は砂分が多く、水洗浄に向いていたからだった。それに比べて関東は、関東ローム層と言われるように粘土・シルト質が多い。だから水洗浄で汚染物質を除去するのが難しいと見られていた。

しかし、細沼さんは、新しい技術で、浄化と細かい分級によって製品の価値を高められないかと考えた。環境機器メーカーを回り、新しい技術を見つけると、共同で、さらに関東地方の土に適合した装置造りを進めた。

城南島事業所で主任として品質管理業務を担う坂井慶太さんは、大学で土木を専攻して入社し、第一工場で品質管理の仕事をしていたが、第二工場の企画段階で、細沼さんが設置した若手検討チームの一員として案を練った。坂井さんが言う。

「スーパーエコタウンの三次募集への応募の条件は、先進的な技術を持つことだったので、どんな技術を導入したらよいのか、ずいぶん議論しました。見つけたのが、環テックスというコンサルタント会社が持っていたシルトデハイダーという新技術でした。非常に小さな粒子まで分級できる高度水分級技術の一つです」

第二工場には、このほかにも炭酸マイクロバブル技術といった水洗浄の新技術の装置が幾つも採用された。この高度な洗浄施設を備えた第二工場の建設には五〇億円の資金を必要とした。その調達は第一工場の時ほどではなかったが、最初の一年間はトラブル続きだった。

「第二工場は装置が多く、複雑で一台一台の調整が難しい。環テックスの社員には常駐してもらい、私たちと一緒に解決に向けて取り組む毎日でした」と坂井さんは振り返る。

資源循環社会づくりを進めたい

何が、心を駆り立てるのか。細沼さんは言う。

「私たちの商売って、社会の役に立っているのに、産廃屋と言われて、世間の評判が低いでしょう。仕事はきついし、露天でやってる業者も多い。もっとかっこいい、みんながそこで働きたいと思うような商売をやりたいと思ったのです。もうぴかぴかの業界にして、それを次世代のみんなに渡したい」

高俊興業の東京臨海エコ・プラントの工場を見て、細沼さんは、雨の日にカッパを来て作業していた自分の姿と比較した。「屋根のついたあんな建物でやりたい」という気持ちで、一身にまねをしたという。

細沼さんは二〇一〇年に東京都産業廃棄物協会の理事に選ばれ、そこで理事だった高橋俊美社長とのつきあいが始まった。失敗すると、細沼さんは高橋さんに教えを請うた。

「ぬまちゃん、おれのところはな、こうやってるんだ。参考にしてくれ」

高俊興業の社長室にあるホワイトボードに書きながら、講義が始まった。

「それこそ、いろんなことを聞きました。自分の会社の得にもならないのに、一つ一つ、それこそ何でも教えてくれた。師匠なんです」と細沼さんは言う。

いつしか、高橋さんは細沼さんのことを「ぬまちゃん」、細沼さんは「おやじさん」と呼びあう関係になっていた。高橋さんは優しかったが、厳しい人だったという。三〇億円の調達がスムーズにいかなかった時、細沼さんは、高俊興業の会長室を訪ねた。

「おやじさん、金貸してください」

高橋さんが、優しいが厳しい声で言った。

「ぬまちゃん、それはだめだよ」

はっとする細沼さんに、かんで含めるように言った。

「ぬま。おれはな、会社のなかで、乾いたぞうきんを絞りながらやってきたんだ。それでも、まだ、水がしたたり落ちている。まだ、絞るよ」

高俊興業も、巨額の借金を苦労しながら返済してきた。国の補助金に頼らず工場を建て、建設廃棄物業界のリーダーとなった。細沼さんも同様に補助金に頼らず、果敢に挑戦を続けている。

細沼さんが語る。

「公共事業が減り、マーケットが小さくなる中で、周りと同じようなことをしていてはやっていけません。これから求められるのは、廃棄物の処理業としてではなく、リサイクル製品を造る製造業としての製造者責任です。誠実さと高い倫理観を持ち、市場に提供していかねばならない。その一方で、使う側も安ければいいというのではなく、もっと品質や資源循環に役立っているかを判断材料にしてほしいと思います。処理費だけとって、コストをかけず、粗悪品をつくって不法投棄まがいのことや、不適正処理をしているようでは、この業界は社会から信頼されません。うちは苦しくても資源循環社会に向かって進んでいこうと思う」

群を抜いた情報の開示度が信頼を得る

成友興業のＣＳＲ（企業の社会的責任）報告書を見た。

企業行動指針として、環境とのバランスに配慮、地域との共存、人権の尊重、反社会勢力には毅然とした態度で臨むなど、一〇項目が掲げられている。環境面で目を引くのが、マテリアルバランスが明記されていることだ。

マテリアルバランスの表（二〇二一年度）を見ると、受入量と処分量、搬出量がそれぞれ品目ごとに記されている。品目ごとに流れを追うと、受入量は、がれき類・ガラス・陶磁器屑が三九万九八九八トン、汚染土壌・基準不適合土で二九万二七二〇トン、汚泥が一三万一二二一トン、混合廃棄物（埋設廃棄物）が一万二四七トン。それを三工場で処理したあとの搬出量は、再生砕石・再生骨材が三三万七四一〇トン、砂が三万二六九三トン、セメント原料が三三万一二一七トン、改良土が一万二五三三トン、覆土材（最終処分）が二万二二六四トン、スクラップが七八九トン、残滓物（処理委託）が八〇七〇トン、残土が八万三三三八トン、水が二万八〇六二トン。

これに伴うCO_2の排出量は四一八六・四トンで、リサイクル率は九七・三％。リサイクルしづらい混合廃棄物が少ないなどの条件を差し引いても、引き受けた汚染土や汚泥を分級・脱水し、有効利用されていることがわかる。

細沼さんは「引き受けた廃棄物が処理後にどうなっていくのか、情報を開示することで、信頼される企業でありえると思いました」と話す。

「令和のビジネスモデルに転換を」

細沼さんは、第八章で紹介する廃コンクリート再生砕石と建設汚泥再生品、両社を原材料とするハイブリッド・ソイルの認証制度づくりを進めてきた。それを振り返り、業界誌に投稿しているが、その今後に向けた提言部分を紹介しよう。

「総務省によると不適切な建設残土の埋立が二〇一五年度以降に一二〇件見つかっており、そのう

「令和の時代にふさわしいビジネスモデルをつくりたい」と語る細沼順人社長

ちの約三割は土砂流出の被害が生じている。

このような問題を起こしているものは、土質性状が悪く、災害が起きる危険性のあるもの、建設汚泥に不完全な改良を施し逆有償による残土処分や汚染土壌を建設発生土とまぜて希釈し偽って残土処分場にいれているケースであり、土砂崩壊だけでなく汚染の拡散になりかねない状況にある。廃棄物にもかかわらず有償売却という偽札を付け、利益等が優先され、不適正製品の不法投棄に繋がっている」

「他方で、廃棄物については県を越境する場合には都道府県等との事前協議や廃掃法により厳格に規制され広域利用へのハードルは存在する。国土交通省は、すべての公共工事と大規模な民間工事を対象に建設発生土の『指定利用』を標準請負契約約款に位置付ける検討に入ったが、建設発生土に対しても汚泥、汚染土のマニフェストや管理票のようにトレーサビリティを確保する仕組みづくりが今後は必要になっていく。（中略）適正処理を行って高品質なものを製造する、私たち中間処理業者は、製造業者となり、ゼロエミッションを達成しなければならない。昭和・平成のビジネスモデルのままの偽の有償品を隠れ蓑にせず、適正処理、品質保証、施設や製品の認定・認証を行い、産業資源循環させて令和のビジネスモデルに転換すべきである」（『いんだすと』二〇二二年五月号）。

汚染土壌を利用可能な土に生き返らせる。そんな思いが、細沼さんと社員たちの胸に詰まっている。

□第六章の扉の写真説明・（右上）コンクリートがらから製造された再生砕石の「えこ石」と「加熱すりもみ再生骨材」・（左上）東京都大田区の東京スーパーエコタウンにある城南島第二工場のグリズリ傾斜篩（奥）とＰＧＳ（手前）・（下）城南島第一工場のプラント。

（右上）東京都大田区にある城南島第二工場の洗浄分級設備全景
（左上）ペレガイヤと呼ばれる汚泥造粒固化機（同）

（右下）PGS は乾式分級により、土砂等に含まれる大塊を分別する
（左下）城南島第二工場の高度水処理設備の全景

（右上）東京都あきる野市にある「あきる野工場」の再生砕石製造プラント
（左上）あきる野工場は改良土と再生砕石を製造している
（右下）破砕したコンクリートがらの選別ライン（同）
（左下）コンクリートがらはジョークラッシャーで一次破砕する（同）

（右上）東京都大田区にある城南島第一工場で、重機も使って異物を除去する
（左上）城南島第一工場の全景
（右下）セメント工場に出荷するセメント原料（同）
（左下）製造された再生砕石（ＲＣ－40）は、路盤材に使われる（同）

第七章

汚泥のリサイクルから
埋め立てまで一貫処理体制
西日本アチューマットクリーン

吉備高原南部に複合型施設

岡山県は面積七一一四平方キロメートルに約一八六万人が定住する。北は標高一〇〇〇メートルほどの山が連なる中国山地、標高三〇〇～六〇〇メートルの高原、吉備高原が県中央部を占め、階段状に低くなり、さらに南には岡山市、倉敷市にまたがる形で岡山平野が広がっている。そして穏やかな瀬戸内海に島々が浮かぶ。

中国山地から平野に流れる旭川、高梁川、吉井川が豊かな水を供給し、北部と中部は酪農と農業、南部では工業が発達する。北部を中国自動車道、南部は山陽自動車道が横断し、南北に走る岡山道と瀬戸中央自動車道で四国を結ぶ交通の要衝である。さらに温暖な気候と豊かな自然が好まれ、住みたい都道府県ランキングはトップ一〇に位置するという。

吉備高原南部に二〇二二年一〇月、管理型最終処分場と焼却施設、中間処理施設からなる複合型の産業廃棄物処理施設が誕生した。

「構想を温めて、二〇年以上の歳月をかけてようやく完成しました。排出事業者の要請に応え、中間処理から最終処分まで責任を持って処理・処分することで、循環型社会づくりに貢献したいという、藏本忠男会長と私、社員一同の情熱の結晶です」

二〇二二年一一月、藏本忠男会長の長男で社長の藏本悟さんの言葉を受けた私は、岡山に向かった。岡山県の玄関、岡山空港から吉備高原に向け、車で県道を北上すること約一〇分。右折し山道に入る。周囲の山林一帯は株式会社西日本アチューマットクリーンが所有・管理し、「20キロ制限」と書かれた標識を見ながら、山道を登っていく。

一・四キロ先に、陽光を浴びて輝く建物が見えた。「E・フォレスト岡山」の管理棟と中間処理施設棟だ。にこやかに出迎えてくれたのが、「Ｅ・フォレスト岡山」の岡野英隆所長と乾晶副所長の二人。岡野所長が言った。「一〇月七日に竣工式記念パーティーを行ってまだ一カ月。いまは完成した施設を稼働させ調整を行っています。この日のために、会長と社長が長い歳月をかけて苦労されてきました」

「Ｅ・フォレスト岡山」のＥは、地球（Ｅａｒｔｈ）、自然環境（Ｅｃｏｌｏｇｙ）、エネルギー（Ｅｎｅｒｇｙ）。フォレスト（森林）は、吉備高原の広大な自然の意味がある。社内外から名称を募集し、最後は藏本忠男会長と悟社長が決めた。自然を改変して造った施設ではあるが、できうる限り、自然を大切にし、共生したいという思いが込められている。

管理・運営に約三〇人の社員が従事しているこの施設の特徴は、複合型施設にしたところにある。岡野所長が言う。「最終処分場だけ、あるいは焼却施設だけに特化したところが大半ですが、弊社は中間処理施設も併設した複合型施設にしました」

どんなメリットがあるのかと尋ねた私に、こう説明した。

「最終処分場は面積三万七二〇〇平方メートル、五一万三〇〇〇立方メートルの埋め立て容量があるのですが、特徴は、処分場から出た浸出水を外に出さないクローズド方式にしていることです。下流では農業が行われ、農業用水として利用されています。汚染のリスクがあると、不安に思う人がいるかもしれません。普通、浸出水は、集水管で集めた後、水処理施設で処理し、規制物質を排水基準以下にして河川に排出するのですが、ここでは浸出水を処理した後、焼却施設に送ります。そこで冷却水として使っています。藏本会長が計画当初、同じ方式の処分場を視察し、この方式なら地域の方々と共存できると確信し、この方式になりました」

私は、これまで数多くの処分場建設に係わる紛争を取材してきた。必ず出るのが、この浸出水が、下流の住民に健康被害を及ぼさないか、環境を汚染しないだろうかという不安である。裁判でもこれが主要な争点になる。

それにしても、このクローズド方式は誰の考案なのか。あとで会長と社長から教えてもらうとして、E・フォレスト岡山の施設を見せてもらおう。「場内を回りましょう」。岡野所長に促され、電動カートに乗った。

五層構造と漏水検知システム

カートが敷地内の道路をゆっくりと下っていく。山林の谷筋に処分場が見えた。最終処分場の上端に当たるところから、処分場を見る。壁面はすべてグリーンの遮水シートで覆われ、あちこちに「遮水シート踏むな」の掲示板が立てられている。底面の先にパワーショベルが見えた。

乾副所長が突端を指さして言った。「あそこから順番に埋めて行きます。そこが終わったら次に移動していきます」

遮水シートはもちろん底面にも敷かれている。遮水シートは、五層構造になっている。底部に保護マットを敷き、その上に高密度ポリエチレン製の遮水シート、その上に上層保護マット、さらにその上に遮水シートを敷き、最後に遮光マットを敷設している。遮水シートは一・五ミリの厚さがあるという。

「それでも破損する可能性がありませんか。漏水検知システムを整備したといいますが、どんな仕組みなのですか」と、私が聞くと、岡野所長が説明した。

「全部で九七個のセンサーを横方向に四メートル間隔、縦方向に三メートル間隔に、遮水シートの上に敷いた導電性マットに配置します。異物などで遮水シートが破損すると、導電性マットに配置したセンサーが感知し信号を送り、制御室のコンピューターが、どの箇所で破損したか計算して出してくれます。もちろん、遮水シートを破損させないように、日頃の管理が大切なことは言うまでもありません」

電動カートは、最終処分場の上端の縁に造った道路を走り、浸出水処理施設に着いた。

この施設には、配管で二つの浸出水調整池から浸出水が送られてくる。一日に一四〇トン処理する能力がある。雨が降ると、それが処分場に染み込み、内部に張り巡らせた集水管で集め、最終処分場の底部の集水ピットに溜まった浸出水をポンプで浸出水調整池に送水される。

調整池は二つあり、三七〇〇立方メートルと三三〇〇立方メートルの容積があり、合計七〇〇〇立方メートル。近年頻発しているゲリラ豪雨にも十分耐えられるように、計画量を二倍にし、安全性を高めた。

浸出水には廃棄物に含まれている重金属や化学物質、塩などが、わずかだが含まれている。それをポンプアップして浸出水処理設備に送り、浄化する。そして処理施設から上部にある焼却施設に配管を通して送り出す。

浸出水処理施設の下手にある浸出水調整池の隣には、二つの防災調整池があり、それぞれコンクリートの要壁で区切られている。大雨の時に貯水し、防災機能を果たす。処分場の建設に当たって、このクローズド方式にしたこと、遮水シートを五層構造にしたこと、漏水検知システムを装備したことで、防災・安全対策をとるとともに、自然環境にもずいぶん配慮したという。

保全区域設け、貴重な植物守る

二〇二二年八月、同社は、「（仮称）笹目谷産業廃棄物処理施設に係る自然環境の保護への配慮実施報告書」を岡山市に提出している。自然環境の保全のためにどのような配慮を行ったかを記したもので、環境影響評価書の記載が、工事段階から完成までにどう実行されたかを記したものだ。

最終処分場と中間処理場を中心にした平面図を見ると、キンランが植生していた二つの区域が「希少植物保全区域」と設定され、工事対象から外されていた。

キンランは、山や丘陵の林に植生する地上性のランで、四月から六月にかけて黄色の花を咲かせる。菌根菌と呼ばれる菌から栄養を得て、クヌギやコナラなどと共生している。環境省の絶滅危惧種Ⅱ類に分類され、将来絶滅が危惧される種として保存が求められている。また、尾根部はアカマツの群落を残し、保全につとめることにしたという。法的義務はないが、配慮したことがわかる。

道路の側溝を見ると、切れ込みのある箇所が幾つもあった。側溝の底から上部にかけて斜面の通路が設けてあった。「これは、小動物がはい上がれるようにしました。側溝があると、小動物は移動が分断されてしまいますから」と岡野所長。

もう少し進むと、道路の下部にU字溝があった。これは、動物が道路で遮断されるため、通り抜けられるように設置したトンネルである。法面の上部は、在来種の植物を使って緑化されており、周囲の自然と連続性を持たせようとした努力の跡が見えた。

移植した植物もある。工事の対象区域には、ヤブイバラが植生していた。ヤブイバラは、バラ科の落葉低木で、これも絶滅危惧種Ⅱ類に分類されている。そこで、押木と呼ばれる下部の一部を切り取り、初根させて苗を大きくし、他の場所に移植した。

ストーカー炉とロータリーキルン炉の複合型

工事区域から離れたところに、耕作が放棄されていた水田が残っていた。そこでその水田の跡地を利用し、ビオトープとして整備、利用することにした。

また、この地区はオオタカの生息域にかかり、餌場の一部にしていることが、環境アセスメントの調査でわかった。種の保存法で国内希少野生動植物種に指定されていたころは、環境省の調査で一九八四年に三〇〇～四八〇羽と絶滅が危惧されていた。しかし、密猟の取り締まりや保護の強化で、二〇〇八年には五〇一〇～八九五〇羽に増え、種の保存法の指定から解除された。

それでも同社はできうる限り森林を残し、保護するという対応をとっているという。これら自然への配慮を見た後、浸出水の送り先である焼却施設に向かおう。

高台に設置された焼却施設は、焼却炉が二基あり、一基の一日の焼却能力は四三・七トンで合計八七・四トン。それぞれストーカー炉とロータリーキルン炉が組み合わされており、産業廃棄物焼却炉でよく見られるオーソドックスな方式だ。

焼却棟には、廃棄物を受け入れるごみピットが併設され、廃棄物の性状によって高質ピット、混合ピット、低質ピット、汚泥ピットに分かれる。トラックで持ち込まれた廃棄物はそれぞれのピットに分けられる。ピットごとのカロリーなどの配分を考え、混合、撹拌した上、クレーンで廃棄物をつかんで、焼却炉の投入口に投入される。

ロータリーキルン炉は、円筒状の炉を回転させ、八〇〇度以下で乾燥、燃焼させ、汚泥や食品残さなどの処理に適している。廃棄物はそこからストーカー炉に送られ、八〇〇度以上の高温で燃焼する。

焼却棟の一角に感染性廃棄物の受入口があった。主に病院など医療機関から出された医療廃棄物のことで、特別管理産業廃棄物として厳格な管理が法律で定められている。感染性廃棄物は、バイオハザードマークがついたプラスチック製のメディカルペールや段ボール箱に収納されて運ばれ、社員のチェックののち、自動でコンベヤーで運ばれ、焼却炉に投入される。

乾副所長が言った。「このメディカルペールと段ボール箱にはハザードマークがついていません。これから感染性廃棄物を受けるため、きちんと処理できるか、実際に投入までのラインをテストしています」

コロナ禍の中、全国の医療機関は感染性廃棄物の処理量が増え、それを運ぶ専門の業者や焼却施設を持つ業者は、苦労しながらこの仕事に従事している。同社が感染性廃棄物を本格的に扱うようになれば、岡山県の医療機関にとっても安心材料が一つ増えることになる。

浸出水を冷却水として利用

浸出水のところで述べたように、この焼却炉にはパイプラインを通し、浸出水を処理した処理水が来ていた。二基のストーカー炉の二次燃焼室から出た高温の排ガスはガス冷却室に送られ、そこに処理水が、上水、苛性ソーダとともに噴霧される。これによって排ガスは八〇〇度から二〇〇度に下がり、反対に冷却水は水蒸気に変わる。排ガスはバグフィルターを通過し、重金属などのダストが捕集されたあと、誘引通風機を通じて、高さ四〇メートルの煙突から水蒸気が排出されている。

この焼却炉では、固形廃棄物だけでなく、廃油や廃酸、廃アルカリなどの液ものも投入されていた。焼却施設の隣に廃油タンク、廃酸タンク、廃アルカリタンクなどの貯留タンクが並び、その脇に混合調整施設がある。貯留タンクに溜められた廃油、廃酸、廃アルカリは、専用のパイプラインで焼却炉に送り、温度調整や助燃剤として使われている。

廃棄物はドラム缶に詰めて搬入されることも多く、ドラム缶の中身をピットなどに移して処理する。中には、ドラム缶の内部に廃棄物が付着しているものもあり、そのままでは鉄屑として出せないので、ドラム缶受入装置に入れ、バーナーで温度を高め気化させる。

乾副所長が言う。「ここでは、油を含んだ廃水などを比重分離させ、スラッジを取り除き、助燃剤の原料に使っています。また、有機溶剤や樹脂製の溶剤など粘性の廃棄物も受け入れています。溶剤の特性に合わせて、中間処理後、カロリー調整の上、助燃剤を製造します。焼却炉の助燃剤として使用するほかに、セメント工場で使ってもらおうと考えています」

焼却炉は排熱を利用し、温室に利用しようとしているという。岡野所長は「温室を二棟つくり、果物や野菜などを栽培する予定です。収穫した果物や野菜は、地元のみなさんに差し上げようと考えています」と話す。

高性能の米国製とオーストリア製の破砕機

管理棟の横には、トラックスケールによる計量とキャパクライザーを使った容積自動測量装置があった。重量と容量を同時に計測でき、省力化を目指したものだ。

管理棟の隣に、破砕施設があった。その構内に入ると、トラックの荷台から下ろされた廃プラスチックの塊が幾つかあった。一つは、裁断され、二〇センチ角に破砕された廃プラスチックの山。奥の山は裁断されずに持ち込まれた廃プラスチックだ。

岡野所長が言った。「細かく切ったものは、うちの中間処理施設から持ち込まれたもの、裁断されていないのは排出事業者から持ち込まれたものです」

これらの破砕に威力を発揮しているのが、二台の外国製の大型破砕機だ。

破砕施設の奥に設置されている破砕機は米国のSSI社製で、二軸の刃を備え、固いものを破砕するのに向く。長さ三〇センチ以下に破砕する。構内の入り口近くにあるのは、オーストリアのリンドナー社製で、一軸の刃で柔らかいものの破砕に向く。一五センチ角に破砕する。「どちらも馬力が大きく、性能がいい。社長が国産メーカーも含めていろいろ見て回り、この二つの破砕機を選びました」と岡野所長は言う。

SSI社製の破砕機には、持ち込まれた廃棄物から異物を除いて投入され、破砕した後、磁力選別機で金属などの有価物を抜き、焼却施設の前処理、リサイクル原料として使う。リンドナー社製の破砕機は、廃プラスチックや木屑、繊維屑、紙屑などを破砕し、廃プラスチック、木屑、繊維屑、紙屑はRPFの原料に、他の可燃物は焼却処理している。二軸の破砕機で粗破砕を行い、一軸の破砕機でさらに細かく破砕し、幅広い搬出先の受け入れ基準に対応させている。

SSI社の破砕機は、藏本会長が業界紙で見つけた。それまで国産の破砕機の候補を調べ、廃棄物を持ち込みテストしてきたが、不満があった。悟社長が言う。「力で引きちぎろうとするが、裁断の力が弱かった。SSI社の方は期待した通りでした。リンドナー社は、北陸の処理業者が持っているのを見せてもらい、決めました」

破砕施設の外に、消防車（二トン車）が置かれていた。他に消防車（軽自動車）、可搬式の消防ポンプが二台あるという。私は、自前で消防車を持っている処分場を初めて見た。

「もし、火事が発生したら岡山市の消防署からここまで三〇～四〇分かかります。それまでの間、社員がどこまで消火活動できるかが重要だと、藏本会長の決断で決まりました。職員の役割を決め、最近訓練をしました」と岡野所長は言う。

岡野所長が講師になって、社員一三人がテキストで、火災・地震など災害時に取るべき措置、保安の役割分担、危険物の貯蔵・取り扱いの基準などを学んだ。その後、二〇〇トンの水槽と消防車、ポンプを使い、全員がホースを持って放水した。

参加後の記録には、従業員のこんなコメントが寄せられている。「火災発生時の初期消火の重要性がよくわかった」「危険物取り扱い事業所であることを再認識しました。各部署とのコミュニケーションを大切にします」

建設の経過を自治体職員に見せる

「苦労して造る最終処分場の建設の過程を見てもらいたい」。そんな同社の思いから二〇二一年と二二年の二回、岡山市の主催で、岡山県と岡山市、倉敷市の環境部局を対象にした建設現場視察会が開かれた。県と市は、いずれも産廃業の許可や施設の許可権を持ち、立ち入り調査などを行い指導する立場だ。その一方で、処理業者は廃棄物を適正処理すると共に、リサイクルなどによって資源を大切にし、循環型社会を構築するための重要なパートナーでもある。

岡山県や岡山市の環境部局の職員たちは、藏本忠男会長が、県の要請も受けて処理業界をまとめて岡山県産業廃棄物協会を設立し、長年会長として業界のリーダーであったことをよく知っている。藏本会長も、誰にも誇れる施設を持ち、適正処理と資源循環に取り組んでいることを知ってもらいたいという気持ちがある。

二度行われた視察会は、それぞれ四〇人ずつ二つのグループに分かれ、二日間実施した。処分場の建設現場では、処分場と焼却施設の建屋の建設を担当する清水建設広島支店の技術者が工事の概要を説明し、遮水シートを設置したタキロンシーアイシビルの社員が、五層構造の遮水シートについて解説した。

廃棄物を受け入れる前の処分場を見ることができ、職員らの反応は上々だった。藏本社長が、浸出水調整池を二つ造り、浸出水処理施設から焼却施設に送り、冷却水に使うクローズド方式を説明すると、職員らはじっと耳を傾けた。

清水建設広島支店の社員は、処分場の構造だけでなく、道路の難工事にも触れた。

この地域は、もともと、ゴルフ場の建設計画があったものの、取り付け道路は施設の入り口までしかなく、元々あった山道は細く険しかった。清水建設の工事は、場内道路の敷設から始まった。キャタピラーつきの特殊なトラックで、急斜面の道をはい上がるように上り、資材を運んだ。そして立陵の上部から工事を始め、道路を敷設すると、焼却施設など中間処理施設を設置する用地の整備にかかった。それが終わると、今度は下部に当たる処分場の予定地に向け、道路を敷設していった。

道路の敷設に苦労した

ここで所長と副所長のプロフィールを紹介しておこう。岡山県生まれの岡野所長は、高校を卒業後、別の産業廃棄物処理会社に勤めていたが、二〇〇八年に西日本アチューマットクリーンに転職した。作業員としてスタートし、廃棄物の運搬・作業を中心にしていた。

二〇一八年の西日本豪雨の際、倉敷市で大量に発生した災害廃棄物の撤去、処理作業が発生した。

藏本悟社長は、県内外の業者と共に企業体を構成し、災害廃棄物の撤去と処理に取り組んだ。このとき、社長の指示のもと災害廃棄物担当の中心となったのが岡野所長だった。その仕事ぶりが評価され、最終処分場建設の準備室長になった。

「いまのような道路が開通したのは二〇二一年春のことです。道路に一年以上の時間をかけた難工事でした。処分場の建設にかかるなかで、環境アセスで保全措置をとると約束した絶滅危惧種の移植や小動物の移動のためのトンネルの敷設といったさまざまな環境対応措置にも気を配りました」と、岡野所長は振り返る。

「複合施設の安定操業のため、がんばりたい」と語る岡野英隆所長（右）と乾晶副所長

私が訪ねたのは、竣工して一カ月たった時期で、従業員たちは、施設が想定した能力が発揮できるか、トラブルが起きないか、社員は仕事に慣れてきたかなど、安定操業に向けて、さまざまな点検を行い、気をゆるめることができない。

「焼却施設は、プラントを造った石川県のアクトリーから技術者を派遣してもらっています。一日も早い安定操業に向けて微調整を繰り返しています」と岡野所長は言う。

二〇二二年初めに入社した乾副所長は、それまでは大阪の大手処理会社で営業部門の責任者として働いていた。転職を考えていた時に、西日本アチューマットクリーンにめぐりあったという。「これだけの複合型プラント施設を同時に立ち上げるためには、いろんなことをやらないといけません。大変ですが、やりがいがある。少しでもいい施設になるよう、社員と一緒にがんばっています」と語る。

全国組織創設と発展の大貢献者

株式会社西日本アチューマットクリーンの本社は、岡山市の中心街から東に約五キロ行ったところにある。一部三階建の本社社屋の上にある大きな看板にこう書かれていた。「Clean&Recycle私たちは地域の未来に、真剣です」

一階の会長・社長室をのぞくと、中は資料の山だ。壁に沿って設置された本棚に、おびただしいファイルがぎっしりと並んでいる。

会長の藏本忠男さんが言った。「大半が裁判資料です。最終処分場を計画してから完成まで二三年かかりました。何としても完成させたいの一念で、取り組んできました」

八一歳。白髪で柔和な表情の好々爺に見えるが、眼鏡の奥に光る眼に強い意志を感じさせる。会長席と直角に位置する社長のイスには、長男の悟さんが座り、優しいまなざしを送っている。会社が直面した試練に共に立ち向かい、長い期間を経て克服したことが、二人の絆をいっそう強くしているように見える。

藏本忠男さんは、産業廃棄物処理業の創設期を知る人だ。廃棄物処理法が制定される半年前の一九七〇年六月、岡山市で有限会社西日本アチューマットクリーンを創業し、四年後に県内の処理業者七社と岡山県産業廃棄物事業協同組合を設立、専務理事に就任した。

一九七八年に東京都、福島県など八都府県の組織でたちあげた全国産業廃棄物連合会の発足時からの有力メンバーだ。藏本さんは言う。「福島県で最終処分場を経営する太田忠雄さんから、全国組織をつくろうと誘われ、その強い熱意に感動し、行動を共にしました。全国の自治体と処理業者の組織を回り、協力をお願いしました」。この任意団体がやがて社団法人となり、いまでは全国都道府県に協会のある、会員数一四〇〇〇社の全国組織をつくりあげた大功労者の一人だ。

忠男さんはそのころのことを語ると、盟友にも触れた。「愛媛県の豊岡宏さんと福吉之雄さん。東京都の都築宗政さん。神奈川県の高山清彦さん。組織づくりのためみんな努力を惜しみませんでした」

藏本忠男さんは一九四一年八月、岡山市内の農家の三人兄弟の次男として生まれた。地元の高校を卒業すると、運送会社に就職し、その五年後、義兄の妻が経営する自動車検査会社に誘われ転職した。

「苦労してやっとここまできました。でもこれからが大切です」と語る藏本忠男会長

ドイツ製のアチューマット車に出会う

一九六九年八月、検査センターに四トンの特殊車両が来た。「ＡＴＵＭＡＴ（アチューマット）」とあった。タンクを積み、ホースがついている。その複雑な車体に心がひかれ、その車のディーラーに尋ねた。

ディーラーの社員が答えた。「コンクリートミキサー車の中にたまった残さを、こうやって高圧にして水を噴射し、ミキサーの中を洗うのに使うんですよ」。アチューマットは、ドイツ製の「ATmosphären Überdruck MATerial」の頭文字から取った名前だ。

さらに東京に出張した際、いすゞ自動車の足立工場に立ち寄り、別の特殊車両を見た。外見はバキュームカーのようだが違った。溜まった汚泥を吸引する車だという。

高圧洗浄車と汚泥吸引車に出合った藏本さんの脳裏に、ある考えが浮かんだ。「この二つの車を使って、清掃の仕事ができないか」。岡山の検査会社に戻ると、経営に携わっていた義兄に相談した。

「それはいい考えだ。やってみるなら応援するよ」

藏本さんは検査会社から人を借り、一九七〇年六月、検査会社の一角に有限会社を設立した。社名は、ほれ込んだアチューマットの名前をとり、「西日本アチューマットクリーン」と名づけた。藏本さんと社員三人、それに購入したばかりの高圧洗浄車と汚泥吸引車計二台の小さな会社だった。

そのころ東京・霞ヶ関では、廃棄物処理法の制定に向けて、厚生省が法案を国会に提出する準備を急いでいる最中だった。厚生省の生活環境審議会の分科会がまとめた一次答申で初めて「産業廃棄物」という名称を使った。その答申をもとに、官僚たちは法律の条文化を練った。

その年の一一月国会に提案された法案は、「産業廃棄物」と「産業廃棄物処理業」が明記され、産業廃棄物の排出事業者は、廃棄物処理業者に委託できることが記されていた。一二月に法律が成立、翌年施行されると、新しい産廃処理業に参入が相次いだ。

岡山県には当時の廃棄物の統計資料が残されていない。岡山県記録資料館に保管された一九八七年の統計資料によると、産業廃棄物の許可業者数は三一二社。内訳は収集・運搬業が二七三、中間処理業が二、最終処分業が六、収集・運搬・中間処理業が一九、収集・運搬・最終処分業が一二。また、中間処理施設の内訳は、汚泥の脱水施設が二〇、汚泥の焼却施設六、廃プラスチックの焼却施設一一など計四四。最終処分場の内訳は、安定型処分場一一、管理型処分場五の計一六となっている。法律の制定から一五年以上たち、廃棄物処理業界が形成されていることがわかる。

ちなみに東京都の清掃事業年報によると、業の許可件数は一九七二年の一三四件（うち一二一件が収集・運搬業）から七四年には三六六件（同三三一件）に増加している。岡山県も同様に、法律ができて参入の動きが活発だったのだろう。

水島コンビナートで汚泥除去の仕事を手がける

藏本さんが注目したのが、倉敷市の水島臨海工業地帯（コンビナート）だった。高梁川の河口部に石油精製、鉄鋼、石油化学、重化学工業の工場群が広がり、現在、二五一二ヘクタールに約二五〇の事業所が操業する。

この地域はもともと漁業と農業干拓が盛んで、戦後も食糧増産のため干拓が続けられていたが、一九五〇年代から県は、工業用地の埋め立てを進め、農業用の干拓地も転用し、企業誘致を進めた。一九六〇年に三菱ガス化学、六一年に川崎製鉄（現ＪＦＥ）、三菱石油、中国電力、六三年に三菱化成（現三菱化学）、六四年に旭化成と大企業の進出が続き、臨海工業地帯の陣容を整えた。

しかし、一方で深刻な公害が発生し、工場や精油所の煙突から出る亜硫酸ガスや悪臭に住民は苦しめられた。水質汚染による魚の大量死、い草の立ち枯れによる農業被害が続発した。七一年春には、一二歳の女子中学生が喘息の発作に苦しみながら「市長さん、水島の空をきれいにしてください」と走り書きをして亡くなった。国や県は規制を強め、企業も公害防止装置の導入を急いだ。

藏本さんが、コンビナートに足を踏み入れたのはそんな時期だった。一九七三年、三木武夫環境庁長官がコンビナートを視察し、公害被害の実情をつぶさに見て回ったことを、藏本さんは昨日のことのように記憶している。始めた仕事は順調なスタートを切った。営業に回ると、飛ぶように仕事が舞い込んだ。「工場の熱交換機にスケール（かす）がつく。それを落とすのに高圧洗浄車は好都合だった。みな困っていたから、評判がよかった」

市役所や県からの仕事が次々舞い込む

藏本さんは、次に岡山県倉敷振興局の道路維持管理課を訪ねた。道路の側溝をつなぐヒューム管が泥で詰まって困っているという。職員から「掃除ができますか」と聞かれた藏本さんは、「テストさせてください」と答えた。やってみると、きれいになり、職員は本庁にＰＲしてくれた。やがて引く手あまたになった。「頼まれたことは、『できます』と言ってやり通す。『できない』とは絶対に言わない。それがよかった」と、藏本さんは振り返る。

今度は倉敷市役所を訪ねた。農業用水路に土砂が溜まり、困った農民が市に相談していた。市から頼まれ現地に行った藏本さんは、汚泥吸引車で土砂を吸い取った。なめるようにきれいになったと、これが評判を呼び、ブームが起きた。やがてため池や河川の浚渫（しゅんせつ）に手をのばそうと考えた、藏本さんは、社員の高津勇さんにこう指示した。「ため池の浚渫をやってくれ。人の手配は任せる」。高津勇さんは高校を卒業して一九七二年に入社したばかり。それでも人を確保すると、作業員を引き連れ、現地に向かった。

現在、常務として会長の忠男さんを支える高津さんが語る。

「現場で一緒に泥だらけになって働きました。泥は悪臭を放っています。でもやりがいがあった。住民が、『ご苦労様、ありがとう』と言って、お菓子やジュースを差し入れしてくれました。それに、毎日現場が違うから景色が違います。人との出会いがあり、感謝される。汚いものをきれいにして、みんなが困っているのを助ける仕事に誇りを持ちました」

八〇年代になったころ、役所から相談されて藏本さんが取り組んだのが、大きな池や川の浚渫だった。陸からホースが届かないために考案したのが、フロート方式である。池にフロートを浮かべ、水中ポンプを搭載し、ホースで濁り水を吸引する。ゼネコンは巨大なフロートを持っていたが、自由に運べない。そこで五メートル角のフロートをトラックで運ぶために、組み立て式のフロートを考えた。メーカーと一緒に開発し、大規模な浚渫が可能となった。

数年前になるが、東京・上野の不忍池の浚渫の仕事を東京の同業者から請け負った。岡山から移動式脱水車と解体したフロート、ポンプアップする吸引装置をトラックに積み、岡山から東京に向かった。陣頭指揮したのはもちろん高津さんだった。

フロート一つが六トンの重さまで耐えられる。これを二つつなぎ、三インチ（七五ミリ）のホースを水面に沈める。一方で底泥をブロー（空気を送ること）でふかす。それによって撹拌され濁った水を、長さ三〇〇メートルのホースで、陸で待っている二台の脱水車に送る。作業員八人による、三カ月かけての事業は成功裏に終わった。

国の構造基準が決まり、最終処分場を開設

会社を興して五年たったころ、工場のプラント洗浄と、自治体の道路やため池、河川などの清掃・浚渫を行う同社は、社員一〇人、車両七台に増えていた。廃棄物処理法で産業廃棄物の処理責任が義務化された企業は、みな処分先に困っていた。自社用地に穴を掘って処分する企業も多かった。藏本さんは、洗浄した後の汚泥を他社の処分地に運んで処分していたが、自分でちゃんとした処分場を持ちたいと思った。

一九七五年五月、岡山県長船町に土地を借りた。周りに土を積んで土手を造り、外に流れ出さないようにし、その中に汚泥を投入した。これが同社の最初の処分場となった。翌年には岡山市山田に土地を購入、周りをコンクリートで囲み、プールに汚泥を投入した。

藏本さんは「いまのような管理型、安定型といった構造も決められていなかった。企業から処理を求められているうちに、自分で処分場を持たないといけないと思いました」と語る。そこには、おびただしい不法投棄の現実があった。山林に様々な産業廃棄物が投棄され、心を痛めた藏本さんは、適正処理を行うためには処分先を持つしかないと確信した。

一九七七年厚生省は最終処分場の構造基準を決めた。六年前に廃棄物処理法が施行されていたが、どのような構造物に何を埋めたら良いのか決まっていなかった。ようやく安定五品目は素掘りの安定型処分場、それ以外は遮水工と浸出水処理施設のある管理型処分場、特別管理廃棄物は遮断型処分場と決まった。

そこで藏本さんは、構造基準に適合した最終処分場造りに乗り出した。適地を探し回って最後にたどり着いたのが、現在の箕島事業場のある山林。地主を説得し、一九七八年八月、初の管理型最終処分場を開設した。五年後の八三年一〇月に隣に安定型最終処分場を開設した。管理型処分場は一九九八年に隣地に第二次管理型処分場を開設し、延命化をはかったが、管理型は二〇〇八年一二月、安定型処分場は九八年三月に、それぞれ埋め立てが終了し、計約一五万トンを埋め立て閉鎖された。

長男の悟さんが入社

一九九六年に長男の悟さんが入社した。悟さんは東京の大学を卒業したあと、外車の大手販売会社に就職し、営業職として腕を磨いていた。兄弟は妹一人で、いずれ岡山に帰ろうと思っていた。「大学受験のころ、連合会の事務所に出入りしていたんです。父が連合会の理事だったから、自由な出入りが許されていたんですね」と悟さん。

「長年の夢がかないました。資源循環をめざし進めていきたい」と抱負を語る藏本悟社長

入社し、様々な仕事を経験し、取締役から専務をへて、二〇一五年に社長に就任した。父が基本とする適正処理を軸にしながら、悟さんは、九〇年代後半からの国のリサイクル立法の流れに乗って、リサイクルと資源循環に力を注いだ。

そのリサイクルの現場、箕島事業場を訪ねた。

汚泥をリサイクル商品に

同社が建設汚泥の脱水処理施設（一日の

創業期に入社した高津勇さんは、会社の発展とともに歩んできた。常務として社員を教育している

処理能力二四〇立方メートル）を設置したのは一九九四年。翌年には簡易型混練機を開発し導入、九七年には移動式の汚泥脱水車と移動式選別機を導入し、九九年には、破砕・選別施設を備え、建設廃棄物などの受け入れ体制を充実させていた。

建設汚泥の処理では、二〇〇〇年に建設汚泥から高品質の再生品である流動化処理土の製造プラントを新設し、本格的な建設汚泥のリサイクル業を展開するようになった。二〇〇二年にＩＳＯ１４００１認証を取得。二〇〇四年には岡山県エコ製品に、再生砂、再生砕石、流動化処理土の三品目が認定され、その後も再生処理土が認定されている。二〇一一年には、汚泥の混練固化施設（一日八〇〇立方メートルの処理能力）を新設した。

それがどんな効果を生んでいるのか。

岡山市南区にある箕島事業場を訪ねると、常務の高津勇さんが待っていた。「足下に気をつけてな。ぬかるみがあるから」。ひょうひょうと語る高津さんの後を追いかける。

事業所の社員は一七人。高津さんは七〇歳になるが、足取りは軽やかで、てきぱき指示し、現場を統率している。高津さんが作業現場を歩きながら、指示を与えたり、確認したりしている。父親のような高津さんの言葉を受けた若い社員らのまなざしは、父親に対する尊敬のまなざしであるように感じる。

「この事業所では主に流動化処理土を製造しているんです」と高津さん。原料となる建設汚泥を積んだタンクローリーがやってきた。泥水のような汚泥をピットに流し、そこから処理が始まる。高津さんが言った。「このピットはしゃばしゃばでしょう。こんな状態で搬入されるのが多いんです」

次にそれを貯水槽にわけて送る。一つは上澄みの水、もう一つは沈殿した泥水だ。

その泥水をトロンメルに送る。トロンメルは円筒形で無数の穴があり、回転させながら異物を除去し、選別機のサンドコレクターに送る。ここで泥水から砂と二〇ミリ以下のバラスを選別する。この砂とバラスが再生砂になる。一方、残った泥水は、フィルタープレスで絞って脱水する。脱水後に残った脱水ケーキはピットで保管し、絞って出した水は、洗車などに使う。

ピットに残っていた脱水ケーキを手にとった。二〇センチ×一〇センチの塊で、土を固めたように見え、重い。「これが流動化処理土の原料になるんですよ。これはちょっと固めかな」と高津さん。

この脱水ケーキと、再生砂は、混練施設に送られる。そこでセメントを混ぜ、一定の割合で原料を混ぜ、混練して流動化処理土を製造する。

「流動化処理土はすごく使い勝手がいいんですよ。例えばコンビナートのタンクは長く使っていると重みで地盤沈下します。すると底部に隙間（すきま）ができるんです。こういう隙間を埋めるのに、流動化処理土はもってこいなんです。地下を埋めるのにも適しています。例えば、建物を建て替えるときに、地下に空洞があると建物を解体できません。そこで流動化処理土をここに流し込んでやる。通常の土の硬さぐらいで、しかも土のように転圧や締め固めを行う必要がありません。土の値段は安いが、転圧や締め固めの費用が高くつくから、トータルで考えると、流動化処理土の方が安くあげられると思います」

ただ、高津さんは、こんな制約もあるという。

「流動化処理土は強度試験も行い、品質がよいから、かなりの需要がありますが、運ぶ時間の制約があるんです。五立方メートル積載できるミキサー車でも、片道三〜四時間ぐらい。あまり長くなると、固まってしまう。だから利用は岡山市内とその近郊が多いのです」

先に紹介したように、二〇〇〇年から箕島事業場で製造が始まった流動化処理土は、多い時で一日三〇〇〇〜四〇〇〇立方メートル製造しているという。

汚泥の処理施設の設置に苦労

最初は、汚泥吸引車で汚泥を指定の埋め立て地に運んでいた藏本忠男さんは、自前で造った処分場に持ち込んでいたが、処分するまでの中間処理を工夫し、埋め立て量を減らさねばならないと感じていた。そこで減量のため、脱水処理施設を造ろうとしたが、人家の密集する市街地には造れない。人家のない適地を探したが、壁となったのが建築基準法の第五一条だった。

法律は、都市計画区域内では、卸売市場、火葬場、屠畜場、汚物処理場、ごみ焼却場、ごみ処理施設などの用途に供する建築物は、都市計画で位置が決定しているものでなければ新築又は増築してはならないとしていた。

さらにこうあった。「ただし、特定行政庁が都道府県都市計画審議会の議を経てその敷地の位置が、都市計画上支障がないと認めて許可した場合又は政令で定める規模の範囲内において新築し、若しくは増築する場合においては、この限りではない」

いわゆる但書（ただしがき）と呼ばれ、許可基準として、用途区域は準工業地域、工業地域、工業専用地域とされ、学校や病院、社会福祉施設、住宅との距離が一定限度離れていることとしていた。また、住宅が少なく、立地しやすい都市計画区域の市街化調整区域内では建物を建てられなかった。

一九九四年岡山市箕島に汚泥の脱水施設を設置する時は、許可をもらうのに二年かかった。

藏本さんが残念そうに言う。「手続きをへて許可が出るまでに二年かかりました。連合会の理事や副会長をしていた時に、規制緩和を求め、何度も国土交通省に働きかけを行いましたが、いまも見直しがされていません」

脱水施設は一日二四〇立方メートルの脱水処理能力があり、廃棄物処理法第一五条で指定されている。同法の施設の許可と、建築基準法五一条の但書の対象施設として都市計画審議会を通さねばならないという二重の規制がかかっていた。「現場から出た汚泥の処理を求められ、処理施設を造ろうとしても、なかなか認めてもらえませんでした」と、藏本さんは苦笑する。

同社は、脱水による減量に限らず、工事現場の埋め戻し材として改良土を開発した。しかし、公共工事の担当者の理解は薄く、需要はなかなか広がらない。建設リサイクル法が制定された二〇〇〇年、藏本さんは連合会の理事として、建設省に対し、「同省の公共工事に使うだけでなく、建設省から自治体に使うよう働きかけてほしい」と陳情した。「少しは使ってくれるようになりましたが、『バージン材の方がいい』という人もいて、リサイクルへの理解はまだ低かった」

流動処理土に新たな光を見いだした藏本悟さん

一方、息子の悟さんは、一九九九年に連合会建設廃棄物部会の建設汚泥分科会のメンバーになった。そこで知り合った愛知県の汚泥処理プラントを見学した。分級・脱水を行い、汚泥を減量化していた。

「汚泥を篩(ふる)い分けし、粒径の小さいシルトをフィルタープレスで脱水する。高品質のリサイクル原料土を造れる上、脱水で減量もできる。これだと思いました」と悟さんは言う。

建設省も積極的にリサイクル品の開発に力を注いでいた。同省が所管する土木研究所と先端技術センターでは流動化処理土の製品開発を進め、連合会の建設汚泥分科会のメンバーも同省の検討会に参加し、藏本さんもそこから情報や知見を得ていた。

二〇〇〇年、見聞した二つのプラントを組み合わせた分級・脱水施設、流動化処理土製造プラントが、箕島事業所に設置された。ちょうど、岡山県では、数年後に国体をひかえ、道路建設はじめインフラ整備が始まろうとしていた。

悟さんは、国土交通省岡山国道事務所に営業に向かった。道路建設の際にガス、水道などの共同溝が造られる。その際、大量の建設汚泥が発生するから、その汚泥で再生品を造れないかと考えたのだ。

共同溝課の課長が言った。「大量の汚泥が出るんだ。資源としてリサイクルするのがいいんだが」

「そうですね」。悟さんは相槌(あいづち)を打った。

「いいものがあったら提案して」

それを持ち帰り、社内で検討し、流動化処理土を提案することにした。

「しゃばしゃばなので、狭い隙間にも流せる。それに土のように埋めてから転圧の必要がない。固まると土と同じ適度の固さだから、あとから掘り返すのも容易だ」。再び岡山国道事務所を訪ね、悟さんが説明すると、課長が乗り気になった。「やってみよう」

使ってみると結果は良好だった。流動化処理土を積んだミキサー車が、次々と工事現場に向かっていった。しかし、国体が終わると、公共事業は減少し、同社は新たな需要の開拓に走ることになる。

二〇一六年一一月八日早朝、福岡市の地下鉄の延伸工事現場で、掘削中のトンネルが崩落し四車線道路が陥没した。陥没の規模は、幅二七メートル、長さ三〇メートル、深さ一五メートルに及んだ。博多駅への通行はストップし、電気・ガス・上下水道のライフラインも止まった。

この時、復旧工事に使われたのが流動化処理土だった。陥没した隙間を細部まで充填でき、地盤と同じだけの強度で安定化できるのは流動化処理土しかなく、八日午後から埋め戻しが始まった。

復旧工事は驚異的なスピードで進み、一五日の早朝に完了した（『セメント系固化剤の拡がる用途と役割』、日本セメント協会、二〇一八）。これが全国の工事関係者の注目を浴び、流動化処理土にあらためて光が当たった。西日本アチューマットクリーンにも、工事現場からどんどん注文の電話が入ったのである。

閉鎖された処分場はいまも水処理が続く

箕島事業場のプラントは、安定型処分場の跡地に建設され、その隣に閉鎖された管理型最終処分場があった。看板に「産業廃棄物の最終処分場（管理型）埋立処分の期間　昭和五三年八月～平成二〇年一二月」とあり、燃えがら、廃プラスチック、鉱滓、がれき類など一二種類の品目が明示されている。

高津さんが指さした先に、古い浸出水処理施設が見え、その隣に真新しい浸出水処理施設が設置されていた。「閉鎖されても、水処理は続けなきゃなりません。処理施設が古くなったので、最近新しくしました。処分場を管理・運営するのは大変なことなんです」と、高津さんは自分に言い聞かせるように言った。

箕島事業所では、建設廃棄物や廃プラスチックなど固形廃棄物の破砕を行っている。破砕機とは別に、ギロチンと呼ばれるシャーリングが二台あった。

その小さいシャーリングで社員二人が、裁断していたのが廃プラスチックのロールだった。

高津さんが言った。「ロールはやっかいで、破砕機でうまく切れません。熱を持ってしまうんです」

私は廃プラスチックの破砕現場を数多く見てきたが、どこも軟質プラスチックの破砕に苦労していた。ある施設では、止まった破砕機の前で、担当者が「からまって切れなくなり、破砕機を止めて取り除く。この繰り返しですよ」と嘆いた。

高津さんは、シャーリングでの裁断を指示していた。廃プラスチックのロールは長さ一メートル、直径三〇センチ。シャーリングの作業は、二人がつき、一人がセットするともう一人がスイッチを入れる。ロールを半分に裁断し、さらに半分の長さになったロールを刃の下に起いて、縦方向に裁断する。油圧でゆっくりと刃が落ち、ロールが割れる。これを繰り返し、二〇センチ四方の廃プラスチックにする。その後、破砕機で細かく処理を行っている。

「これは、Ｅ・フォレスト岡山の破砕施設でさらに細かく破砕し、うちのＲＰＦ（固形燃料）の製造工場に運ぶんです」と、高津さんが説明した。

赤磐市にあるＲＰＦの製造工場に向かおう。

固形燃料ＲＰＦは、ケミカルリサイクルより優位

ＲＰＦとはＲｅｆｕｓｅ ｄｅｒｉｖｅｄ ｐａｐｅｒ ａｎｄ ｐｌａｓｔｉｃｓ ｄｅｎｓｉｆｉｅｄ Ｆｕｅｌの略で、廃プラスチックと古紙、木屑、繊維屑などを固めた固形燃料のことだ。

材料リサイクルに不向きな複数の素材が混じった混合廃プラと、再生紙として利用が困難なミックスペーパーなどの古紙、木屑などのバイオマス由来のものからなり、選別して異物を取り除いた上、破砕、混合、成型する。ＲＰＦは直径が四〇ミリの大型、二〇ミリの中型、八ミリの小型など、需要側の工場のボイラーによって、大きさや熱量などを調整して製造されている。

メーカーは、製紙工場などに販売し、製紙工場はボイラーの燃料として使う。このＲＰＦは、石炭代替となり、温室効果ガスを削減する効果が大きい。利用されるボイラーは石炭ボイラーが多く、大量のCO_2を排出する。石炭に代えて同等の熱量を持つＲＰＦを使えば、削減できる。さらにＲＰＦは、三〜五割を紙屑や木屑のバイオマスが占め、その分の熱量はCO_2の排出としてカウントされないので、一層効果がある。複数の研究機関の試算でも、プラスチックのケミカルリサイクルよりも削減効果があるという結果が出ているほどだ。

元々欧米で普及していたが、日本で最初にＲＰＦを製造したのは、関商店（埼玉県久喜市）。元々古紙屋だった関商店の関勝四郎社長が、一九九九年に古紙の再利用に向かない食品包装材メーカーの工場で発生するＰＰ（ポリプロピレン）・ＰＥ（ポリエチレン）、紙などからできているラミネートフィルムの裁断くずや、印刷不良の廃フィルムなどから固形燃料を製造し、群馬県にある紅三・足利工場に販売したのが始まりだ。

いまでは国内で年間一〇〇万トン以上のＲＰＦが製造・販売され、製造業者でつくる社団法人日本ＲＰＦ工業会には、西日本アチューマットクリーンも会員として名を連ねている。温暖化による気候変動への危機感や、化石燃料を使用することへの批判の高まり、石油や石炭の暴騰などから、ＲＰＦに対する需要は大きく伸び、製造業界はいま、活況を呈している。

ＲＰＦの良さ知り、イタリアで装置購入

藏本会長と社長がこのＲＰＦに着目したのは、二〇〇二年のことである。その年、茨城県や石川県で、自治体が可燃ごみで造った固形燃料のＲＤＦを使い発電事業が開始され、廃棄物から造った固形燃料が脚光を浴び始めていた。生ごみを含むため、発酵の危険性を伴い管理の難しいＲＤＦに比べ、ＲＰＦは管理しやすく、欧州で普及していた。忠男さんと悟さんは、案内役の商社マンを伴い、仲間の処理業者たちと欧州に向かった。

悟さんが語る。「処理機を見て歩くという目的でしたが、メインはＲＰＦでした。イタリアでバーノ社の破砕機とドケックスのＲＰＦ成型機を見て、その場で決めました」。意気揚々と、二人は帰国した。しかし、立地が難航していた。自治体や住民の同意がとれていなかったのだ。

四カ所目の候補地となったのが赤坂町（現赤磐市）。ここには民間業者が開発した工業団地があり、近くに住宅はなかった。藏本さんの説明を受けた町内会長は、「雇用にもなりいいこと。説明会を進めてほしい」と前向きだった。

説明会を開くと、容認の意見が多かったが、町議ら数人が、産業廃棄物処理施設だからと反対した。それを見ていた町内会長がそれを制すように発言した。「合意形成が大事。過半数以上の同意が得られたら受け入れようやないか」

賛否の決をとると、容認が多数を占め、設置許可の関門がクリアできた。悟さんが語る。

「赤磐市になってからのことですが、私たちの事業が信頼されたのか、新規参入の難しい一般廃棄物処理業の許可を、市が出してくれたのです」

塩化ビニル除去し、高品質を維持する

工業団地の一角にある赤磐工場を訪ねた私を案内してくれたのは、工場長代理の小西辰一さん。工場の竣工時からここで働き続けているから、もう一七年になる。

受入貯留ヤードに、廃プラスチックと木屑の山があり、一台のパワーショベルが、木屑をすくい上げてコンベヤーに移している。もう一台のパワーショベルは、廃プラスチックの山からコンベヤーに運んでいる。

E・フォレスト岡山の破砕施設で破砕された廃プラスチックとともに、排出事業者から持ち込まれた廃プラスチックもあった。木屑は細かいチップにして搬入されている。工場では破砕機で細かく破砕し、磁選機で金属屑を除去し、さらに風力選別機、比重差選別機で異物を取り除いていく。コンベヤーのそばにも磁石が設置され、念が入っている。私が磁石にくっついたクギをつまもうとするが、なかなかとれない。小西さんが笑って言った。

「この磁石は強力でしょう。異物の混じったRPFは納品できませんから、細心の注意を払っています。もう一つの大敵は塩素です。製紙工場に塩素を〇・三%以下にして納品するには、塩化ビニルが原料に混ざらないようにしなければなりません」

工場の外で小西さんが小さなガスボンベとバーナーを用意した。廃プラスチックの破片にバーナーの炎をあてた。一つの破片は黄色、もう一つの破片は赤色だった。

「いずれも塩ビではありません。塩ビだと緑色になるんです。大抵は廃棄物の形状からわかりますが、判断に迷った時に行います」と小西さんが説明した。

定量供給機で原料を調整し、押出成型機に送る。押出成型機は、原料を投入すると押出スクリュー

が送り出し、ノズルから直径約五センチ、長さ約一〇センチの円筒形の固形燃料のＲＰＦが押し出されて出てくる。

できたばかりのＲＰＦは余熱を持ち、熱い。廃プラスチック六割、木屑四割の割合からなるＲＰＦは、月に四三〇〜四七〇トン製造し、製紙工場に運ばれている。

ゴルフ場計画跡地はどうでしょう

同社にとって最終処分場は特別の存在だった。これがあってこそ一貫した処理ができ、排出事業者から信頼されるという信念が忠男さんにはあった。排出事業者からの要請もあって、その次の候補地さがしを続けていたが、なかなか適地は見つからなかった。二〇〇〇年のある日、清水建設の営業担当者からこんな情報がもたらされた。

「ゴルフ場の建設計画のあった場所がそのままになっています。そこに最終処分場を建設してはどうでしょう」

その場所は吉備高原の南部にあり、岡山県が進めた吉備高原都市の壮大な計画の中で、施設された吉備新線の沿線にあった。吉備高原都市構想は、長野士郎知事が岡山県総合福祉計画の中で打ち出し、加茂川町と賀陽町にまたがる一八〇〇ヘクタールに自然・伝統・文化を生かしながら、保健・福祉・文化・教育の機能を持った都市づくりを提唱していた。それに基づき、「保健福祉区」「自然レクレーション区」「研究学園区」など七つのゾーンにわけて開発が進められた。

八〇年代のリゾート法による全国の開発ブームに乗って生まれたこのゴルフ場計画は、岡山県と業者との事前協議が八〇年代末に終了し、農業振興のための農振地域からの解除も終わっていた。二七ホールの計画地は一八〇ヘクタールあり、取り付け道路の建設も始まっていたが、長野士郎知事は九三年六月に県土保全条例による開発許可を不許可にした。

九一年暮れに始まるバブルの崩壊もあって、巨額の債権を抱えたまま関西の不動産会社が所有していた。高原都市と岡山市を結ぶ吉備新線（県道72号）ができたことで、沿線上に民間の開発計画が次々と浮上した。しかし、バブルの崩壊で、石井正弘知事になって莫大な費用を伴う高原都市づくりが凍結されると、民間の開発計画の多くも破綻した。このゴルフ場もその一つだった。

社長の中坊公平弁護士も土地購入容認

清水建設から情報を得た忠男さんと悟さんは現地に足を運んだ。谷筋が幾つもあり、近くに民家はない。自然環境を損なわないように配慮すれば、立派な最終処分場になると二人は確信した。

二つのハードルが横たわっていた。一つは、その会社が整理回収機構（ＲＣＣ）の管理下にあることだった。二人は、買い取りを申し入れるため、大阪にあるＲＣＣの事務所を訪ねた。担当職員が応対した。

「社長が中坊公平弁護士だと知っているんですか。難しいと思いますよ」

中坊弁護士が認めるわけがないというのだ。

中坊弁護士は、森永ヒ素ミルク事件で患者の代理人となり、金のペーパー商法で知られる豊田商事事件では被害者の債権回収に尽力し、さらに香川県豊島の巨大不法投棄事件では、島民が県と不法投棄業者に起こした公害調停の代理人として活躍した。国民は「平成の鬼平」と呼び、喝采を浴びせていた。産業廃棄物処理業者に厳しい目を向け、産廃最終処分場の建設計画の是非を問う住民投票を実施しようとしていた岐阜県御嵩町を訪ね、建設に抵抗する町長にエールを送っていた。

　落胆して岡山に戻った二人に、しばらくたって予想外の連絡があった。土地購入の申し出を受け入れるというのだ。売却を認めた中坊社長は、その後、ＲＣＣを巡って数奇な運命をたどる。別件だが、他の債権者に偽情報を流して低額の回収額で妥協させる一方、ＲＣＣが不当に回収額を増やしたという詐欺容疑で東京地検特捜部が捜査。中坊弁護士が大阪弁護士会に登録抹消届と退会届を出し弁護士業を廃業すると、特捜部は起訴猶予処分とし、矛を収めたのである。

　用地確保に成功した西日本アチューマットクリーンに、次に立ちはだかったのが住民同意の取り付けだった。県との事前協議で住民同意などの条件をそろえてから、許可申請を行うというのが、当時の処理施設の手続きだったから、これをクリアしないと申請できない。

　岡山県には、産業廃棄物適正処理指導要綱があり、住民同意を求め、対象を隣接地所有者、地元住民の代表者、放流先の水利関係者としていたが、住民の住む範囲の明記がなかった。

　藏本さんらは「川から海に流れ込むまで下流沿線の住民まで対象だと、反対住民から言われかねない。どこまで同意をとればよいのか」と思案した。

　しかも、岡山県は最終処分場の設置許可に厳しい方針で臨んでいた。岡山県瀬戸内市長船町が出資した第三セクターの会社が備前市吉永町に計画した最終処分場計画に対し、一九九八年に「国の基準を満たしているが、それでも危険であるから許可しない」と不許可にしていた。

　二〇〇二年に事前協議がスタートしたが、なかなか進まない。しかし、時の運が同社に味方した。

岡山市の許可は出たが、裁判に

二〇〇五年に御津町が岡山市に編入されたのである。岡山市は保健所設置市なので合併すると、施設許可の権限は岡山市に移る。市の担当者は「法律に基づいて粛々とやります」と、二人に言った。

当時の岡山市の産業廃棄物処理施設の設置及び管理の適正化等に関する条例では、関係住民について「半径五〇〇メートル」としていた。「これなら説明会をやりやすい」。忠男さんと悟さんは住民同意の取り付けに動き、住民宅を回り始めた。

そのころ、旧御津町内では、建設計画に反対する動きが起きていた。御津町時代に同社は、町の工業団地にＲＰＦ製造施設を造ろうとしたことがあった。町は「工業団地ならいい」との感触だったため、開発申請をし、説明会を開く準備を進めた。ところが、説明会の前日、町長から「町として反対」との通告があった。ＲＰＦ製造工場に反対ではなく、最終処分場を計画している会社だから反対ということらしかったと、悟さんは言う。

最終処分場の計画地のある御津虎倉は、吉備高原の南部にあり、谷水が旭川に注ぎ込む緑豊かなところだ。旭川は瀬戸内海に流れ込み、途中で取水した水は下流の住民の飲料水や農業用水となる。

建設に反対する住民の懸念の一つは、飲み水の汚染だった。管理型最終処分場は、露天だから雨が降ると染み込み、埋めた廃棄物から浸出水が出る。それを集水管で集め浸出水調整池に溜め、処理施設で浄化した下流に流す。地下水に漏れないように処分場の底部と法面に五層構造の遮水シートを敷き、シートの破損による漏水を知ることができる漏水検知システムを備えるというのが、最新の処分場の姿だ。

各地で起きる住民反対運動では、▽貴重な動植物の生息環境が損なわれる▽遮水シートが破損したり、豪雨で浸出水調整池があふれたりすると、下流の河川が汚染され、水道水や農業用水を汚染するおそれがあると主張していた。

浸出水流さないクローズド型採用し、許可が下りる

二人は、浸出水にどう対処するか頭を痛めた。二〇〇〇年のある日、忠男さんは、福島県の株式会社あいづダストセンター社長の一重準之助さんと話をする機会があった。二人は連合会の理事で親しい間柄だ。

「最終処分場を建設したいが、浸出水に困ってる」。忠男さんの困った顔を見て、一重社長が言った。

「一度、うちの施設を見に来ませんか」

焼却施設を併設し、浸出水を冷却水に利用しているのだという。

「下流に流さないから住民に安心してもらえる。見てもらうのが一番だ」

そう思った忠男さんは、集落の役員に話を持ちかけると、大乗り気になった。

六人の役員と、藏本さん親子、社員二人の一行は、飛行機で福島県に入り、レンタカーで会津若松市の処分場に向かった。一重社長が言った通りだった。

選別工場から持ち込まれた廃棄物は柳津事業所で焼却され、焼却灰は隣の管理型最終処分場で処分。処分場からの浸出水は水処理後にパイプラインで焼却炉に送られ、冷却水に使われていた。役員らは「なるほど」と納得した。「これなら、みんなに納得してもらえる」。忠男さんと悟さんは確信した。

西日本アチューマットクリーンと岡山市との事前協議が終わり、同社が岡山市に許可申請、許可されたのは二〇〇九年一〇月のことだった。この土地の存在を知って九年の歳月がたっていた。

旧御津町の一部住民らは翌二〇一〇年三月、建設差し止めを求める仮処分申請を岡山地方裁判所に

行った。そして、翌月には岡山市に許可処分の取り消しを求めた行政訴訟を岡山地裁に起こした。長い裁判闘争の始まりだった。

住民らは、「遮水シートが破れて浸出水が漏出すること、浸出水調整池の容量不足によって汚染された浸出水が漏れ出すこと、焼却炉からダイオキシン等の汚染物質が排出されること、水質汚染や大気汚染によって住民らの健康が冒され、人格侵害のおそれがあると主張した」（『環境と正義』二〇一八年三・四月号、西日本アチューマット最終処分場事件の報告、清水善朗弁護士）。

それに対し、西日本アチューマットクリーンは、国の法規・基準を守り、自然環境の保全にも配慮する。浸出水調整池の容量は、国の基準をもとにした全国都市清掃会議作成で、厚生省が監修した『廃棄物最終処分場指針』を遵守していると反論した。この指針は、国が決めた構造基準を具体化したもので、全国の処分場がこれに沿って造られている。

二〇一〇年一二月、岡山地裁が仮処分申請を却下すると、住民らは、建設差し止め請求訴訟を岡山地裁に起こした。岡山地裁は、同社の主張を認め、差し止め請求を却下すると、住民らは控訴した。

予想外だった控訴審判決

同社に有利に進んだ裁判は、結審し、判決を待つだけとなった。ところが、藏本さんらにとって予想外のことが起きた。判決日の一カ月前になって、裁判所から「原告がもう一回審査してほしいと言っている。どうしますか」と連絡が入った。

同社は同意したが、それが影響したのか、一三年一二月、広島高等裁判所岡山支部（片野悟好裁判長）は、一審判決を取り消し、建設差し止めを認めた。「調整池の容量不足によって最終処分場の浸出水が溢れ出すおそれがあり、人格権侵害のおそれがあると認定し、最終処分場の建設ができなければ焼却施設から出る燃えがら等を適正に処分することができないとし、焼却施設の建設についても建設差し止めを命じた」(『環境と正義』二〇一八年三、四月号)のである。

建設差し止めを認めた高裁判決に、藏本さんらは承服できなかった。裁判所は、差し止めの根拠に調整池の容量不足を挙げていた。同社は、指針に基づき、最大雨量に対応して三五〇〇トンの容量としていたが、岡山市が許可した後の二〇〇一年に指針が見直され、『廃棄物最終処分場整備の計画・設計要領』では容量が増える内容に修正されていたことをあげていた。

この要領と一九八九年作成の旧指針を比べると、全国の最大雨量が増え、それをもとにした計算式を当てはめると、処分場への流入量と浸出水の量が増えていた。

許可時点の基準や規則をもとに判断するのが、これまでの裁判所の常識だったが、判決はそれにこだわらず、現在の技術水準に照らして判断すべきであるとしており、異例といえる判決だった。悟さんは「許可を受けて建物を建てたのに、新しい基準が出たから建て直せと言われたのに等しく、納得できるものではなかった」と話す。

同社は最高裁に上告・上告受理申立を行った。一方、住民側は、伊方原発訴訟で、最高裁が、原発の安全性について「現在の技術水準に照らし、(当時の)審査基準に適合するとした原子炉委員会もしくは原子炉安全専門示唆会の調査審議および判断の過程に看過しがたい過誤、欠落がある」とした判決を根拠に争った。東日本大震災での福島原発事故への反省が、裁判官の心理に微妙な影響を与えたのかもしれない。

結局、同社の訴えは通らず、最高裁は二〇一五年七月、控訴審判決の取り消しを求めた同社の上告を棄却、上告審として受理しないと決定した。

控訴審判決が確定したため、同社は、浸出水の容量を七〇〇〇立方メートルに倍増した軽微変更届けを岡山市に出し、受理された。旧計画では建設できないが、新しい設計要領に準拠した内容にすれば、判決の効力は及ばないと考えたのだ。

ところが、岡山市を相手に住民らが起こした許可取り消しを求めた行政訴訟の新たな動きが、それを止めた。二〇一三年三月、岡山地裁が請求を棄却した岡山市に対する住民訴訟は、広島高裁岡山支部でも控訴棄却となっていたが、最高裁は、住民の上告、上告受理申立を受け入れ、見直しの動きが出てきたのである。

岡山市が再度許可処分

その動きに岡山市は一五年一二月、同社の設置許可処分を取り消した。許可を取り消せば、住民の訴えの利益はなくなる。それを受けて同社は、翌年八月、調整池の容量を二倍の七〇〇〇立方メートルにした補正書を岡山市に提出し、市は一年後の八月に処分場設置を許可し直した。

最高裁が、該当の設置許可の取り消しは、住民の訴えの利益を欠くとして、住民の請求を棄却したことは言うまでもない。住民らは新たな許可の取り消しを求め岡山地裁に提訴し、市との争いは続いているが、現在、最終処分場は稼働しており、ひとまず決着がついたように思われる。

建設にかかる前に、同社は新たな裁判を岡山地裁に起こしている。最終処分場建設に影響が出ないように、建設差し止めを認めた控訴審判決に基づいた強制執行を許さないことを求めたのである。

住民側が、確定した建設差し止め判決が、市の新たな許可にも及ぶと主張していたため、「原告

（同社）が訴訟を提起した目的は、判決の執行力の範囲について判断を求めることにある」（岡山地裁判決文）としていた。

岡山地裁は、二〇一九年九月、同社の訴えを棄却したが、同社の目的はそこにはなかった。判決は、岡山市の旧許可処分に基づく建設差し止め請求権は消滅しないが、容積を倍増した調整池を備えた処分場計画に出された設置許可処分に、差し止め請求権は生じていないとする判断を下した。二つの処分について請求権の範囲を確定させたことで、同社は安心して工事に着手できることになった。

銀行も融資凍結を解除

藏本悟さんが言う。

「岡山市に補正書を出す時には、その前年から調整池の容量を増して計画を見直すことを、反対している四、五人の住民を訪ね、説明して回りました。『ぜひ、説明会を開かせてください』と訴えたのです。一週間に一、二回、一年間続けました。最後に『我々には決められないのです』と言われ、岡山市に補正書を出しました」

そして、これは、同社にとって幸いをもたらした。

忠男さんが語る。

「清水建設からゴルフ場のことを聞いたころ、建設費は三六億円とはじいていましたが、二〇〇九年には五五億円に増えていました。メーンバンク一行から三六億円の融資を取り付けていましたが、二一億円足りない。都市銀行と地方銀行をかけずり回って説得し、足りない分を確保しました。ところが、裁判が始まると、銀行側は、『訴訟リスクがある』と、融資はストップしたのです。二〇一九年九月に判決をもらう前、三井住友銀行が他行にこう呼びかけてくれていたのです。『この裁判で勝訴したら、再び訴訟されるリスクはないと判断した方が良い』。その後、裁判で勝訴し、融資は実行されました」

ただ、計画から工事着工まで二〇年。環境対策を強化したこともあって総事業費は約八〇億円に増えた。しかし、排出事業者の信頼と期待を受けて、藏本社長は着実な舵取りを行っていくことだろう。

晴れ舞台

「歴史に残るような最終処分場を持つことは私の夢でした」と語る藏本忠男会長

二〇二二年一〇月七日、新たな複合型施設の竣工式が行われた。小雨が降っていたが、「永遠の火消し」とか「福が降り込む」などと言われ、逆に縁起がいい。神事がつつがなく行われ、会長と社長は先頭に立ち、招待客を案内して回った。午後は近くのゴルフ場の建物を借り、約二八〇人の関係者が集う竣工記念パーティーが盛大に開かれた。社長の悟さんが主催者を代表して挨拶し、複合型施設を「Ｅ・フォレスト岡山」と銘々するお披露目が行われれた。取引先の会社幹部らに混じって、北海道から九州まで全国から駆けつけた処理業の仲間たちが、竣工を祝った。

竣工式を準備した社員らも、この日を待ち望んでいた。古参の社員も、複合型施設を動かすために入ったばかりの社員も混ざり合い、お互いに祝福している。裁判係争中から、銀行担当者として同社をサポートし、社長にスカウトされて入った小野佳弘総務部長は、銀行の流儀と勝手が違う中、戸惑いながらも必死で働いてきた苦労が報われ、霧がいっぺんに晴れるような感慨を抱いていた。

会長の忠男さんが演壇に立った。

「この業界に入って五二年間、産業廃棄物処理業に携わってきました。その中でいろいろ、裁判もありましたが、みなさんのご協力とご支援で今日があります。こんな感無量の日はありません。引き続き、ご支援をよろしくお願いいします」

この時、すでに雨は止み、同社の未来を示すかのように、会場の空には青空が広がり、暖かい日差しを会場に送っていた。

じっと耳を傾ける人たちに、高俊興業の高橋潤社長の姿もあった。父親の会長、高橋俊美さんがこの九月に急逝した。青森から上京し、工場勤めのあと、妻と二人の木造アパートの二階で高俊興業を興し、日本を代表する高精度選別を誇る資源循環企業に育て上げた父親の姿が、顔を紅潮させて挨拶する藏本さんにだぶって映る。

来賓席には、ふつうは必ず収まる代議士や県会議員の姿はなく、地元市議や地元の住民らの姿があった。やがてアトラクションが始まり、「倉敷天領太鼓」の音が響いた。倉敷が江戸幕府直轄の支配地・天領であることを住民は誇りとし、地域を愛する気持ちを太鼓の音に託してきた。処理業者の仲間たち、自治体、地域住民と良い関係を続けたいという忠男さんと悟さんの気持ちが込められていた。

忠男さんは言う。

「困った時に政治家を頼めばいいというかもしれないが、私は一切しませんでした。住民の家に足を運んで、話を聞いてもらうのが、私のやり方です。処理業者もお金もうけだけに走っていてはいけない。悪貨が良貨を駆逐するような世の中ではいけない。しっかりした施設を整備し、排出事業者の廃棄物を、責任を持って適正処理していることを、みんなに知ってもらいたい。その一念でこの施設を造ったんです」

悟さんが言う。

「廃棄物処理業も変わってきています。昔、排出事業者は、不要物を処分してもらうのにお金を払うから、マイナスと見ていました。しかし、最近は違います。排出事業者と処理業者は、お互いパートナーとして一緒に取り組んでいこうという流れが強まっており、お互いの発展に向けて協力していきたい。二〇一八年の西日本豪雨で災害廃棄物の処理をお手伝いしましたが、改めて最終処分場の重要性を認識しました。新設した複合型施設は災害廃棄物の受け皿となり、閉鎖しても管理し続ける。その父の思いを将来につなげていきます」

二〇二二年暮れ、「E・フォレスト岡山」に二棟の温室が完成した。一棟は同社がイチゴの苗を植え、もう一棟は「地元貢献」として地域住民に無償貸与し、ライチが植えられた。四月になったら、収穫したイチゴは近隣住民と分け合う。ささやかではあるが、共存共栄の証の一つとなりそうだ。

□第七章の扉の写真説明・（左上）岡山市中区にある西日本アチューマットクリーン本社。「私たちは地域の未来に、真剣です」とある・（右上）岡山市南区にある箕島事業場のフィルタープレス。これで汚泥を脱水する。高津勇常務が機械の調子を点検していた・（下）岡山市北区にある「E・フォレスト岡山」の管理型最終処分場と中間処理施設。

（左上）岡山市北区に完成したＥ・フォレスト岡山の管理型最終処分場
（左下）（右下）焼却炉は二炉あり、それぞれロータリーキルンとストーカー炉が組み合わさっている（同）
（右上）浸出水処理施設から処理水を焼却施設にポンプアップして送る（同）

（右上）岡山市南区にある箕島事業場の脱水施設と流動化処理土製造プラント
（左上）岡山市北区にあるE・フォレスト岡山の温室。焼却施設の排熱を利用し、イチゴを栽培
（右下）「フィルタープレスで絞ると脱水ケーキができ、流動化処理土の原料となります」と語る高津勇常務（同）
（左下）箕島事業場のリサイクル製品の原料となる脱水ケーキ

（右上）箕島事業場のサンドコレクター。汚泥を分級し砂を取る
（左上）埋め立てが終わった管理型処分場の浸出水を処理装置で処理している。右奥は旧処理施設（同）

（右下）岡山県赤磐市にある赤磐工場で、製造されたばかりのＲＰＦ
（左下）ＲＰＦの製造工場は、原料と製品を運ぶコンベヤーが入り組む（同）

第八章

認証制度で本物のリサイクルを進める

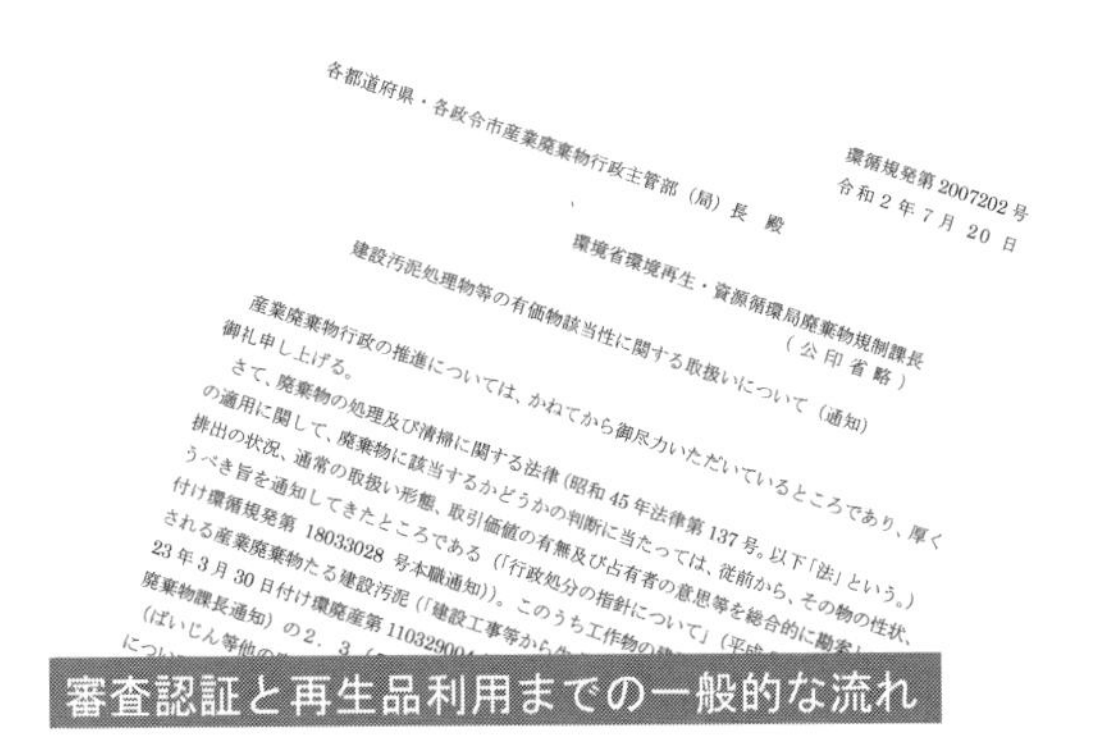

環循規発第 2007202 号
令和 2 年 7 月 20 日

各都道府県・各政令市産業廃棄物行政主管部（局）長 殿

環境省環境再生・資源循環局廃棄物規制課長
（公印省略）

建設汚泥処理物等の有価物該当性に関する取扱いについて（通知）

産業廃棄物行政の推進については、かねてから御尽力いただいているところであり、厚く御礼申し上げる。

さて、廃棄物の処理及び清掃に関する法律（昭和 45 年法律第 137 号。以下「法」という。）の適用に関して、廃棄物に該当するかどうかの判断に当たっては、従前から、その物の性状、排出の状況、通常の取扱い形態、取引価値の有無及び占有者の意思等を総合的に勘案うべき旨を通知してきたところである（「行政処分の指針について」（平成付け環循規発第 18033028 号本職通知））。このうち工作物のされる産業廃棄物たる建設汚泥（「建設工事等から生23 年 3 月 30 日付け環廃産第 11032900廃棄物課長通知）の 2．3（ばいじん等他の

審査認証と再生品利用までの一般的な流れ

公共工事発注者
建設会社
事業者（処理会社等）
産廃振興財団
工事発注準備
再生品使用の決定
工事発注
工事仕様書
工事受注
工事管理
再生品利用
完了検査
完了報告
工事完了
終了報告
終了確認
認証申請
工事発注者、施工会社、利用先都道府県等との事前相談等
工事仕様書による要求品質等
再生品搬出先決定
利用の確実性を証する書類（工事仕様書等）
再生品製造（審査基準に則った製造・品質管理実施）
事業終了
終了報告
認証受理
施設審査
再生品審査（利用の確実性に係る審査を除く）
利用の確実性に係る審査
適合認証書発出 情報公開
立入り検査等
都道府県廃棄物部局
認証内容違反を確認した場合は認証取消し等の措置
情報公開

環境省の通知が道を開いた

二〇二〇年七月、環境省は、ある通知を都道府県と政令市に送った。「建設汚泥処理物等の有価物該当性に関する取り扱いについて」と題するA4大二枚のペーパーで、環境再生・資源循環局の廃棄物規制課長名による発出だった。これが、建設汚泥やコンクリートからのリサイクルに取り組む処理業者を喜ばせた。

大阪ベントナイト事業協同組合の浜野廣美理事長は大阪で、成友興業の細沼順人社長は東京で、西日本アチューマットクリーンの藏本悟社長は岡山でこの文書に見入っていた。

「我々が当初期待していた内容ではないが、それでも課長はよく書いてくれた」、「廃棄物から卒業できる条件を示して、自分たちに協力しようとしてくれている」、「これからが、我々の正念場だね」。この通知が廃棄物該当性について新しい判断を示したことで、新しいリサイクルビジネスに道が開けるというのである。

新通知は、対象品目を建設汚泥処理物等の「建設汚泥」と「コンクリート塊」に限っているが、廃棄物の卒業について従来の考え方を変更するものだった。建設汚泥処理物等が廃棄物に該当するかどうかは、総合的に勘案して判断すべきだが、「各種判断要素の基準を満たし、かつ、合理的な方法で計画的に利用されることが確実であると客観的に確認できる場合には、建設汚泥やコンクリート塊に中間処理を加えた建設汚泥処理物等が建設資材として製造された時点で有価物として取り扱うことが適当である」とした。

そして、具体的には、「仕様書等で規定された用途と需要に照らし、適正な品質及び数量であること、生活環境の保全上の支障や品質の劣化を発生させず適切に保管され、仕様書等で経済的合理性のある有償譲渡として計画的に搬出され、再生利用されることが確実であることを確認する必要がある」という。

「適正な品質及び数量」「有償譲渡として計画的に搬出、再生利用されることが確実」かどうかは、処理、製造、管理の計画書や、再生利用の実施に関する中間処理業者と利用する事業者との間の確認書、再生利用の実施を確認できる書類を確認することで足りるとしている。

これを踏まえ、「建設汚泥処理物等の有価物該当性について、都道府県や公益社団法人及び公益財団法人の認定等に関する法律の規定による認定を受けた法人等、建設汚泥処理物等に係る処理事業者や独立・中立的な第三者が、透明性及び客観性をもって認証する場合も、建設汚泥やコンクリート塊に中間処理を加えて当該建設汚泥処理物等が建設資材等として製造された時点において有価物として取り扱うことが適当である」としていた。

これまでは、リサイクル製品を製造しても、利用先に持ち込むまでは廃棄物のままだ。しかし、一定の条件をつけ、都道府県や公益財団、独立・中立的な第三者機関がリサイクル製品だと認証すれば、製造された段階で廃棄物を卒業し、商品として流通するというのである。

廃棄物の卒業に条件つける

通知は、認証を受ける条件として、▽利用先が確実に使ってくれることが証明されている▽中間処理施設が製造できる▽製造物が再生利用できる品質であるの三つが条件としていた。認証のことは通知の最後に出てくるが、実は、この考え方で認証制度を立ち上げ、リサイクルを進めるというのが、この通知の狙いである。

ただ、リサイクル製品を製造する施設認定を行うだけにすれば、製造業者は、営業活動もしやすくなり、需要も増えると思えるが、環境省としては、二〇〇五年の指針で、あらかじめ具体的な用途が定まり再生利用先が確保されていなければ、客観的な性状だけから有価物（廃棄物でない）と判断できないとした条件と矛盾するため、製品の個別認定も同時に採用したようだ。

これについて処理業者の評価は、「当初期待したものとは違い、厳しい」「製品認定をしないと、いい加減な製品を造り、不適正処理の温床になりかねない」と、まちまちである。

通知を出した環境省廃棄物規制課の担当者は「建設汚泥やコンクリート塊を使った製品を普及させるために、第三者認証という方法を使った。第三者機関が、施設と製品を認証すれば、廃棄物でなくなり、規制を受けないので利用先まで自由に運べる。また自治体がこの制度を立ち上げ、自ら認証してもよい。これによって普及が進むことを期待している」と語る。

この通知が出たのはなぜか、その通知を利用してリサイクルに向け、どんな動きが出ているのかを見ていこう。

規制強化と、認定制度でリサイクル推進の二本立て

これまで、環境省は、不法投棄事件が起きたり、廃棄物が大きな社会問題になるたびに、法改正を繰り返し、規制強化してきた。

一九七七年の法改正で廃棄物処理の再委託が禁止されたのは、六価クロムを含む鉱滓が大量に投棄されていた六価クロム事件が起きたからだったし、一九九一年の法改正でマニフェスト（管理票）制度が導入されたのも、千葉県から青森県に大量の廃棄物が持ち込まれ処分されていたことが社会問題

になったからだし、二〇〇〇年の法改正で排出事業者に撤去命令を出しやすくしたのも、青森・岩手県境不法投棄事件が起きたからだった。二〇一七年に許可がなくなった業者にも撤去命令を出せるようにしたのも、食品の横流しのダイコー事件が起きたからだ。

罰則は強化の一途をたどった。廃棄物処理会社の役員は、仕事に関係なしに交通事故を起こし、禁固刑を受けると、業の許可が取り消されるという、他の業種ではありえない、理不尽な扱いを受けるようになった。

環境省が指針で厳格化したけれど

しかし、現実には、再生資源やリサイクル製品と偽った不法投棄はなくならなかった。そのころ、社会を賑わせたのが、残土と称した建設汚泥の違法埋め立ての残土処分だった。住民紛争が各地で起き、自治体は、国に規制を要望したが、動きは鈍かった。そこで独自に残土条例を制定し、持ち込みを規制する自治体が相次いだ。

環境省が動いたのは二〇〇五年七月。「建設汚泥処理物の廃棄物該当性の判断指針」を策定し、都道府県に通知した。その少し前に、岡山市が、改良土を製造・販売していた処理業者に対し、改良土を産業廃棄物と認定し、事業停止処分にしたことに対し、業者が裁判に訴え、市が敗訴していた（高裁で確定）。岡山市は、大きな粒の土の混在や市と岡山県の改良土の基準と合致しないとしたが、専門家から根拠が薄弱とされ、明確な判断基準のないことが敗訴を招いていた。

指針は、「建設汚泥処理物」（セメント、石灰などの固化剤を加え、脱水したり、安定化させたもので、改良土、改質土と呼ばれる）について、ただちに（廃棄物でない）有価物と判断できず、有償で譲渡される場合でも「経済合理性に基づいた適正な対価による有償譲渡であるか否かについて慎重な判断が必要」「当事者間の有償譲渡契約で有価物と判断することも妥当とは言えない」としていた。

そして廃棄物の判断基準として、▽物の性状「再生利用の用途に要求される品質を満たし、かつ飛散・流出、悪臭の発生などの生活環境の保全上の支障が生ずるおそれがない」▽排出の状況「搬出が、再生利用の需要に沿った計画的なものである」▽通常の取り扱い形態「建設資材の市場が形成されている」▽取引価値の有無「当事者間で有償譲渡され、取引に客観的合理性がある」▽占有者の意思「社会通念上合理的に認定し得る占有者の意思がある」ことなどを挙げていた。

通知は出たが、現実はどうか。建設業界は、利用を増やすには規制緩和が必要だと訴えていたが、建設業界の構造にも問題があると、ゼネコンの元技術者は語る。

「建設汚泥の改良土を、工事現場で一定割合使わねばならないと義務づけすれば、リサイクルは一気に進むかもしれない。しかし、建設費や建築費はかなり高くなる。それを発注者が認めるだろうか。現状は、費用をいかに圧縮し、会社のもうけを増やすかが、工事現場の責任者の腕の見せどころになっている。発注者の力が強く、建設会社は、『コストが上がるがリサイクル資材を使います』と言いづらい。建設業界の重層下請け構造が、それを阻んでいると言ってもよい」

道府県のリサイクル製品の認証制度

ところで、現在、多くの道府県がリサイクル製品の認定制度を導入している。再生品の品目ごとに基準を示し、クリアすれば認定し、利用促進を図るのが狙いだ。その中で実績をあげているといわれるのが愛知県、茨城県、神奈川県など公共事業を扱う建設部局が運営している県だ。愛知県の例を紹介しよう。

愛知県のリサイクル資材評価制度（通称「あいくる」）は、建設副産物に特化し、認定資材を県の公共事業で積極的に使っている。国と自治体に、リサイクル製品の購入を促すグリーン購入法が二〇〇〇年に制定されると、愛知県は制度づくりに取り組み、二〇〇二年に品質と性能の評価基準を定めた「あいくる」をスタートさせた。

▽公共事業の仕様書に即した基準を設ける▽再生資源の発生地やリサイクル資材の製造地を愛知県内に限定しない▽建設部局が制度を運営し、公共工事に対応する▽認定業者は認定後、価格と納入実績の報告書を毎年県に提出する▽「愛知県あいくる材率先利用方針」を定め、ＡＡ（優先して率先利用）、Ａ（一般使用資材として率先利用）、Ｂ（特性を把握して積極的に活用）、Ｃ（個別に利用方針を定める）に分け、市町村にも利用を求めている。

認定資材数は二〇二二年三月現在一四〇四件と、全国二位の鳥取県の六七六件を大きく引き離す。Ａ分類が九割を占めるが、プレキャストコンクリート製、再生加熱アスファルト混合物、再生路盤材が多い。この制度作りを担当したコンサルタント会社のＯＢは「実績を報告させることや施設での抜き取り検査を入れて、フォローできるようにした。土木部が制度を運営することが重要と考えた」と話す。県の審査は無料で、二〇年度は四七億円の利用があり、二〇年度までの一九年間に七七〇万トンの再生資源が利用されている。一方、汚泥は、改良土、流動化処理土など認定品目は少なく、なお、課題も残る。

偽物使いリサイクル認定得たリサイクル偽装事件

認定制度を持つ自治体に衝撃を与えたのが、三重県で起きた巨大不法投棄事件だった。県の認定制度を利用したリサイクル偽装事件が起きたのである。

化学大手の石原産業（本社・大阪市、工場・三重県四日市市）が産業廃棄物の無機汚泥にリサイクル材「フェロシルト」の名前をつけ、埋め戻し材や農業資材と装い、七二万トン不法投棄した。二〇〇六年に四日市工場の副工場長ら幹部が逮捕され、副工場長は実刑判決を受け、同社も三億円の罰金を払った。愛知県、岐阜県などから撤去命令を受けた同社は約六〇〇億円の費用をかけてフェロシルトと汚染土壌を全量撤去した。

この事件は、私が朝日新聞記者だった時に、内部告発をきっかけに、数人の若手記者と偽造の実態を調べ、告発キャンペーンによって捜査当局を動かし事件化したものだ。不法投棄を実行するにあたり、同社が利用したのが県のリサイクル製品の認定制度だった。

石原産業は、二〇〇三年に県の「リサイクル製品利用推進条例」（二〇〇一年制定）に基き申請した。四日市工場から排出される産廃の無機汚泥、アイアンクレイは毎年の排出量が約一〇万トンもあり、三重県の財団法人が管理する最終処分場に持ち込んでいた。処分に年間一〇億円かかることに本社から費用の圧縮を求められていた工場の副工場長が、リサイクル偽装をたくらんだ。

副工場長は社内新聞にこんな一文を寄せている。「私にとっても今年ほど収益アップに努めなければならない年はないと思っております。『ゼニ』にこだわる業務の遂行をする必要があると思っております。ドロ臭いと思われかねない方策が多くなると思いますが、積極果敢に悔いの残らないように取り組みたいと思っております」

愛知県瀬戸市幡中のフェロシルト埋設現場では、撤去作業が続けられていた。フェロシルトは「赤い土」と呼ばれた（二〇〇六年五月）

アイアンクレイは、チタン鉱石から酸化チタンを製造する時に出る廃棄物だ。酸化チタンは、白や黄色の着色用原料として車の塗料や化粧品などに使われ、石原産業は国内シェアの三分の一を誇っていた。

チタン鉱石は放射性物質を含み、アイアンクレイは放射性物質はもちろん、六価クロムやフッ素も含む有害廃棄物だった。それを原料にして埋め戻し材などに使えるリサイクル製品を製造し、埋立費用を軽減しようと、副工場長は考えた。そして、部下に命じて研究開発を続けた。試作品を造ったが、持ち込んだセメント工場から「こんな塩素濃度の高い汚泥を使えるか」と突き返され、副工場長が考えついたのが、三重県のリサイクル認定制度だった。

すでに、フェロシルトは埋め戻し材として使われ始めていたが、雨が降るとどろどろの状態になり、災害や環境汚染を心配した近隣住民とのトラブルが起きていた。「持ち込んだ先で住民とトラブルになっている」と、副工場長から相談を受けた三重県幹部が救いの手をさしのべた。「それならうちのリサイクル製品の認定を受けたらどうですか」。副工場長は飛びついた。

しかし、申請の際には、分析機関が行った重金属などの分析結果票を提出しないといけない。そこで、副工場長は、六価クロムやフッ素などの物質をあらかじめ除去した別の汚泥のサンプルを造り、それを分析させ、フェルシルトと偽って提出した。

「三重県が認定したリサイクル製品」とPR

識者などで構成される県の認定審査会は、提出された書類だけでなく、四日市工場にも立ち入り調査していた。工場は、産廃のアイアンクレイからフェロシルトを造っているラインを止め、有害物を含まない別の製造ラインを案内した。偽の作業指示簿を見せながら、安全な排水を使って製造しているとウソをついた。一部の委員の指摘で審査が長引くと、県会議員が、県の幹部に審査を早めるよう圧力をかけた。フェロシルトが認定されると、同社はパンフレットに認定マークを描き、リサイクル認定製品だとアピールした。

しかし、フェロシルトはまぎれもない産業廃棄物だった。工場は、逆有償を有償と見せかける工作を行った。工場はトン八〇円で子会社に売却し、子会社は、フェロシルトを引き受ける業者にトン一五〇円で販売する裏で、業者に「用途開発」名目でトン三〇〇〇～三五〇〇円払っていた。

甘い蜜に愛知県や三重県の悪徳業者たちが群がり、各地で盛土工事を行った。愛知県の陶土業者は、陶土採掘跡地に一五万トンのフェロシルトを受け入れ、五億円を仲間たちと分けた。フェロシルトは雨が降るとどろどろになり、盛土が崩れ、真っ赤な汚泥が河川に流入した。住民らが撤去を求めると、同社の住民説明会に県の幹部が同席し、三重県認定のリサイクル製品で安全だと、同社を擁護した。

その後、岐阜県と愛知県が造成地から採取したフェロシルトから、土壌環境基準を大幅に超える六価クロムとフッ素が検出された。両県が産廃と認定し、同社に撤去命令を出したが、三重県は同調せず、環境省を訪ね、産廃かどうかお伺いをたてた。

担当の官僚は私に言った。「判断するのは知事の権限。基準越えの六価クロムが含まれているのに、『六価クロム入りの商品をほしい』という人はいない。さらに逆有償じゃないか」

その後、県議会で議員らから刑事告発を迫られた県は、翌日、三重県警に、不法投棄でなく、罰則の弱い委託基準違反（無許可業者への委託）容疑で告発した。しかし、津地方検察庁は不法投棄で起訴し、石原産業は撤去工事を急いだ。

公の機関が品質を保証するリサイクル製品の認定制度は、リサイクルを進めるための有効な制度だが、審査をしっかりしないと、犯罪の手助けとなり、また、環境汚染を引き起こし、取り返しのつかないことになるという教訓を残すことになった。

「熟して落ちるのを待ってはいられない」

環境省が二〇二〇年に出した「建設汚泥処理物等の有価物該当性」に関する通知は、処理業者たちにとっては待ちに待ったものだった。けれどもこれは、「熟した柿が地面に落ちるのを待ってはいられない」（ある処理業者）とする業者らが積極的に動いた末に、勝ち取ったものであった。

大幸工業社長で大阪ベントナイト事業協同組合理事長の浜野廣美さんが振り返る。

「リサイクル製品の重要性を広げるには、まず公共事業で大量に使ってもらわねばなりません。それが広がれば、民間にも波及しますから。でも公共事業で使ってもらおうとしても、法律の壁がありました。それを突破するにはどうしたらよいかと考えました」

大幸工業と大阪ベントナイト事業協同組合が、阪神高速道路公団の大和川トンネルから出た建設泥土を改質し、埋め立て事業に使ったという実績を持って、和歌山県でも同様の事業をやりたいと和歌山県に打診したところ、産廃の持ち込みは認められないと、拒否されたことを、第五章で紹介した。いくら品質に問題がなく、有効利用されることがわかっていても、産廃のままの移動は規制がかかり、結果的にリサイクルが進まないという状況を生みだしている。

廃棄物処理法には、環境省による「再生利用認定制度」と都道府県による「個別指定制度」という二つの例外措置があるが、いずれも、実際に事業者や工事現場で利用されるまでは廃棄物扱いで、それが、広範な利用を阻む原因の一つとなっていた。

全国産業廃棄物連合会（現全国産業資源循環連合会）の建設廃棄物部会長だった浜野さんは、二〇一六年、部会の中に建設汚泥分科会と再生砕石分科会の二つの分科会を設置し、建設汚泥分科会の座長に、岡山の西日本アチューマットクリーン社長の藏本悟さんを、再生砕石分科会の座長に東京の成友興業社長の細沼順人さんを選んだ。いずれも若手経営者で、地域の協会でもリーダー的な役割を担い、仲間たちの信頼も厚かった。

建設汚泥は、二〇一七年四月から環境省が、首都圏について限定的に認めていた海洋投棄を全面禁止することが予想されていた。このままでは、行き先のなくなった建設汚泥が、建設発生土と偽って土地造成されたり、残土処分場に持ち込まれたりして、違法行為が激化することを、三人は強く懸念した。

両分科会で意見を出し合い、議論をへて、翌二〇一七年一一月、両分科会の名でそれぞれの再生品の利用促進のための提案書をまとめた。

分科会がまとめた二つの提案書

「建設汚泥再生品の利用促進のための提案」はまず、利用を阻害する要因として▽廃棄物処理法と自治体の条例により、県境を越える移動に対する制限がある▽（無償提供に近い）建設発生土と比較して競争力がなく、利用に積極的な工事が少ない▽品質の信頼性が欠如し、事業者ごとに製品のばらつきがある▽事業者のロットが小さく、必要な時期に必要な量を確保できない、安定供給への不安がある――とした。

そして具体的な提案として、次のような項目をあげた。

▽県境をまたいでも規制されないために、処理業者が製造した再生品の利用先が決まり、利用先の求める品質を満足し、その製品が製造できる設備を設置し、製品の品質と出荷を管理している場合には、再生品の製造段階で、商品と判断する（廃棄物から卒業）仕組みが必要。

▽競合品との競争力を確保するために、処理業者は製造に必要なコストを積算するなど、費用を透明化し、発注者や排出事業者の理解を得る。国土交通省は、建設汚泥の再生利用のガイドラインを工事発注者に徹底させ、利用実績を向上させる。汚泥を最終的に再生利用、最終処分したか記載した書類を元請け業者が作成、発注者に提出する。

▽品質の信頼性を確保するために、国交省は、再生品の品質基準を設計図書に示す。製造管理体制

が一定レベル以上であることを、行政やユーザー団体が認証する。

一方、「再生砕石の利用促進のための提案」では、利用上の阻害要因として、▽原料に廃棄物を利用していることや、事業者間の製品のばらつきが、品質への信頼性の欠如になっている▽ロットが小さく、安定供給への不安がある▽天然砕石と比較して競争力がない▽廃棄物処理法や条例で県境移動、保管量、保管施設の立地が規制されているとしていた。

具体的な提案として、次の項目をあげた。

▽品質の信頼性確保のために、製品の品質検査、原料の搬入検査の徹底、製造管理体制が一定レベル以上であることを、行政やユーザー団体と協力して認証する。

▽安定供給のために、立地規制している法律、条例による規制緩和を求める。

▽天然砕石との競争力確保のため、処理業者はコストを積算するなど費用を透明化し、排出事業者の努力や協力の程度に応じて、処分料金をきめ細かく設定する。国交省は、品質基準を満たした再生砕石を積極的に利用し、個々の建設工事を計画、設計する。

▽製造した再生品の利用先が決まり、利用先が求める品質を満足し、その製品が製造できる設備を設置し、品質と出荷を管理している場合には、再生品の製造段階で商品と判断（廃棄物から卒業）する仕組みが必要。

また、再生砕石の利用用途として従来の路盤材以外の用途開拓（浸透トレンチ材、グラベルコンパクション材、盛土材）を挙げた。

いずれも一定の条件をつけて、廃棄物の卒業を製品の製造段階で認められるような仕組みを唱えていた点で、現在の認証制度の萌芽とも言える。連合会は、これを環境省と国交省に提出したが、期待したような反応はなかった。

東京都が認証制度を試行した

製造した段階で、廃棄物を卒業し、商品として認める認証制度をどうやって構築するか。浜野さん、細沼さん、藏本さんが熟考する中、細沼さんは、高俊興業の会長室を訪ねた。高橋俊美さんは、東京都産業廃棄物協会の会長を長く続け、建設業界や東京都幹部に交流を広げ、人望が厚い。再生砕石の利用方法を広げ、その製品を東京都に認証してもらうという腹案を持って、高橋さんに相談した。

「やったらいいんじゃないか。利用拡大を目指し、協会も協力しないといけないね」。高橋さんの判断は速かった。細沼さんの提案を快く受け、協会として認証制度の創設を東京都に働きかけることにし、細沼さんとともに東京建設業協会、東京建物解体協会に話を持ちかけた。

高橋さんは、のちに私にこう語っている。

「産業廃棄物の建設汚泥を未処理のまま悪用し、建設発生土と偽ったり、廃棄物を混ぜて造成したりと、許せない行為をたくさん見てきた。リサイクルを進めるために、循環型社会にするために、少しでも役立ちたいという私たち業者の気持ちを、台無しにしている業者がなお多い。悪貨が良貨を駆逐するんじゃなくて、良貨が悪貨を駆逐しないといけません。認証制度もそれを進めるための一つのやり方だと思います」

東京都環境局が「再生砕石利用拡大支援制度」を創設したのは二〇一七年五月。再生砕石はコンクリート塊を破砕して粒度を調整したリサイクル材だが、道路工事用の路盤材に限定的に使われている。協会の働きかけもあって、試行的に再生砕石の認証制度を立ち上げた。民間団体が定めた再生砕石の品質基準を環境局が審査し、基準認証するとともに、その再生砕石を製造できる施設を、東京都環境公社が施設認証する仕組みにした。

東京建設業協会、東京建物解体協会、東京都産業廃棄物協会の三団体は、再生砕石の「東京ブランド〝粋な〟えこ石」の基準認証を申請した。都環境局は一〇月に「路盤材」「グラベルコンパクション材」（雨水の貯留・浸透施設の浸透トレンチの充填）「裏込材」（擁壁の背面に使用）の三工種を基準認証し、その基準に基づき、一二月には東京都環境公社が、成友興業の城南島第一工場を施設認証した。

「利用促進の起爆剤に」のエールを送ったが

その年の暮れ、環境公社が開いた認証式は晴れやかな式となった。都の元主税局長で公社理事長の影山竹夫さんは「再生材料はこれまで忌避感等があり、なかなか利用が進まなかったが、今日の施設認証を契機に利用促進の起爆剤にしたい。民間での利用促進も望まれる」と祝辞を述べた。都環境局の須賀隆行産業廃棄物対策課長も「再生砕石の利活用促進は、これからの都市更新にとって必要不可欠。今日がそのスタートだ」と、エールを送った。

細沼さんは、記者たちに囲まれ、「再生砕石にかかわる資源循環をしっかりと進めていくためにも、今日の認証をきっかけに、施設認証に参加する仲間をどんどん増やしていかなければならない」と決意を語った。品質管理方法や検査結果を公表するなど五つの項目が評価され、無事クリアしたことで、細沼さんは、都の発注工事に使ってもらえると期待した。使用した場合には「工事成績評定」の加点も期待できた。

大事な一点が認められたものの、発注増にはなかなか結びつかなかった。続いて認証を取った別の会社も同様で、認証期間の二年がすぎると再認証を取らず離脱した。成友興業も再認証を受けたが、成果は芳しくなかった。

結局、この制度は期間限定の試行だったため、期待した成果をあげないまま終了した。なぜ、この制度で認証を受けても受注できないのか。環境局の幹部が私に語った。

「環境局は基準と設備を認証するだけで、実際に使うかどうかを決めるのは公共工事の事業部局。環境局から事業部局に利用せよとまでは言えません」

細沼さんは、めげてはいなかった。

議員連盟が動いた

環境省や国交省の反応ははかばかしくなかった。提案しっぱなしでは意味がない。浜野さんらは、政治の力を借りるしかないと思った。

ちょうど議員連盟が衣替えして間もないころだった。産業廃棄物処理業界をまとめあげ、現在の全国組織に育てたのは、最終処分業のひめゆり総業の社長で二代目会長だった太田忠男さんである。太田さんは、処理業者の思いを実現するには中央官庁への陳情だけではできないと痛感し、政治の力が必要だと感じていた。

しかし、連合会は公益団体で政治活動はできない。そこで一九八八年に太田さんの提唱で、政治連盟が発足、その後別組織の団体と合体し、全国産業廃棄物連合会政治連盟となった。国会議員による議員連盟は、一九八九年に自由民主党産業廃棄物対策議員懇談会として発足した。太田会長と懇意だった元厚生大臣の齋藤邦吉氏が会長に就任、丹羽雄也氏が事務局長になった。その後、丹羽氏が会長の座についていたが、二〇一四年に自民党組織として正式に認められた「産業・資源循環議員連盟」に衣替えし、初代会長の丹羽氏から二〇一七年に田中和徳議員が会長を引き継いでいる。

田中会長は、環境問題に造詣が深い。中国が廃プラスチックを輸入禁止にし、日本国内に廃プラスチックが溢れ、処理が難しくなったため、産業廃棄物の廃プラスチックを、緊急避難的に自治体の焼却施設で処理することを促す通知の発出を環境省に求め、それを実現させた実力者だった。

当時、市川環境エンジニアリングの社長で、連合会の会長だった石井邦夫さんは、処理業界の地位向上のために業法を提唱した。連合会は、国による処理にかかわる従事者の資格制度の創設と、再生品の品質基準の整備と認証の枠組み構築を軸にした報告書をまとめた。その後、それを基に法案をつくったが、すでに軸となる先の二項目は民間で進めるよう環境省から指示されていた。

法制化は困難となり、そこで議員連盟は、法制化によらず、「資格制度の創設」と「再生品の利用拡大」（建設汚泥再生品と再生砕石）の二つを民間で構築するため、「資源循環促進プロジェクトチーム」（ＰＴ）を設置し、議論が始まった。

プロジェクトチームが提言まとめる

二〇一八年一〇月、自由民主党本部の会議室で第一回の会合が開かれた。

田中会長は「法律の整備の要望もあるが、まずは仕事がやりやすく、きちんとできるように議員連盟として支援をしていく」とあいさつした。ＰＴの座長に選ばれた井上信治議員は、「業界の意見を聞きながら、行政の協力のもと、産業廃棄物処理業界の課題の中身を議論して詰めていくことが大事だ。成果のある会にしていきたい」と述べた。

井上議員は、元国交省の官僚で、さらに環境省の副大臣の経験があった。副大臣の時には、原発事故後の福島県の除染や中間貯蔵施設の設置など、困難な案件を担当し、陣頭指揮した。議員連盟事務局長の赤間二郎議員は、神奈川県議から国会議員になり、安倍内閣で総務省政務官、副大臣を歴任し、自民党の総務部会長として総務行政をとりまとめている。

ＰＴの会合を毎月一回のペースで開き、会合にはオブザーバーとして環境省と国交省の課長も出席することが決まった。この日の会合には、政治連盟の國中賢吉理事長が大阪から、副理事長の藏本忠男さんが岡山から駆けつけ、副理事長の高橋俊美さんもいた。環境省と国交省の幹部らも出席し、神妙な面もちで議論の推移を見守った。

次のＰＴの会合では、大阪ベントナイト事業協同組合が行った大和川トンネル工事からでた建設汚泥の貯木場埋戻し事業と、成友興業が東京都から認証された「東京ブランド〝粋な〟えこ石」が紹介された。

連合会の建設廃棄物部会長の浜野さんが、「再生品の利用促進ができる枠組みを是非構築していただきたい」と要望すると、環境省環境再生・資源循環局の成田浩司廃棄物規制課長は「連合会の提案内容の必要性は認識しており、全産連と協議しながら進めていきたい。廃棄物処理法等にどのように位置付けしていくかが検討課題です」。国土交通省環境・リサイクル企画室の直原史明室長も「国交省として受け入れ活用体制に協力していく」と応じた。

再生品の義務化を国に要請した会長

翌年二月の会合では、連合会が、報告書案を説明した。産業廃棄物処理業務従事者の資格制度（業務主任者）を創設し、法的な位置づけを行う▽建設汚泥の再生品や廃コンクリートからの再生砕石の利用では、一定の品質を満足し、一定の管理が整っている場合は、利用先に搬出される前の時点で廃棄物を終了したとの判断ができるとする（環境省の）通知について、検討の場を設けるとしていた。

この報告書をもとにＰＴの提言書がまとめられ、四月に開かれた議員連盟の総会で、「産業廃棄物処理業における人材育成・確保、再生品の利用促進に関する提言」を国に提出することが決まった。

提言書のうち「再生品の利用促進」は、建設汚泥再生品と廃コンクリート再生砕石について、「公的な品質規格を満足する建設汚泥再生品等についてはそれらを製造する管理体制や保管体制（在庫管理含む）が確かなものであれば、製造された段階で廃棄物でないとの判断が出来るようにすることが望ましい。廃棄物該当性の判断にかかわる再生品の利用促進上の支障を取り除くため、環境省と国土交通省等の参加を得て全産連の検討会で議論し、両省が連携して検討結果を踏まえた都道府県等への通知等を検討すべきである」としていた。

同月、田中会長と、井上座長らＰＴのメンバーが環境省と国交省を訪ねた。大臣室で提言書を受け取った原田義昭環境大臣は「一つ一つが大事なこと」と応じた。国土交通省を訪ねた田中会長は、大臣宛の提言書を参事官に渡し、「地方行政も同じテーブルで議論していただき、再生品の利用について義務化ができるように考えていただきたい」と述べた。

これを受けて、環境省が通知の検討にとりかかったのである。

検討会で再生品認証の基準づくり

二〇一九年一一月、連合会に設置された「建設汚泥再生品等の利用促進に関する検討会」の審議が始まった。国交省の小委員会委員長を務める勝見武京都大学教授が委員長に選ばれ、処理業界からは、建設廃棄物部会長の浜野廣美さん、副部会長・建設汚泥分科会座長の藏本悟さん、同副部会長・再生砕石分科会座長の細沼順人さん、建設業界からはゼネコンの技術幹部二人が委員に就いた。オブザーバーとして環境省と国交省の課長も参加することになった。オブザーバーとはいえ、通知を出すのは環境省、公共工事の多くは国交省だから、彼らの理解を得ないと進まない。

検討会では、北島隆次弁護士が、▽廃棄物卒業の判断時期を再生品の製造時に前倒しするための基準▽再生品の品質、施設の品質、事業者自体の基準▽自治体条例との整合性のある基準などの検討課題を説明した。

委員らが意見を述べあった。

浜野さん「可能なら再資源化施設で製造され、厳しい基準を満たした建設汚泥再生品、再生砕石、（その両者を混ぜて製造した）ハイブリッド・ソイルについては、製造の時点で廃棄物該当性を卒業し、製品として認定していただくような仕組みを検討していただきたい」

細沼さん「議論の方向性として、地盤材料として再利用する場合、再生砕石は路盤材利用のみ、汚泥改良土全般については地域によっては安定した製造時卒業認定が得られていない。だから、この検討会で、再生砕石、改質汚泥再生品、ハイブリッド・ソイルの全国統一的な利用基準をつくり、混乱した解釈を整理する必要がある」

勝見委員長「製造業者への基準は具体的にはどのようなものか」

浜野さん「公的な認定機関を設け、そこに申請した企業が、事業者の法人としての体制、施設のレベル、保管体制など多角的な視点から、基準を満たした製造事業者が認定されて、製造時認定を得るのがよいのではないか」

二回目の検討会からは、北島弁護士が作成した文書に、各委員が新たに資料を提供したり、意見を述べたりして修正を加える形で進んだ。浜野さん、藏本さん、細沼さんは実際に再生品を製造し、品質や工場の管理にも精通しており、議論をリードした。彼らの提供した資料や意見が、報告書をまとめる上で大きな役割を果たした。

藏本さんは、岡山県の「改良土等マニュアル」を配り、「岡山県発注の工事で建設汚泥処理土等の利用促進を図る目的で制定された。これによって岡山県での建設汚泥処理土の利用が進んでいる」と説明した。そして、建設汚泥分科会では、建設汚泥再生品の利用促進のために、リサイクル製品評価の自主基準や製品の事例集を紹介し、建設業界との協議で伝えたことをもとに検討を求めた。

報告書案が固まったのは二〇二〇年四月の検討会。コロナウイルスが猛威をふるう中でのオンライン会議となった。環境省は、通知を出してこの問題に対応しようとしていたが、リサイクル偽装のような不適正処理が起きるのを心配していた。

検討会では、廃棄物かどうかを個々に総合判断するとの原則を伝え、企業の財務状態や内部監査など企業の審査基準の具体化も求めた。さらに審査機関について、公益財団法人産業廃棄物処理事業振興財団に認証業務を行わせる方向であることを明らかにした。

勝見京都大学教授が語った検討会と通知の意義

六月にまとまった報告書は、建設汚泥と廃コンクリートの再生品の原材料と製品の品質規格、製品の製造管理、保管・出荷管理、品質管理について基準を設定し、この基準案をもとに第三者機関が認定の基準を決めるのが適当であるとしていた。この報告書が提出された翌月、環境省は通知を都道府県に出した。

勝見京都大学教授は、浜野さんとの対談（『新春対談2021』大阪ベントナイト事業協同組合）で、通知と検討会の報告書の意義をこう述べている。

「廃棄物や環境に関する法律・制度の多くは性悪説に基づいており、その理由は廃棄物の不法投棄や不適正処理、環境汚染を防ぐためだと認識しています。今回の通知は性善説寄りになっています。本来、行政の法や制度は、あまねく公平であることが基本原則になりますが、今回は『きちんとできる人から、まずやってください』ということで、厳しい規制が設けられています。廃棄物業界のリーダー組織が高いハードルをクリアしていくことで、業界全体が良い方向へ引っ張られ、成長する流れが生まれると思います」

「需要創出をどう進めていけばよいのか。我々は、廃棄物が排出され、副産物が製造されて、『その行き場をどうしよう』というところから議論を始めていますが、もう少し俯瞰的な視野を持つことも大切です。例えば、資源循環を作るために複数の事業をリンクさせたり、時期をどう調整すればよいかを検討する。そのためには自治体の管轄部署や自治体同士の垣根を越えて、臨機応変に応対することが必要になるでしょう。少し大げさに表現すると、今回の検討会や通知は、そうした流れを作るきっかけになるのではないかと思います」

産業廃棄物処理事業振興財団で認証業務開始

第三者機関となった産業廃棄物処理事業振興財団は、二〇二一年夏、審査業務を開始した。認証の対象は、建設汚泥再生品、廃コンクリート再生砕石、両方を原材料にして製造されるハイブリッド・ソイルの三品目。認証を受けようとする事業者は、再生品を利用してくれる国や自治体の公共事業の工事担当部局や委託された業者と相談し、一定のめどがついた段階で、振興財団に申請する。財団は予備調査ののち、審査チームが書類と実地調査を行い、基準を満たしているか審査していく。その結果を、再生品認証委員会で審議した上、適合証書を出すという流れだ。

審査は、施設審査と再生品審査の二種類あり、施設審査は、製造者、製造管理、保管・出荷管理、品質管理を審査し、再生品審査は、原材料、製品の品質、製品の利用の確実性を審査する。再生品の認証は、利用先へ持ち込む事業一件ごとに行う。

利用先が決まった製品ごとの認証になったのは、廃棄物該当性についてそのつど総合判断するという環境省の強い姿勢による。「公的な品質規格を満足する再生品で、製造の管理・保管体制が確かなら、製造段階で廃棄物から卒業できる認証制度が望ましい」との考えもあったが、「安易に認証して、不適正処理が起きたらもともこうもない」（浜野さん）という意見もあり、現在の形になった。

ただ、審査項目が多く、審査は詳細を極めるため、審査料は施設審査が二〇〇万円、再生品審査が一〇〇万円と高額になった。このため、連合会の建設廃棄物部会の運営委員会などでは、「制度の趣旨や目的はすばらしいが、中小業者にとっては審査料金や手続きなど認証取得にかかわる手間やコストは大きな負担。ハードルが高いと感じる」と心配する声も出た。

その一方で、「まずは制度の運用を開始してほしい。開始後に不具合があれば、業界から改善を求めていけばよい」「通知は第三者機関に限らず、都道府県も独立・中立的な第三者として明記されているため、通知を根拠として各社が地元自治体と協議しながら、合理的な運用ができればよい」「認証を受けた再生品をバージン材料と競合させるのではなく、国から再生品の使用を働きかけてもらうべきである。使用される仕組みを作り上げていくことが、認証制度の狙いであると理解する」と、評価する声も多かった。

振興財団は「工事ごとに認証する仕組みになっているが、工事担当に営業をかけた時点で申請することも可能です。万が一契約が取れなくても、別の工事で契約をとることができればよいし、何回トライしてもらってもよい」と話している。

こうしてスタートした認証制度は、二〇二一年一一月、成友興業の城南島第一工場が、廃コンクリート再生砕石（RC－40）を東京都目黒区の公共工事で取得、翌年六月には世田谷区の公共工事でも取得した。同月には、浜野さんの大阪ベントナイト事業協同組合が再生土のポリアースを大阪府泉大津市での公共工事で取得、翌七月にはオデッサ・テクノス札幌工場が、再生土を札幌市の公共工事で取得、一〇月には成友興業のあきる野事業所が、東京都八王子市内の公共工事で、再生土で取得し、認証の動きが序々に広がりつつある。

認証制度生かし、未来の社会づくりへ

浜野さんは、いま、この認証制度を利用し、他社と連携した取り組みを進めている。建設汚泥の再生土（ポリアース）とコンクリート塊から造った再生砕石をブレンドしたハイブリッド・ソイル（H・B・S）を製造・販売する事業だ。

第五章で紹介したが、ポリアースの製造は大阪ベントナイト事業協同組合、再生砕石の製造は大栄環境と昇和（大阪市）が行い、三社が共同出資して造ったミキシング工場でハイブリッド・ソイルを製造する。河川、海岸堤防の補強とスーパー堤防、命の山などの避難地の設置、大阪湾の浚渫跡地の修復、自然海底の再生などを想定している。

浜野さんは、「様々な障害を乗り越えて、ようやく認証の仕組みができあがりました。これまで廃棄物からの卒業を再生品の製造段階で認めてほしいと何回陳情したことか。厳しい条件付きだが、今回の環境省の通知で認めてもらい、非常に大きな前進だと思います。しかし、それを具体化しなければなりません。国土強靱化と大阪湾の環境再生に、ハイブリッド・ソイルを役立たせることができると確信しています。大栄環境さんと昇和さんに話を持ちかけたところ、賛意をいただきました。役割分担とともに、共同で出資してミキシング工場を造ることも合意しました」と語る。

成友興業は、廃棄物処理業とともに、建設業も展開している。そこで、自社が建設業として契約した公共工事で、認証されたRC—40を使うことでスタートさせた。まずは、利用の実績をつくらないとPRできないという考えからだ。細沼さんは「スーパーエコタウンの第一工場の再生砕石で認証をとったあと、あきる野事業所でも建設汚泥の再生品で認証をとりました。さらに大きな公共工事へと実績を重ね、広げていきたい」と話す。

そして業界を俯瞰し、こう語る。「適正処理を行い高品質なものを製造する私たち中間処理業者は、製造業者となり、ゼロエミッションを達成しなければなりません。昭和・平成のビジネスモデルのままの偽の有償品を隠れ蓑にせず、適正処理、品質保証、施設や製品の認定・認証を行い、産業資源循環させる令和のビジネスモデルに転換すべきです。オールジャパンで資源循環先へ効率的に繋いでいくため、発注者（利用者）に理解して頂き、設計段階で組み込んで幅広い用途で利用していただくことを願います。認証制度を取得し積極的に活用し、全国から意見など声をあげていただくことが、これからの環境産業の発展には重要であり、我々の使命ではないでしょうか」

西日本アチューマットクリーンの藏本さんも、「これまでは最終処分場のＥ・フォレスト岡山の開業を目指してきたので、十分に手が回りませんでしたが、二〇二二年一〇月に無事竣工したので、認証制度の利用を進めていきたい」と話す。

藏本悟さんは同年七月、連合会建設廃棄物部会の部会長に就任した。三本さん、浜野さんと続いた建設廃棄物処理業界のまとめ役兼牽引役という重要な役職である。

藏本さんは、「認証制度ができても、製品を使ってもらい、マーケットを広げていかないといけません。国には、地方の出先機関や自治体に、『この制度があるから、活用してほしい』と、推奨してほしい。私たち供給する側も、全国八ブロックの協議会の運営委員らが中心になって、この制度を広めていきたい」と抱負を語っている。

□第八章の扉の説明・（上）環境省が二〇二〇年七月に自治体に出した建設汚泥処理物等の有価物該当性に関する通知・（下）産業廃棄物処理事業振興財団による第三者認証の手続きのチャート図。

第九章

循環経済の担い手は
廃棄物処理業者である

高俊興業

大幸グループ

成友興業

西日本アチューマットクリーン

循環経済をつくる

循環経済という言葉が定着しつつある。

ＥＵ（欧州連合）が二〇一五年に打ち出したサーキュラーエコノミー（Circular Economy）を訳したものだが、ＣＥは、「資源の枯渇やビジネスチャンスと革新的で効率的な生産方法及び消費スタイルを生み出すことで、新たな競争力を高める経済政策」とされている。

それまでの大量生産・大量消費が一方向の経済であるのに対し、製品や部品をメンテナンスや洗浄をして再利用したり、廃棄された素材をリサイクルしてまた素材として有効活用することや、製品の利用形態を極力循環させていこうという（『サーキュラーエコノミー』梅田靖・21世紀政策研究所編、勁草書房、二〇二一）。

人類の活動が地球の許容量を超えつつあるという危機感を背景に、ＥＵが、競争力を強化するための経済・産業政策として打ち出しているところに大きな意味がある。

これをもとに世界経済フォーラムで、エレン・マッカーサー財団が、海洋プラスチックが二〇五〇年までに、海洋に蓄積するプラスチックが魚類の量を上回るとの報告書を発表、プラスチックによる海洋汚染問題に火がつくと、ＥＵは二〇一八年にプラスチック戦略を発表し、大胆な削減とリサイクル目標を掲げた。

日本でも翌年にプラスチック資源循環戦略が策定され、プラスチック資源循環促進法を制定、二〇二二年五月施行された。レジ袋の有料化を手始めに、自治体による容器包装と製品プラスチックの一括回収や、業者による使用済みプラスチックの自主回収・再生資源化の動きが始まっている。

経産省が作成した循環経済ビジョン

ＥＵのサーキュラーエコノミーに対し、経済産業省は二〇二〇年、「循環経済ビジョン２０２０」をまとめた。大量生産・大量消費・大量廃棄型の線形（一方通行という意味）モデルは世界経済として早晩立ち行かなくなるおそれがあるとし、「あらゆる経済活動において資源投入量・消費量を抑えつつ、ストックを有効活用しながら、サービス化等を通じ付加価値の最大化を図る循環型の経済社会（循環経済）により、中長期的に筋肉質な成長を目指す必要がある」としている。

ビジョンで、動脈産業は、循環性をデザインし、リサイクルまでリードする循環産業にとし、▽多機能・高機能の素材の技術開発やサプライチェーン間の提携による課題解決型のイノベーションの促進▽事業者による自主回収や動静脈連携に向けた環境整備を掲げる。

静脈産業は、リサイクル産業からリソーシング産業へとし、▽再生材の品質規格や使用基準の整備▽広域でのリサイクルの円滑化や事業効率化、技術開発のための環境整備を掲げる。国内リサイクルの質的・量的確保として、▽主要素材の中長期の資源循環バランスの評価・分析▽リサイクル手法のベストミックスの検討と技術開発▽既存の製品規格・ＪＩＳ・規制基準のアップデートをあげている。ビジョンとして絵は描かれたが、それを進めるための行動計画と、それを支える仕組みづくりの動きはまだ見えない。

ＥＵは行動計画つくり、各種法規制導入へ

これに対し、ＥＵ委員会は同年、「よりクリーンで競争力のある欧州のための新しい循環経済行動計画」を策定した。「地球は一つしかないが、世界は三つあるように消費する。欧州グリーンニュー

ディールは、気候に中立で資源高率の高い競争力のある経済のための戦略を始めた。循環経済をフロントランナーから主流の経済プレーヤーに拡大することは、EUの長期的な競争力を確保し、誰も置き去りにせず、二〇五〇年までに気候中立を達成し、経済成長を資源使用から切り離すことに貢献する」と宣言。「必要以上のモノを地球に還元する、再生成長モデルへの移行を加速し、循環型材料の使用率を二倍にする必要があり、欧州グリーンニューディールが必要とする変革を加速させることを目的とする」と掲げる。

幾つか、具体的な中身を紹介しよう。

▽持続可能な製品の設計（製品の性能と安全性を確保しながら、製品のリサイクル含有量を増やす。再製造と高品質のリサイクルを可能にする。売れ残った耐久消費財の破壊禁止を導入など）。

▽消費者と公共調達に力を与える（欧州委員会は、EU消費者法の改正を提案し、製品の寿命や修理サービスなどの情報を確実に受け取れるようにする。新たな修理権の確立に向けて取り組む。エコラベル基準に耐久性、リサイクル性、リサイクルされた含有量を含む。部門別に公共調達の基準と目標を提案し、取り組みの報告義務化を提案）。

▽生産プロセスでの循環性（業界主導の報告・認証システムの開発。資源の追跡、マッピングのためのデジタル技術の利用促進。EU環境技術認証制度を認証マークとして登録し、グリーンテクノロジーを推進する）。

▽建築と建物（EU委員会は、持続可能な建築・環境のための新しい包括的な戦略を開始する。安全性と機能性を考慮した、特定の建設資材のリサイクル含有要件の導入の可能性に対処する。建設・解体廃棄物の分別回収目標の改定を検討。ブラウンフィールドを修復し、掘削された土壌の安全で持

続可能な循環利用を促進する）。

▽廃棄物の防止と循環性を促進する政策の強化（持続可能な製品ポリシーを展開し、特定の法律に転換する必要。廃棄物の防止、リサイクル含有量の増加、より安全でクリーンな廃棄物の流れの促進、高品質のリサイクルの確保を目的としてＥＵ廃棄物法の改正を提案する）。

▽再生材のＥＵ市場をうまく機能させる（再生材料は、安全性だけでなく、性能、入手可能性、コストに関連することから、バージン材料との競合で課題を抱える。製品にリサイクルされた含有量の要件を導入することは、再生材の需要と供給のミスマッチを防ぎ、リサイクルセクターの円滑な拡大に貢献する。ＥＵ委員会は、加盟国の廃棄物の状況と副産物に関する規則の監視を行い、またＥＵ全体の廃棄物の終了と副産物の基準を開発、調和させるためのイニシアチブを支援する。国別、欧州、国際レベルでの標準化作業の評価に基づいて、標準化の役割を強化する）。

ＥＵの競争力を高めるための野心的な項目が並ぶ。これらが実現し、ＥＵ標準からやがて世界標準となっていき、日本が手をこまねいていると、世界経済の中で立ちゆかなくなっていくのではないか。

廃棄物処理業から資源循環産業へ

二一世紀後半の早い時期にカーボンニュートラルを掲げた二〇一六年のパリ協定をきっかけに、先進国が二〇五〇年のカーボンニュートラルを次々と宣言した。出遅れ感のあった日本も二〇二一年、菅義偉首相がゼロ宣言をして追いついた。そしていま、国連が示した二〇三〇年をゴールとするＳＤＧｓ（持続可能な開発目標）に、企業や自治体が取り組み、環境・社会・ガバナンスに配慮した企業を選別して行うＥＳＧ投資が脚光を浴びる。「環境」は企業活動の重要なトレンドとなった。

欧米の大きなうねりが、日本に波及し、企業行動を変えようとしている。それは、静脈産業の産業廃棄物処理業界にも及ぶ。高い技術を持ち、適正処理・再利用・リサイクルに取り組んできた処理業者には追い風となり、力のない業者は乗り遅れ、やがて淘汰されていくのかもしれない。環境省がまとめた一遍のレポートも、その延長線上で書かれた。

二〇一七年、細田衛士中部大学教授（慶応大学名誉教授）を座長にしてまとめられた「産業廃棄物処理業の振興方策に関する提言」。エネルギー減少による「環境制約」と資源需要の増加や資源価格の不安定化による「資源制約」の中で、処理業に収集・運搬の低炭素化や、新素材の処理など技術・体制の確立、循環資源の再資源化率の向上を求め、同省の進める「地域循環共生圏」での地域への貢献を促している。

「産業政策として、資源循環の健全な経済をつくる」

報告書は、現状を、適正な評価軸の欠如と安直な価格競争、人手不足、事故の多発によって、「悪貨が良貨を駆逐する業界に後戻りするリスクが存在する」と描き、家業から脱却し、企業としての「成長と底上げ」が求められると指摘している。そして、「成長」に資する取り組みとして、▽収集・運搬効率の改善を通じた低炭素化▽設備投資拡大による再資源化率の向上▽ＩＴ技術導入による電子化をあげる。また、「底上げ」に資する取り組みとして、▽低賃金構造からの脱却▽労働安全管理の徹底▽積極的な情報開示などをあげている。

これまでの排出事業者が処理責任を担う役割に加え、新たに資源循環や再生可能エネルギーを供給し、資源生産性や再資源化率の向上に向けたグリーン・イノベーションの原動力としての役割を求めるほか、地域産業として住民に情報公開しながら、地域社会の一員として共生を目指すことを求めている。

一方、国の役割として、▽再生品の循環利用を進めるための規格・認証の枠組み構築▽低炭素化の取り組みへの財政的支援▽処理業者や再生利用先との連携による、リサイクル材の品質基準の整備促進と活用▽公共調達で優良認定事業者との環境配慮契約の促進などを挙げている。

座長を務めた細田教授はこう語る。

「グリーンキャピタリズムというか、環境を大事にしながらビジネスとして廃棄物処理業を進行するにはどうしたらいいのか、産業政策として、資源循環の健全な経済をつくる。すでに欧州では行われ、遅れをとる日本も、早く取り組むべきだと思いつくりました。国は、優良認定をとれば処理業にもっとメリットのあるようにしたり、ＩｏＴ（モノをインターネットにつなぎ情報交換し相互に制御する仕組み）に財政援助したり、リサイクル材の品質基準化や標準化を行うことが大事です。例えば、廃プラスチックのコンパウンダーがつくった基準を国がランク付けし、標準化して市場を広げることが考えられます。欧州はすでにその方向に進んでいます。リサイクル品の品質基準に広がり、世界標準になると、ＥＵがつくったリサイクル・クリーンの品質基準に、日本も合わせなければならなくなるかもしれません」

環境省は、二〇二二年九月、循環経済工程表を公表した。第四次循環型社会形成推進基本計画の進捗状況の点検を行い、評価した上で、九項目の方向性をまとめたものだ。

循環型社会の重要な指標とした資源生産性、最終処分量、循環利用率の進捗率は、先の二者が計画達成の見込みだったが、循環利用率は、入口側が一五・七％（二〇二五年度目標一八％）、出口側が四三％（同四七％）と厳しい状況だった。その上で、素材、製品、廃棄物処理システム、適正処理など九項目に分けて、二〇三〇年に向けた施策の方向性をまとめている。

こうした「あるべき論」や「目指す姿」をまとめることに意味はあろうが、しかし、実際に行動を起こし前に進まねば、「絵に描いた餅」に終わってしまう。環境省には、目に見える形での具体的な施策の実行を求めたい。

循環経済を目指す処理業者の役割と責任は重い。これまで紹介した四社の取り組みと挑戦は、その一つのモデルといえるかもしれない。一つの挑戦事例をあげたい。

処理業者とセメント工場が実証実験

東京都は、二〇一九年暮れに、国のプラスチック資源循環戦略にはなかった「温室効果ガスの二〇五〇年ゼロ排出」をうたう都独自の戦略を策定した。戦略を支える一つである「プラスチック削減プログラム」では、二〇五〇年にプラスチックの利用に伴うCO_2を実質ゼロ▽海洋への廃プラスチックの排出ゼロ、三〇年には家庭とオフィスビルから排出される廃プラスチックの焼却量を四〇％削減▽一廃の再生利用率を三七％などの目標を掲げた。

そのための手法として、▽リデュース・リユースによる消費量の削減▽水平リサイクル（使用済みプラ製品から元の樹脂と同等の高品質の再生樹脂を得る）▽カスケードリサイクル（品質が低下した再生樹脂をケミカルリサイクル、熱回収などに有効活用すること）があげられるが、都は、焼却や埋め立て処分されていた廃プラスチックをセメントの原燃料に使うための実証事業を行った。

東京都江東区にある都所有の中央防波堤内側の埋め立て地に、処理業者のトラックが入って来た。

東京都環境公社が維持管理する積替保管場所の敷地で、公社の依頼を受けた業者が二〇トン積みのトレーラーに積み替え東京港へ。廃プラスチックを積んだ貨物船は、北海道・苫小牧港に向かった。港から陸路で函館市の西隣にある北斗市の太平洋セメント上磯工場に運ぶ。廃プラスチックはセメントの原燃料として利用されている。

実証事業は二〇年五月から二年間の予定で、都と東京都環境公社、東京都産業資源循環協会、太平洋セメントの四者が協定を結び、廃プラスチックは、北海道のほか、大分県津久見市の同社の大分工場にも運ばれることになった。

この事業を提案したのは東京都産業資源循環協会だった。協会は、二〇〇九年に八六の処理業者が「廃プラスチック類の埋め立てゼロに関する協定」を都と結び、埋め立てをやめた経緯があった。その後、処理業者らは、国内で焼却処理したり、中国に輸出したりしていた。しかし、二〇一八年から中国の廃プラスチック輸入禁止が始まり、大量の廃プラスチックが行き場を失い、国内に蓄積した。協会は、同年秋に都議会と都知事に対し、緊急避難的に区市町村の清掃工場での受け入れを要請した。環境省も受け入れの検討を求める通知を出したが、受け入れる自治体はどこにもなかった。

「リサイクルの大きな流れにしたい」

その状況を憂慮した、当時協会の会長だった高俊興業の高橋俊美会長が、独自に動いた。

太平洋セメントの重役に会い、「御社のセメント工場で廃プラスチックを引き取っていただけないでしょうか」と要請した。重役は「廃プラ処理は大事だが、諸手を挙げてというわけにはいきません。うちには厳しい受け入れ基準があります。でも、試行錯誤しながらやることを考えられなくもありま

高俊興業などが参加した東京都のモデル事業。東京都環境公社の土地で、ラッピングした廃プラスチックを移動させる

高俊興業の高橋俊美会長ら事業者は、東京都と廃プラスチックの埋め立て量をゼロにする協定を結んだ

せん」と応じた。

実は、二人は、仕事だけでなくプライベートな付き合いもあり、気心が知れていたことが、前向きの発言となって返ってきた。

二〇一九年九月、都と廃プラスチック処理・有効利用推進協議会を設置し、連携を深めた。協会は、都が処理実績を公開している処理業者から半年間で一〇〇〇トン以上の廃プラを受けている約五〇社を選び、セメント工場が求める性状や大きさをクリアできるか打診し、高俊興業など五社が決まった。

実証事業が行われていた時、私は高橋さんに会って話を聞いている。高橋さんはこう語っていた。

「受け入れ基準が厳しかった。塩素濃度は五〇〇〇ppm以下で、粒径は三〇ミリ以下とされたが、処理業者の大半は二軸破砕機しか持ってなくて、それでは細かく破砕できないんです。結局、破砕の工程を二回に増やし、五〇～一〇〇ミリまでにして、出荷を認めてもらうことになりました。さらに太平洋セメントが前向きに動いてくれ、大分県津久見の工場に三〇ミリ以下にできる一軸破砕機のプラントを試験的に設置し、前処理をしてくれるようになったのです」
絵を描き、資源循環や循環経済を唱えるだけなら簡単なことだ。しかし、その社会に向けて歩みを進めるには、立ちはだかる障害を一つ一つ取り除いてゆくしかない。動脈側と静脈側が話し合い、粘り強い協議や実験・検証を経ながら。

これに都も応えた。新たに一軸の破砕機を導入する際に、一件最大一五〇〇万円の補助金を出すことを決めた。高俊興業は補助金を申請し、エコタウンの隣にある同社の高俊技術研究所の敷地に一億円かけて破砕プラントを建設することになった。

セメント工場が粒径にこだわるのは、細かい廃プラスチックなら、燃料の微粉炭（石炭）の代替品になるからだ。こうすると、CO_2の削減につながる。粒径が大きいと、廃タイヤなど原料として受け入れている他の廃棄物と同等の扱いになってしまう。

都環境局の課長は「この実証事業の経験を生かし、新たなリサイクルに挑戦してほしい」と話した。高橋さんは「この試みが廃プラスチックリサイクルの大きな流れの一つになるように、これからも関係者が協力しあって進めていきたい」と語った。

建設業から五九万トンの廃プラスチック

建設廃棄物として排出される廃プラスチックは様々な品目に分かれ、処理業者が選別に苦労している。工場から排出された廃プラスチックは、あらかじめ組成がわかっていたり、単一素材だったりするため、リサイクルしやすい。しかし、工事現場から出た廃プラスチックは、塩化ビニル製や複合素材、汚れがついたものも多く、処理業者を手こずらせている。

一般社団法人プラスチック循環利用協会の調査によると、二〇二〇年の廃プラスチック総排出量は八二二万トンあり、一般廃棄物と産業系廃棄物（産業系としているのは、有価で回る工場から出た端材や不良品なども含むため）が一対一で分け合う。産業廃棄物四一三万トンのうち、再生利用されたのは一〇六万トン。ＲＰＦ・セメント原燃料が一五八万トン、焼却が八八万トン（うち単純焼却が一七万トン）、埋め立てが三五万トンとなっている。

中国が、廃プラスチックスチックを輸入禁止する前の二〇一六年の数字を見ると、産業系は四九二万トンで、再生利用が一三八万トン、ＲＰＦ・セメント原燃料が一三一万トン、焼却が一七四万トン、埋め立てが四〇万トン。四年間で焼却が大幅に減る代わりに、ＲＰＦ・セメント原燃料化が大きく増えた。そして再生利用が大幅に減少している。これは、これまで毎年約一四〇万トン中国に輸出し、マテリアルリサイクルされていた廃プラスチックが、輸出禁止で日本国内に滞留し、それをマテリアルリサイクルするだけの設備が日本国内になかったからである。

ＲＰＦ・セメント原燃料が大きく増えているのは、マテリアルリサイクルができる品質のよい廃プラスチックが回ってきたからだ。ＲＰＦ製造業者は「搬入される廃プラスチックの品質が良くなり、塩素をほとんど含まないＲＰＦが製造できている」と証言する。マテリアルリサイクルを中国に頼ってきた国のリサイクル政策の危うさが露呈する事態となり、政府もリサイクル施設の設置に補助金を出して整備に力を入れるようになった。

一方、建設業から排出される廃プラスチック建材は、排出量の約七％、五九万トンあり（二〇二〇年、リサイクルデータブック２０２２、一般社団法人産業環境管理協会）、国交省の推定では約三割が最終処分されているとしている。廃アスファルト・コンクリート塊の埋め立て量は一〇万トンなので、かなり多いことになる。

三四品目もあった建廃の廃プラスチック

日本建設業連合会は二〇二二年、徹底した「見える化」で高いリサイクル率を実現していることで知られる東明興業などの協力を得て、建設廃棄物に含まれる廃プラスチックの組成を調べた。混合廃棄物分別プラと分別ミックスプラを合わせて組成を調べると、三四品目に分かれた。

容量の多い順に①ビニール系（汚無、二〇・五％）②その他プラ（塩ビ系、一七・一％）③フレコンバック（一一・六％）④ビニール系（汚有、九・〇％）⑤ガラ袋（汚無、六・三％）⑥残さ（三・八％）⑦塩ビ管（三・六％）⑧発泡スチロール（汚無、三・五％）⑨ＰＰバンド（二・七％）⑩その他プラ（非塩ビ、二・一％）と続く。

調査は、材質、処理方法まで調べており、廃プラスチックのうち、塩化ビニルが容積比で二五・三％、重量比で五六・六％を占めていた。また、同じ塩ビでも塩ビ管はマテリアルリサイクルできるのに、硬質プラの塩ビはできないなどの差があった。

リサイクル別に見ると、容積比では熱回収等が六六・〇％、マテリアルリサイクルが一〇・七％で、残る二三・二％がリサイクル不可だった。重量比では「リサイクル不可」が四七・六％にもなる。

熱回収が多いことについて、レポートは、工事現場から排出される廃プラスチックはミックスプラまたは混合廃棄物として排出されるため、処理施設で時間的な制約から十分選別できないこと、マテリアルリサイクルのユーザーの受け入れ基準が厳しく、少しでも異物が混入したり、汚れの付着があると受け入れを断られていることから起きているとしている。

それを改善する対策として、▽分別専用袋を使って汚れないようにし、単品又は単一樹脂にして排出する▽中間処理施設では、汚さないために、専用の選別ヤードや洗浄設備を導入するとしている。そして、リサイクル手法として、産業廃棄物ではほとんど行われていないケミカルリサイクルのルート開拓をあげている。

こうした実態を踏まえ、建設会社も取り組みを進めている。例えば前田建設工業は、建設副産物の発生抑制・作業所でのリサイクル・分別排出、建設発生土の官民マッチングを進め、新設工事の九七％のリサイクル率を一〇〇％に目指すため、廃プラスチックの分別項目（軟質と硬質の分別、塩ビの個別分別、異物除去の徹底）を追加し、二〇二一年度の廃プラスチックのリサイクル率の八二・一％を引き上げようとしている（同社ホームページ）。

「静かな時限爆弾」アスベストの適正処理

アスベスト（石綿）廃棄物は、解体加工業者と処理業者が、最も細心の注意を払い、解体・運搬・処分を求められるやっかいな廃棄物だ。長い解体と処理の歴史を持ち、実績をあげてきたのが長野市の直富商事である。

同社の技術研究室には偏光顕微鏡と位相差顕微鏡が備えられ、事前調査で採取した建材から繊維の数を数え、アスベスト汚染の程度を測る。二〇二一年春から建築物の解体現場で、石綿含有量建材調査が義務づけられ、アスベスト事前調査がますます重要となった。同社はユーザーから解体や除去の契約を取り、アスベストの測定をして計画を立て、アスベスト除去工事と建物の解体工事までワンストップで対応している。

直富商事は日本で本格的な規制の始まる前に、規制の進む米国で研修を受けた伊藤忠商事の社員に教授され、鉄道の車両などの解体時にアスベストを除去するノウハウを蓄積した。その技術が車両だけでなく、建物の解体にも生かされている。

アスベストは、「静かな時限爆弾」と言われるように、何十年も立ってから中皮腫や肺がんを発症し、命を失う人が後を絶たない。一九八〇年代に米国でアスベストを扱う事業所の労働者が補償を求める訴訟が相次ぎ、先進国での規制が始まった。

日本は対策が遅れていたが、突然進み始めたのは、二〇〇五年のクボタが工場周辺に住む中皮腫発症者に見舞金を払うと発表した「クボタショック」からである。二〇一二年に全面使用禁止になり、二〇一四年に大気汚染防止法の規制が強化、さらに二〇一九年の改正ですべての石綿含有建材が規制対象となり、解体で排出されたアスベスト廃棄物は、不溶出、安定化のために固化し、厳格に二重に梱包し、溶融施設や最終処分場に運ぶ。

特に重要なのが事前調査と解体工事の時だ。全国解体工事業団体連合会は、新規の解体業者が急増し、「（法をきちんと守れる）良い業者と悪い業者の二極化がはっきりしてきた」、「悪い業者をなくすには監視の強化であり、立入検査の権限強化である」（木村順一副理事長）とし、脱法行為を見逃さない体制作りを提案している（『いんだすと』二〇二二年三月号）。悪貨に良貨を駆逐させることなく、「悪貨」を駆逐する取り組みも、循環経済の実現に向けての大きな課題である。

「プッシュ型」から「プル型」へ

建設廃棄物には、このほかにも、混合廃棄物、塩化ビニル、石膏ボードなど、処理業者が扱いに苦労するものがある。しかし、それは処理業者だけに任せるのではなく、製造者責任の考え方を踏まえ、製造者、排出事業者、処理業者、ユーザーが、協力して取り組んで行かねばならないことではないか。それには合意形成のために協議の場をつくり、資源循環を進める仕組みや制度づくりに、国は積極的に乗り出すべきである。

ところで、喜多川和典氏と梅田靖氏は、『サーキュラーエコノミー』でこう提案している。

「EUで議論されている今後のリサイクル推進の施策で重要なことは、回収とリサイクルを進める『プッシュ型』から、再生材市場を創生・拡大し、市場のけん引力で再生材の利用を拡大させる『プル型』へと移すことだ」

市場を拡大するためには、国が再生資材の品質基準を定め、標準化することが不可欠だが、国交省の「建設リサイクル推進計画2020」では「資材利用にかかわる関係者に、品質基準やその保証方法の確立を図る」にとどまっている。EUでは、細田教授の指摘するように、すでにリサイクル製品の品質基準の設定や、廃プラスチックの再生材について利用率の義務づけの動きが始まっている。このままだと、日本は大きく立ち後れてしまうことになりかねない。

第八章で紹介した認証制度も、「プル型」のモデル事業として、災害対策として堤防や防潮堤、嵩上げなどに利用することを決めれば、リサイクルの流れが一気に広がる。認証制度が普及し、国による主要再生材の品質基準の設定に進むことを期待したい。

ゼネコンも取り組み強める

環境重視の流れの中で、建設業界もその歩みを早めている。例えば、企業のホームページを比べるだけでも、それが伝わってくる。

大手ゼネコンの鹿島建設は、カーボンニュートラルの実現に向けて、「トリプルZero2050」（ゼロカーボン、ゼロウェイスト、ゼロインパクト）を掲げる。目標を二〇三〇年に向け、脱炭素（ゼロエネルギービルの普及、施工CO_2排出量の削減）、資源循環（廃棄物最終処分率の削減、再生材利用率の向上）、自然共生（生物多様性創出プロジェクトの推進）を掲げている。

資源循環では、二〇三〇年に最終処分率〇％、主要資材（鋼材、セメント、生コンクリート、砕石、アスファルト）での再生材利用率六〇％以上と設定している。

また別途、環境目標として、直近三年（二〇二一〜二三年度）の目標を設定、資源循環では汚泥を含む最終処分率三％が二一年度の実績で二・四％と達成、グリーン調達の推進では、四品目以上提案が二一年度に平均五・二品目したとしている。

清水建設は、「Beyond Zero2050」を掲げ、脱炭素社会、資源循環社会、自然共生社会を三本柱とする。自社活動による負の影響と、顧客や社会に環境価値を提供の二つに分け、脱炭素では、自社の作業所・オフィスからのCO_2の排出ゼロ・設計施工建物の運用時CO_2排出ゼロなど、サプライチェーンを通して脱炭素に貢献する。資源循環では、自社事業による廃棄物の最終処分ゼロ、資材調達から解体の施設ライフサイクルにわたり、資源循環に貢献する。自然共生では、自社事業で自然に与える負の影響ゼロ、グリーンインフラ導入により、生物多様性をプラスにし、人と自然との持続可能性な共生に貢献するとしている。

環境活動の具体的な目標と実績について、建設副産物の減量化・資源化では、二〇二一年度の最終処分率は三・七％、建設副産物総量原単位の削減（新築工事）は一平方メートル当たり一五・九キロ

（二一年度目標一五・七キロ）と、取り組みを進めているとしている。

竹中工務店は、環境方針として、「環境と調和する空間創造に努め　社会の持続的発展に貢献する」と定め、四つの分野に分けている。その一つ、自然共生社会の実現では、「人と自然が融合する自然共生社会の実現に向け、生物多様性向上を目指して、自然が持つ多様な機能を多目的に活かす『グリーンインフラ（ＧＩ）』を導入したまちづくりを推進します」としている。

二つ目は、脱炭素社会の実現で、CO_2の排出量を二〇三〇年までに四六・二％削減（直接・間接排出）など、二〇五〇年にはゼロ排出を目標に掲げ、資材の製造・建設時、建物運用時、解体廃棄時に分けて取り組みを進めるとしている。

また、二〇五〇年を目指したロードマップを描いた「環境コンセプトブック」を策定している。その中の資源循環のところでは、グリーン調達とＣＳＲ調達の推進、低CO_2・低環境負荷型建設資材の採用、地産地消材料の活用、施工ロボット・作業支援機械の開発・導入などによるCO_2削減。建設汚泥削減工法、建物の長寿命化技術、代替品の採用・共同開発などによる廃棄物の削減、環境にやさしい解体工法、木造・木質化、歴史的建築物の保存・再生などを挙げている。

気候変動と生物多様性は一部上場の条件に

準大手ゼネコンの安藤ハザマは、「サステナビリティレポート２０２２」で、地球環境の保護と調和として、前の三社と同様に、温暖化防止対策活動、生物多様性の保全活動、循環型社会構築に向けた活動などを挙げ、目標値や実績を表す。実績では、土木の現場における発生抑制と分別活動の強化で、施工高当たりの混合廃棄物総排出量を削減するとして、二一年度の実績は一億円当たり〇・六二トン。建築では、新築工事での建設混合廃棄物の延床面積当たりの発生源単位を削減するとし、二一年度の実績は一平方メートル当たり四・〇六キロ。いずれも目標値を大幅に達成しているとしている。

大手住宅総合メーカーの大和ハウス工業も「サステナビリティレポート2022」で、環境行動計画（エンドレスグリーンプログラム2026）を紹介している。気候変動の緩和と適応、資源循環・水環境保全、生物多様性保全、化学物質による汚染防止の四つを社会的課題とし、それぞれの取り組み項目と目標値を掲げている。資源循環では、新築の建設廃棄物排出量は二〇二一年度一平方メートル当たり二〇キロで、目標値の一九キロをやや上回った。建設破棄物のリサイクル率は九七・七％で目標値の九七％を達成、廃プラスチックのリサイクル率も九三・四％と目標値の九〇％以上を超えたとしている。

大企業が一様に「気候変動」と「生物多様性」を掲げるのは、それが世界の潮流と基準になっているからだ。欧米では気候変動リスク情報の開示義務化が広がり、日本でも二〇二二年春に新設された東証のプライム市場に上場する企業に、気候変動情報の開示が実質的に義務づけられた。気候変動のリスクを加味し、その企業がどう対応しているのかを説明する責任が問われるということだ。

欧米では、自然資本情報の開示義務づけの動きが広がっており、日本でも採用される見込みだ。例えば、住宅メーカーなら生物多様性保全のためにどんな木材を使っているのか、多様性保全のための取り組みについて説明責任が問われる。

サステナビリティ基準で処理業者を選別する時代へ

環境の変化が、処理業界の地図を大きく塗り替えるかもしれない。

国際サスティナビリティ基準審査会（ＩＳＳＢ）は二〇二三年二月、企業のサスティナビリティ、気候関連基準の運用開始時期を二〇二四年一月と公表している。すでに元の報告基準案は二〇二二年春に公表されており、新たな報告基準が二〇二三年半ばには出される予定だ。それを受けて、金融庁が数年後をめどに、一般目的財務諸表を作成する企業に対し、非財務のサスティナビリティ関連情報の開示を法的に義務づける予定だ。

例えば、気候関連の場合、開示は、事業者自らの直接排出（スコープ1）、電気など他社から供給された間接排出（スコープ2）、事業者の活動に関連するサプライチェーンの排出（スコープ3）に分かれ、企業はその取り組み状況を公表する。市場はそれを評価し、評価されない企業は、衰退していくことだろう。

廃棄物処理業界の位置づけはスコープ3になる。企業（事業者）は、従来の「安ければよい」から、「資源循環によってどれだけ排出削減に貢献できるか」が、処理業者を選択する基準となる。対応できる処理業者は大きくシェアを伸ばし、対応できない業者は消えていくだろう。

これまで「資源循環」「サーキュラーエコノミー」という心地よい言葉が一人歩きし、停滞感のあった処理業界だが、まもなく、この嵐の中に入り、厳しい状況が生まれそうだ。しかし、見方を変えればそれは、処理業界が、家業から企業へ、さらに資源循環産業に急速に脱皮する大きなチャンスでもある。

高い技術がユーザーの信頼を得る

日本での九〇年代から二〇〇〇年代初頭のリサイクルの流れは、政府が各種のリサイクル法を制定し、企業と国民を引っ張った。しかし、現在、政府の動きは鈍い。むしろ、世界の潮流に迫られた企業が、先に循環経済の波に乗ろうとしているように見える。しかし、その背後には、確かな技術力と信用力を持つ廃棄物処理業者の支えがあることを忘れてはならない。

さきほどのリサイクル率などの数字の向上には、委託された処理業者が寄与している。八〇年代後半のバブル期、人手不足などに悩むゼネコン業界が、解体廃棄物を選別するロボットの開発に挑んだことがあった。しかし、それはうまくいかず、沙汰やみとなったが、最近、廃棄物処理業界で建設廃棄物を選別するアーム式のAIロボットを導入する例が出てきた。

話題づくり先行の感はあるが、混合廃棄物の選別で、シタラ興産（埼玉県深谷市）が、サンライズHUKAYA工場に二〇二一年、AIロボットを導入した。ロボットのアームが器用に廃棄物をつかみ、選別している。社長の設楽竜也さんがフィンランドのロボットメーカーを視察し、AIロボットに惚れ込んだ。設楽さんは、「社員が立ちっぱなしで働く姿を見て、きつい仕事を何とかしてやりたかった。社員たちから無茶だと反対されましたが、どうしてもやりたいと踏み切りました」と話す。

石坂産業（埼玉県三芳町）も二〇二一年にAIロボットを導入した。東急建設技術研究所と共同で開発し、ロボットのアームで木屑などをつかみ、選別する。開発を担当した共同研究PMの熊谷豊さんは「データをとりながら改良を加え、より性能を高めたロボットにしたい。まだ研究開発の途上です」と語る。両社のAIロボットは、選別しながらデータを蓄積し、それをもとに改善を続けていけば、より高い技術を手にすることができる。様々な作業へのAIの導入は、処理業者にとって取り組むべき大きな課題だ。

ただ、現在のAIロボットには課題もあり、完璧な選別ができているわけではない。両社の先進的な取り組みは高い評価に値するが、真の実用化に向けては、なお、多くの課題が横たわっているようだ。

一方、形や性状が違う混合廃棄物の選別で、従来型の選別装置にＡＩを導入するなど、進化させようとする動きもある。本書で紹介した高俊興業の混合廃棄物の高精度選別も、大阪ベントナイト事業協同組合のポリソイルとポリアースも、成友興業の汚染土壌の有効活用化も、西日本アチューマットクリーンの流動化処理土も、みな、廃棄物を性状やサイズごとに選別する技術によって成り立っている。

高い技術を持ち、ユーザーから信頼を得ている企業が正当な評価を受けてこそ、市場が広がり、そこに新たな処理業者が参入し、さらに市場が拡大するという好循環が生まれる。

ここで四社の未来に向けた新しい取り組みの一端を見よう。

選別技術へのこだわり大切に、循環型・脱炭素・デジタル化に取り組む

二〇二二年、高橋潤社長は、「より良く」をテーマに、すべての業務に専門知識力、対応スピード力、課題解決力の「付加価値」を、少しずつ向上させるための取り組みを進めた。

結果として成果もあったが、様々な場面で課題もあったと、高橋さんは語るが、初めて同社は売上高が一〇〇億円を突破した。それを踏まえ、改めて企業規模にふさわしい会社作りをしなければならないという。理念経営の実践、組織体制の見直し、事業を行う上で必要な認可の整備、戦略の実行など、試行錯誤を重ねながら、引き続き「より良く」なるように取り組みたいと語っている。

同社が掲げるのが、「循環型社会」「脱炭素社会」「デジタル社会（ＤＸ）」の構築に向けての取り組みだ。循環型社会では、マテリアルリサイクル率は一〜二％のアップにとどまり、全体のリサイクル率九二％からどう向上させていくか、品質の向上も含めて着実に取り組んでいきたいとしている。脱炭素社会に向けての取り組みでは、二〇二一年四月から非化石証書付電力を購入し、工場や高俊中央技術研究所で使う電力から発生するCO_2排出量がゼロになった。デジタル社会の対応に向け、社内で基幹システムを入れ替えするための準備を進めるとともに、社外では、関係団体と連携し、紙媒体の書類の電子化と統一化を進めているという。

高精度選別の技術を誇る高俊興業で、技術開発の中心になっているのが、高俊中央技術研究所だ。プラスチックリサイクルを促進するため、一軸破砕機の有効活用を検討するとともに、廃棄物選別作業を行う社員の能力解析技術に関する技術開発をテーマにし、同社と大手自動車メーカーの新規事業部署、サイクラーズの三者が共同で、解析処理装置と解析処理方法の検討を行い、特許も出願した。

人材の確保・育成も重要な課題だ。ドライバー、エンジニア（工場作業員）は様々な工夫をしながら採用活動を行い、新入生には、コロナ情勢もあり、オンラインでの会社説明会を行った。社内で理念を共有するために二〇二一年一〇月、「社長方針」を出し、会社の向かう方向を確認したという。

高橋社長はこう抱負を語る。

「世界経済が不安定な状態で、資材の高騰や不足が生じる一方で、『循環型社会』『脱炭素』『デジタル』社会を実現していかねばなりません。先行き不透明な状況が続きますが、世の中の変化に対応できる業界にならないといけないと考えています。同業者間で競い合う部分は必要ですが、デジタル化やデータの活用、帳簿書類の標準化といった部分は、連携して取り組んでいかないと、他産業との差が開き、遅れを取ってしまう懸念があります。競争と連携という二つを車の両輪とした事業活動をしていきたいと思います」

そして高橋俊美会長が二〇二二年九月に他界したことに触れて述べた。高橋社長は、「会長がやり残したことがたくさんあったと思いますが、今度は私たちが業界や社業の発展に向け、努力していかなければなりません。会長が残した当社の『不可能を可能にする精神力』『選別技術へのこだわり』『一枚岩となって業務を行う』という理念は、この先も不変です」と、自分に言い聞かせるように言った。

建設廃棄物のうち、リサイクルが難しいのは混合廃棄物だ。国は、最近の傾向として、解体現場での選別が進むほど、中間処理施設で再資源化が困難になり、最終処分場に持っていく混合廃棄物の比率が高まる。混合廃棄物の排出量が増えれば、再資源化・縮減率が低下しているとしている。そして、それを憂慮し、高俊興業のような高度なリサイクル施設の増加を求めている。

循環型社会化の追い風は、高俊興業に吹いている。

「共創」掲げた取り組みと共に、大阪湾の環境再生を進めたい

大幸グループは、二〇二一年に環境方針を定めた。浜野社長が掲げたのは「共創」。「多様な人と新しい価値を創り、協力関係企業を巻き込み、技術開発を進める。ビジネス戦略で『共創』を重要な概念にする」

具体的には、▽安全・安定操業の確保（教育・訓練の充実・レベルアップ。事故・トラブルの原因の徹底究明と再発防止。事故事例検討会の実施）▽法令遵守と情報公開、業績改善の推進（ホーム

ページ等での情報公開の推進と電子マニフェスト化の推進。ＩＳＯ活動の継続とリサイクル製品の品質向上を図り、顧客満足度を高める）▽「地球を大切に」を合い言葉に、循環型社会の構築を推進（エコドライブ、もったいない運動、道路美化運動への積極的参加）▽顧客ニーズに対応した処理システムの開発の四項目を挙げている。

温暖化対策としてポリアースの保管倉庫に太陽光発電パネルを設置したり、井戸水を、大型タンクトレーラー車での運搬給水から、海水を淡水化した利用に切り換えたりと、地道な改善を図っている。大幸グループが掲げる目標は、「資源再生活用へのリーディングカンパニー」であることだ。大幸工業の建設汚泥事業への参入による、ロータリー式砂分離機、フィルタープレス機など新規技術の開発導入と、個別指定制度の導入など、資源活用への取組みを第五章で紹介した。その後のポリナイトの開発、現在の技術開発と資源再生活用への取り組みは、再生土とコンクリート塊のコラボレーションのハイブリッド・ソイル、高密度流動化処理土（ＬＳＳ）の開発という成果を生みだした。そしてハイブリッド・ソイルは、再生品の認証制度の活用で、大阪湾の環境再生や国土強靭化事業への利用を目指している。

大阪湾の環境再生は、戦後の埋め立てによる土地造成のために行った浚渫で、海底にできた大きな窪地（深掘れの穴）を埋め戻し、環境を再生することだ。大阪府下の窪地二一カ所の合計は三二〇〇万立方メートルあり、貧酸素水塊による青潮の原因となっている。国は、堺2区北泊地、阪南2区沖など四カ所で、航路や河川の浚渫土砂を使い埋め戻しをしているが、進捗状況はまちまちである。魚の産卵場として貴重な藻場の再生は今後の課題だ。大阪府海域の藻場は三〇年で三分の一に減少している。

環境再生のため、大幸グループは、行政、学識者、団体、企業が参加し多面的な活動を行う一般社団法人大阪湾環境再生研究・国際人材コンソーシアム・コア（ＣＩＦＥＲ・コア）の一員として、産官学民の協働で研究・啓発・提言活動をしている。

浜野さんは、「大幸グループは、堺２区北泊地の海底窪地の環境改善を検討するワーキンググループを主担当会社として運営し、『大阪湾環境再生・創造センター設立の提案』をしました。具体的には、建山和由立命館大学教授を座長とする『建設系副産物等の活用方策検討委員会』を設置し、建設汚泥、鉄鋼スラグ、石炭灰、ガラス廃材等の建設系副産物の活用の検討と運営するセンターの設置を提案しています。大阪湾周辺の市民、団体、企業、行政など関係者の協働で環境再生を進める上で、リサイクル材の技術とノウハウを提供する大幸グループが果たす役割と責任は大きい」と語る。

ＤＸによる働き方改革と船舶輸送でCO_2削減

成友興業は、「働き方改革」として、コロナ禍以前にリモートワークをいち早く導入した。女性社員の結婚による転居で、通勤しにくくなると相談を受け、社員にリモートワークを提案した。また、就業管理のダブルチェックとしてパソコンのログオン・ログオフ情報を管理するシステムを導入し、打刻記録とダブルチェックし、サービス残業がゼロとなるようにした。さらに現場作業を行う社員にｉＰｈｏｎｅを貸与し、アプリで出退勤登録をできるようにした。

このほか、経費精算システム、給与管理システム、タブレット端末による会議のペーパーレス化なども進めている。ＤＸ（デジタルトランスフォーメーション）を取り入れながら、社員の働き方改革を進めたことで、離職率は、二〇一五年の一一・四％から二一年には六％に低下したという。

産業廃棄物処理業界は、他の業界と比べてＤＸが遅れている一方で、建設業界では、現場にドローンを飛ばし三次元で測量し、その三次元データを基に重機を操縦するＩＣＴ施工が急速に進んでいる。こうした技術が廃棄物処理業界にも導入できると、重機を使った業務も安全な遠隔操作が可能となり、高齢者や障害者も就業できると、同社は考えている。

資源循環の分野において、城南島第一、第二工場では、建設工事現場から発生した汚泥や汚染土壌を中間処理したあと、再利用できる砂は工事現場やアスファルト合材工場などに出荷している。最終残渣物も埋め立て処分することなく、粘土の代替品として全国のセメント工場に原材料として出荷するため、再資源化率は一〇〇％近い。

二〇二〇年度のセメント生産における粘土代替のうち、汚泥や土壌の使用量は約二四八万トンにのぼる。そのうち、同社が全国のセメント工場に出荷したセメント原材料は三二万トンと約一三％のシェアがある。運搬にあたっては、環境負荷を減らすモーダルシフトを導入し、汚泥や汚染土壌の中間処理後物を搬出する際に、船舶で北海道や九州のセメント工場に搬出している。

同社は、時間外労働の削減等に積極的に取り組む企業として、厚生労働省東京労働局にベストプラクティス企業に選ばれた。二〇二四年四月から建設業に時間外労働の上限規制が適用される。産業廃棄物処理業と建設業を兼ねる成友興業は、学生に魅力的な企業であり、若い社員の定着率を上げるための働き方改革として、労働条件の改善にも取り組んでいるという。

資源循環とCO_2発生抑制の二つの観点から、細沼社長は「従来の建築は、ＲＣ（鉄筋コンクリート）造が主体だったが、現在はＳ造（梁や柱の骨組みに鉄骨を使った建物のこと）で、かつ複合建材を用いた建築物となり、解体時の再資源化が難しくなるという問題を引き起こしている。ＬＣＡ（ライフサイクルアセスメント）の概念を取り入れて、設計段階から再資源化がしやすい部材を使ってほしい」と期待する。

さらに、廃棄物処理業界に対し、CO_2排出抑制に当事者意識を持つことが必要だと指摘し、「例えば、地方からトラックで天然砕石を都市に運ぶのではなく、都市で発生するコンクリート塊を都市内で再生砕石や再生骨材として使えば大幅に削減できる。また再生材の利用を促進するためには、船舶を使ったモーダルシフトの推進も有効だ」と提案する。

流動化処理土に加え、最終処分場プラスαの複合型施設で飛躍

西日本アチューマットクリーンは、会長の藏本忠男さんが岡山県産業廃棄物協会（現岡山県産業資源循環協会）の会長、全国産業廃棄物連合会（現全国産業資源循環連合会）の役員を長く務め、業界のまとめ役、牽引役であった。同社は岡山県の中心的な処理業者として、古くから最終処分場を持ち、排出事業者から頼られる存在でもあった。さらに汚泥の処理に取り組み、高品質の流動化処理土を製造、リサイクルに熱心な企業である。

二〇二二年には、岡山市北部の吉備高原に、「E・フォレスト岡山」を開設した。管理型最終処分場を軸に、焼却施設と破砕施設を併設した複合型の処理施設である。次世代に向け、環境に徹底的に配慮した。管理型処分場に対する近隣・下流の住民の懸念は、処分場の浸出水が水処理した後とは言え、河川に放流されることにあった。それを杞憂にするため、同社は、浸出水を処理した水を焼却施設に送り、冷却水に使い、排水を下流に流さないという決断をした。焼却施設も、廃熱を使い、温室での果物の栽培に熱利用し、地域に還元している。

処分場は計画してから用地買収、地域住民の了解、自治体の許可、着工と、建設完成まで数十年の歳月を要すると言われる。同社は、反対住民の起こした裁判が長引き、計画から完成まで二〇年以上の歳月を費やした。しかし、それによってさまざまな環境対策を講じたことで、より環境配慮が充実した処理施設となった。岡山県だけでなく、中国地方の排出事業者からも期待される複合型施設である。

社長の藏本悟さんは言う。

「裁判を抱えたため、解決するまでは銀行の融資もストップするなど大変な試練にあいましたが、排出事業者の要望も受け、何としても開設したいとの思いを抱き続けてやってきました。反対していた地域住民に理解していただき、受け入れられたことも大きい。建設汚泥のリサイクルは、産業廃棄物処理事業振興財団が認証制度の窓口になり、これからは当社も含め、再生土のリサイクル製品の認証を取ることで、公共事業の需要拡大を期待したい」

また藏本さんは、全産連の建設廃棄物部会長の立場からこう語る。

「第三者認証を得た再生品が全国の公共工事で使われるように、工事発注仕様書に使用の明記を国や自治体に要望していきたい。各道府県にも再生品の認定制度があります。認定された再生品が利用されることが目的なので、今後は、各県協会から、県が発注する工事発注仕様書に、県が認定する再生品の利用を明記してもらうための活動を展開していきたいと思います」と話す。

再生土・再生砕石などリサイクル製品の普及が広がれば、循環型社会の構築に貢献でき、CO_2の排出抑制にもつながる。廃プラスチックと木屑から造る固形燃料のＲＰＦは、石炭ボイラーからの転換が進み、排出されるCO_2の大幅削減になり、温暖化対策としての存在価値はますます高まりそうだ。さらに将来、プラスチックが石油から製造されず、バイオプラスチックになると、固形燃料としての使用はカーボンニュートラルになるため、より活況を呈することになるかもしれない。

それでも最終処分場の役割は大きい

「資源循環」「循環経済」が進めば、廃棄物がまたたく間にこの辺から消えてしまうように思れがちだが、そうではない。産業廃棄物の終着駅とも呼ばれる最終処分場は、循環経済が叫ばれるなか、その存在価値が高まっているともいえる。「孤塁を守る」「扇の要」という言葉がある。前者はただ一つ残って孤立した砦(とりで)を守るという意味、後者は、扇の骨を閉じるための小さなクギのことで、ものごとの最も大事な部分という意味である。

最終処分場は「砦」であり、「要」である。いくら中間処理によってリサイクルが進んでも、利用できないものは残り、新たな廃棄物が発生する。循環の環からはじかれたものは、どこかで受け止めねばならない。その受け手がなくなれば、循環の歯車は止まってしまう。

その受け手が最終処分場だ。この存在があってこそ、リサイクルが成り立っている。最終処分業者は、キャッチャーとして、ピッチャーや野手の投げたボールをミットでしっかり受け止め、失点を許さない。環境を守る最後の砦である最終処分業が崩壊すれば、資源循環どころか適正処理も崩壊してしまうことだろう。その意味で、「E・フォレスト岡山」の最終処分場は、中国地方の「扇の要」とも言える。

もし、最終処分場が不適切な管理をしていたら環境汚染を起こしかねない。そこで、国は、最終処分業者に厳格な管理・運営を求め、埋め立てが終了した後も、長期間にわたって安全に管理し続けることを法律で義務づけ、途中で放棄されないように制度を整えた。処分業者は、埋め立て終了後の維持管理にかかる費用として、毎年都道府県知事から指定された金額を、環境再生保全機構に積み立て、埋め立て終了後に毎年必要な維持管理費用を保全機構から取り戻し、使えるようにした。そして、積立金を徴収する代わりに、特例措置として、業者が損金または必要経費に算入することを認めたのである。

ところが、この損金算入の限度額が、二〇二〇年度、これまでの知事の通知額一〇〇%から六〇%に減らされたのである。その後も段階的に減額率が増やされ、数年後にゼロになるという。財務省は、処分場の延命化が進み、実際にこの積立金を使う業者が少ないことを、この特例措置廃止の理由にあげているが、最終処分場がいつかは満杯となり、稼動を停止してしまうことがわからないのだろうか。

ある最終処分業者は「埋め立て終了後の浸出水処理施設などの維持管理は利益を生まないが、環境を守るためには続けなければいけない。それが管理者としての社会的責任です。しかし、特例措置が廃止されると、重い負担がのしかかってきます。こんなことでは、今後最終処分場を建設しようという業者が現れるか、はなはだ疑問です」と警鐘を鳴らす。

廃棄物を適正処理し、循環経済を進める上でも、処理業界が一丸となって特例措置を元に戻させるべきではないか。

あとがき

この本の執筆の動機となったのは、高俊興業会長の高橋俊美氏と、大幸工業代表取締役、大阪ベントナイト事業協同組合理事長の浜野廣美氏である。両氏のことを知ったきっかけは業界誌の連載でのインタビューだが、両氏を紹介してくれたのが、東京と大阪の産業資源循環協会の専務理事だった。「廃棄物処理業界のことを書くなら、この方に会わないと始まらない。業界を代表するリーディングカンパニーだから」。両専務が口をそろえて言ったことは、リップサービスではなかった。両氏に会ってみて「本物」という言葉がぴったりだった。肩書だけはりっぱだが、会ってみてがっかりさせられる人もいるが、二人は違った。

高橋さんは、私に会うなりこんな言葉を私にぶつけた。「新聞記者は好きじゃない。取材はほとんど受けたことがないんだ」。なぜか。私が問うと、廃棄物処理業界の悪口ばかり書き、本当の姿を書こうとしないからだと言った。私はかつて朝日新聞社の記者として環境問題を扱い、産業廃棄物処理業者を批判する記事も書いてきた。そして処理施設の建設に反対する住民団体を応援し、不法投棄事件を告発した。

しかし、一方でそれだけでよいのだろうかという迷いもあった。新聞社を退職し、フリーのジャーナリストとして環境問題をとらえ直す中で、一度視点を変え、廃棄物問題を廃棄物処理の現場の側から取材し、執筆したいという気持ちが強くなった。

そんな話を高橋氏にうち明けたところ、体を乗り出すように聞いてくれた。そして、高橋氏は自分のことを語りだした。高校を卒業し青森県から上京し、苦難の上、高俊興業を創業し、今日の会社に育てあげるまでの物語を、いばるわけでもなく、謙虚にとつとつと語った。その苦難の物語は四時間半かかっても終わらず、飲食店に場を変えてさらに数時間続いた。

その後も会うたびに、氏の語り口から、仕事に向ける情熱と厳しさと愛着が伝わってきた。「選別が命なんだ」。そんな言葉を何回も聞いた。それが、混合廃棄物の「高精度選別」と氏が呼ぶ「エコ・プラント」に結実する。

その会社を父から引き継ぎ、新たな挑戦をしているのが、高橋潤氏だ。温厚な語り口だが、会社の状況と課題を的確につかみ、冷静に語るのを聞きながら、俊美氏のDNAを受け継ぎ、さらなる挑戦を目指していると感じた。

浜野氏は、徳島県の高校を卒業し、浜野清氏が起こした大阪の大幸工業に入社し、清氏のあとを継ぎ、二代目社長になった人だ。浜野氏は、入社してから、清氏のもとで廃棄物処理とは何かを学んだ。明るく、だれからもすかれる性格と、仕事にひたむきに取り組む姿を、清氏は高く評価した。その清氏を支え、廣美氏は会社を大きく成長させた。その秘密がリサイクルだった。

浜野氏は、「建設泥土」と呼ぶ「土」の魅力を熱っぽく語った。埋め立て処分場に運んでいた「建設泥土」を何とか有用物にしたいと考え、メーカーと新しいプラントを考案し、改良を加え、新たなリサイクル製品を造りだしていった。ただの泥のように見える産業廃棄物が、プラントで新たなリサイクル製品に生まれ変わる。しかも、組合をつくって業界を束ね、さらに環境対策を行う組織作りにも手を広げていくその姿は、「リーディングカンパニー」の主にふさわしい。

感心させられたのは、本書で紹介した建設汚泥とコンクリート塊から製造したリサイクル製品の第三者認証制度を実現させたことだ。全国組織の建設廃棄物部会長として、「忙しくて有名な大学教授が検討会の委員なんか受けっこない」と国土交通省に言われながらも、それを覆し、培った人脈を生かし、その教授を筆頭に検討会を立ち上げてしまった。それが、環境省の廃棄物妥当性の判断について緩和する「通知」を呼び込んだのである。

後継者づくりもうまい。若手経営者で、やはり浜野氏と同じ志を持つ成友興業の細沼順人氏と、西日本アチューマットクリーンの藏本悟氏に部会の要職についてもらい、スクラムを組んだ。

細沼氏は創業者の父親のあとを継ぎ、汚染土壌や建設汚泥、コンクリート塊からリサイクル製品を製造する大手の会社に育てあげた。東京のスーパーエコタウンを訪ねると、高俊興業の東京臨海エコ・プラントの近くに、城南島第一工場と第二工場の雄姿が見える。新たに開発した様々な装置を組み合わせたプラント群は、ややもすると、不法投棄や不適正処理を揶揄されてきた業界への見方を、まさに一新するものだった。はぎれよく、機関銃のように繰り出すその言葉から、さらなる飛躍を感じさせる。

藏本氏は、創業者である父忠男氏の二代目の社長である。忠男氏は、福島県のひめゆり総業社長、太田忠雄氏と一緒に全国の処理業者や行政組織を回り、全国組織の設立を担った大貢献者である。私は、最終処分業は廃棄物処理業の「扇の要」と書いたが、全国組織の会長となった太田氏も、岡山県の業界を束ねた藏本氏も、まさに最終処分業を営んでいた。藏本悟氏はそんな忠男氏を支え、リサイクル製品を開発し、資源循環産業化を進めるとともに、念願の複合型処理施設、E・フォレスト岡山を開設した。見方は分かれようが、その長い裁判を闘い抜き、開設にこぎつけた二人の熱意と執念に頭が下がる。

高橋俊美氏は二〇二二年九月急逝した。私が氏に最後に会ったのは五月二〇日である。浜野氏と本書の出版の話が持ち上がり、その構想を高橋氏に伝えたところ、「それはいいことだ。いくらでも協力するよ」と快諾してもらった。かつて高俊興業のことを本にしたいと提案した時、「そういう場で宣伝されたくないんだ」と断られていた。ところが、今回は快諾した。

だが、こんな条件がついた。「高俊興業の取材には協力するが、そんなことより、悲惨な事故を起こした、あのひどい実態を徹底的に書いてくれ」。熱海市の土石流事故とそれに起因する建設汚泥の違法処理の実態に迫れというのだ。

この時、すでに病魔が氏をむしばんでいた。一四キロもの腹水を抜き、病院から退院したばかり。「歩くのも辛いんだ」と言いながら、放つ鋭い眼光に、私は鬼気迫るものを感じた。

本書は、建設廃棄物の処理業界のリーディングカンパニー四社に焦点を当てながら、熱海市の人災事故や建設リサイクル法の制定過程、建設廃棄物の処理の実態と課題にも触れた。行政に対して厳しいことも書いているが、「行政と役人は、誉められて進むもんじゃない。叱られながら前へ進むものだ」と、ミスター環境庁と呼ばれた故橋本道夫氏が、横浜市内の自宅で、最後に私に遺した言葉に倣った。

情報公開法を使って得た法律の制定過程や中央官庁による裏での折衝過程なども盛り込んでおり、「秘録」の側面も持つ。四社の会長、社長、社員の方々をはじめ、今回も多くの人々の協力を仰ぎ、本書ができあがった。深く感謝の言葉を述べたい。そして、故高橋俊美氏にこの本を捧げる。

二〇二三年三月二一日

杉本裕明

参考・引用文献

産廃編年史50年—廃棄物処理から資源循環へ—（杉本裕明、環境新聞社、二〇二一）
建設リサイクルハンドブック２００２（建設副産物リサイクル広報推進会議、大成出版社、二〇〇二）
危険！建設残土土砂条例と法規制を求めて（畑明郎、自治体研究社、二〇二二）
環境法第4版（大塚直、有斐閣、二〇二〇）
循環型社会（田端正弘、ヒューマンドキュメント社、二〇〇〇）
廃棄物学会誌Vol．11 No．2（廃棄物学会、二〇〇〇）
グッズとバッズの経済学　循環型社会の基本原理（細田衛士、東洋経済新報社、一九九九）
廃棄物最終処分場指針解説（厚生省水道環境部監修、全国都市清掃会議、一九八九）
廃棄物最終処分場整備の計画・設計要領（全国都市清掃会議、二〇〇一）
環境安全な廃棄物埋立処分場の建設と管理（田中信壽、技報堂出版、二〇〇〇）
最終処分場の計画と建設—構想から許可取得まで（樋口壮太郎、日報、一九九五）
赤い土（フェロシルト）—なぜ企業犯罪は繰り返されたのか（杉本裕明、風媒社、二〇〇七）
ルポ日本のごみ（杉本裕明、岩波書店、二〇一四）
ゴミに未来を託した男石井邦夫伝（杉本裕明、幻冬舎、二〇二一）
なおとみ流リサイクルのヒストリー（杉本裕明、信濃毎日新聞社、二〇二二）

公害にいどむ―水島コンビナートとある医師のたたかい（丸屋博、新日本出版社、一九七〇）
ＥＵ行動計画（二〇二〇）https://ec.europa.eu/environment/circular-economy/index_en.htm
プラスチックリサイクルの基礎知識２０２２（プラスチック循環利用協会、二〇二二）
サーキュラーエコノミー　循環経済がビジネスを変える（梅田靖・21世紀政策研究所編、勁草書房、二〇二一）
リサイクルデータブック２０２２（一般社団法人産業環境管理協会、二〇二〇）
環境政策のクロニクル　水俣病問題からパリ協定まで（吉田徳久、早稲田大学出版部、二〇一九）
廃棄物工学の基礎知識（田中信壽編著、技報堂出版、二〇〇三）
廃棄物安全・リサイクルハンドブック（武田信生監修、若倉正英ら編、丸善、二〇一〇）
いんだすと（二〇二一年三月～六月号、杉本裕明、全国産業資源循環連合会・環境新聞社）
環境と正義（日本環境法律家連盟、二〇一八年三、四月号）
とうきょうさんぱい（東京都産業資源循環協会、二〇一六年一月号）
くりーん岡山（岡山県産業廃棄物協会）
環境白書（環境省、二〇〇〇）

著　者

杉本　裕明
ジャーナリスト、元朝日新聞記者。廃棄物、自然保護、公害、地球温暖化、河川・都市計画、環境アセスメントなど環境問題全般をフォローし、国や自治体の環境行政に精通する。現在はフリージャーナリストとして執筆・講演活動を行う。著書に『なおとみ流リサイクルのヒストリー』（信濃毎日新聞社）、『ゴミに未来を託した男　石井邦夫伝』（幻冬舎）、『テロと産廃　御嵩町騒動の顛末とその波紋』（花伝社）、『産廃編年史 50 年―廃棄物処理から資源循環へ―』（環境新聞社）、『ルポ　にっぽんのごみ』（岩波書店）、『環境省の大罪』（ＰＨＰ研究所）、『赤い土―なぜ企業犯罪は繰り返されたのか』（風媒社）、『廃棄物列島・日本―深刻化する廃棄物問題と政策提言』（編著、世界思想社）など多数。

建設廃棄物革命
—循環経済を先取りする企業の挑戦—

発　行　日	2023 年 4 月 30 日
著　　　者	杉本　裕明
発　行　者	波田　　敦
発　行　所	株式会社環境新聞社 〒 160-0004　東京都新宿区四谷 3-1-3　第 1 富澤ビル 電話　03-3359-5371　FAX　03-3351-1939 https://www.kankyo-news.co.jp
印刷・製本	モリモト印刷株式会社

ISBN978-4-86018-431-5 C3036　定価はカバーに表示しています。